農山村再生の実践

JA総研研究叢書 4

小田切 徳美 編著

農文協

目　次

序章　今なぜ，農山村再生か──本書の課題 …………… 11
1. 国民的課題としての「東京一極『滞留』」からの脱却　11
2. 日本農業の「西日本中山間地域化」
　　──農山村における空洞化の進展と広がり　13
3. 政策要因による空洞化の加速──本書の「今」とは？　17
4. 課題先進地域としての農山村問題──本書のもう１つの課題　21

第１部　新しい農山村コミュニティの創成

第１章　新たな農山村コミュニティの実態と性格 ……… 26
1. はじめに──なぜ，農山村コミュニティか　26
2. 農山村コミュニティの先発事例──川根振興協議会　28
　(1) 展開と現状　28
　(2) 地域社会の変化と振興会の新たな動き　31
　　1) JA支所の撤退とタウンセンターの建設　31
　　2) 生活交通の再編と「もやい便」の運行　32
3. 新しい農山村コミュニティの特徴と性格　33
　(1) 特徴──諸事例から　33
　(2) 新しい農山村コミュニティの特徴　36
　(3) 新しいコミュニティの本質
　　　　──新自由主義的改革の対応から「手づくり自治区」へ　39

4.新しい農山村コミュニティの課題　40

第2章　地域共同売店の実態と持続可能性　……………　45

  1.課題の設定
　　　　――農山村における「買物難民」の存在と地域共同売店　45
  2.沖縄以外の地域共同売店の性格　46
　　(1) 全国からの報告　46
　　(2) 設立の背景と運営の特徴　48
　　(3)「ノーソン」の挑戦と課題　48
　　　1)「ノーソン」の概況　48
　　　2) 設立の経緯　50
　　　3) 小括――特徴と課題　51

  3.沖縄の地域共同売店　52
　　(1) 沖縄の地域共同売店の概要　52
　　(2) 売店数の推移と背景　54
　　(3) 楚洲共同店の課題と模索　54
　　　1) 地域概況と集落運営　54
　　　2) 売店運営の実態　56
　　　3) 改革の背景と方向性　57
　　　4) 小括――楚洲の方向性の背景　59

  4.考　察　59
　　(1) 地域共同売店と集落の関係　59
　　(2) 地域共同売店設立・存続の条件――「前線」の拡大と縮小　62

  5.おわりに　65

第2部　農山村における新しい産業の構築

第3章　地域農業・農村の「6次産業化」と その新展開 …………………………… 70

1. 「6次産業」論の諸潮流と現在――課題の設定　70
   (1)　「6次産業」論登場の背景　70
   (2)　「農業・農村の6次産業化」をめぐるアプローチ　72
   (3)　「農業・農村の6次産業化」の課題　75
2. 6次産業化の現段階――類型化と事例　79
   (1)　垂直的な6次産業化　79
   (2)　水平的な6次産業化から「地域ブランド」の創造へ　83
3. 6次産業の新たな展開実態と性格　88
   (1)　産業づくりから福祉・生活環境保全重視の「新産業」創造へ　88
   (2)　一般企業の農業参入による「農商工連携」の実態と課題　89
4. 6次産業支援の課題――「地域ブランド」創造へ向けて　91

第4章　高齢者による「小さな経済」の効果とその条件 ――「小さな経済循環」形成の必要性 ……………… 97

1. はじめに　97
   (1)　高齢者の3つの年齢と相互関係　97
   (2)　農村社会の現状と高齢者　98
2. 福島県鮫川村と「まめで達者なむらづくり事業」　100
   (1)　対象事例の成果　100
   (2)　福島県鮫川村と「まめで達者なむらづくり事業」に至る経緯　101

3. 福島県鮫川村「まめで達者なむらづくり事業」の仕組みと内実
     ——大豆の生産・加工・販売を中心に　102
    (1) 小さな生産の集積的拡大　102
      1) 高齢者でも参加しやすい品目選択と作業面でのサポート体制　103
      2) 安定的な買い取り保証システム　105
    (2)「まめ達事業」の原資を確保する「小さな加工」「小さな販売」　106
      1) 小さな加工と小さな生産の連結　106
      2) 小さな販売の拠点となる「手・まめ・館」の意義と役割　108
    (3) 調整主体としての村の役割　109
      1) 目の行き届いた生産奨励と高齢者との関係強化　109
      2) 事業を下支えする適切な財政負担　110
  4. 高齢者による「小さな経済」の効果とその条件
     ——「小さな経済循環」形成の必要性　112
    (1) 大豆の高齢生産者への効果　112
    (2)「小さな経済」とその実現条件　113
    (3) 大豆の高齢生産者以外への効果　114
    (4)「小さな経済循環」形成の必要性　116

第5章 「交流産業」の形成条件 …………………… 119

  1. 本章の課題と方法　119
  2.「地域づくり型」交流産業の展開——長野県飯田市　121
    (1) 地域づくり政策としての子ども農山村交流事業　121
    (2)「中間組織」としての南信州観光公社　123
    (3) 農家の参加の仕方と交流収入　125
    (4)「地域づくり型」交流産業化の特徴　127
  3.「地域産業型」交流産業の展開——長野県飯山市　128
    (1) 通年観光化政策としての子ども農山村交流事業　128

(2)「中間組織」としての観光協会　129
　　(3) 民宿収入の変化と交流収入　132
　　(4)「地域産業型」交流産業の特徴　133
　4. 交流産業化における「中間組織」の役割　134
　　(1)「中間組織」の2つの機能　134
　　(2) 地域資源の商品化における「内向き」の機能　137
　　(3) 地域資源の商品化における「外向き」の機能　138
　　(4) 交流産業の類型と「中間組織」の2つの機能　139
　5. 総括と今後の課題　140

第6章　新しい地域産業の形成プロセス
　　　——何から始め，どのようにステップアップすべきか … 145

　1. はじめに　145
　2. 農山村地域における新しい地域産業の取組み　146
　　(1) 島根県柿木村の取組み——「仕組みづくり」「出口づくり」「拠点づくり」　146
　　(2) 愛媛県今治市の取組み——食農教育と地産地消にみる地域の合意形成　149
　　(3) 広島県世羅町の取組み——地域づくりのネットワーク化と拠点化　152
　3. 農山漁村地域における新しい地域産業構造への道筋　158
　　(1) 共通する新しい地域産業の形成プロセス　158
　　(2) 新しい地域産業の形成プロセスの基礎的な要素　160
　　(3) 新しい地域産業の形成プロセスの今日的特徴としての拠点づくり　162
　　(4) 新しい地域産業の形成プロセスの発展方向と要因
　　　　——重層化・ネットワーク化と社会的な合意形成　164
　　(5) 新しい地域産業の形成プロセスが抱える課題
　　　　——高齢化と暮らしの課題の顕在化　166
　4. 今日の新しい地域産業のもう1つの発展方向　168
　　(1) 協業の場としての集団的土地利用
　　　　——集落法人化の展開から暮らしの事業化へ　168

(2) 第1次産業を出発点とする展開から暮らしの取組みへ　170
　5. まとめ　171

第3部　農山村支援政策の新展開

第7章　農山村再生策の新展開 …………………………… 174
　1. 地域づくりの性格とその支援策の基本方向　174
　　　(1) 農山村における地域づくりの性格　174
　　　(2) 地域再生策の基本方向　176
　2. 新しい地域再生支援策——その事例　177
　3. 支援主体のあり方——地方自治体と中間支援組織　179
　4. 国レベルの新たな地域再生策の特徴　182
　　　(1) 国レベルの先駆的動向——中山間地域等直接支払制度　182
　　　(2) 2008年度以降の新たな展開　183
　　　(3) 新たな地域再生事業の実際　184
　　　(4) 新たな地域再生策の課題　187
　5. 民主党新政権における展望　188

第8章　人材支援と人材形成の条件と課題
　　　　　——「補助金から補助人へ」の意義を考える … 193
　1. はじめに——再注目される地域マネジャー　193
　2. 「集落支援員」の取組み概況　195
　3. 「補助人」の役割を担う「地域マネジャー」の実態
　　　　　——島根県浜田市弥栄地区における実態から　196
　　　(1) 地域概況と導入の経緯　197

(2) 活動内容　198
　　(3) 実際に求められた役割　198
 4. 既存の地域振興組織における集落への関与　201
　　1) 行政：浜田市役所弥栄支所　202
　　2) 地域農業関連：浜田市農林業支援センター　204
　　3) 社会教育関連：安城公民館　205
 5. 「集落支援員」と地域振興組織との役割分担の現状　206
 6. 人材支援・人材形成に求められる条件　208
　　(1) 「集落支援員」が直面している課題　208
　　(2) 人材支援・人材形成に求められる条件　209
 7. 残された分析課題　212

第9章　集落・地域を対象とした農林水産政策の展開動向と課題──各種の交付金制度に注目して……… 214

 1. はじめに　214
 2. 3つの制度の概観　216
 3. 制度の共通点　217
 4. 制度の相違点──実施背景に関する考察　218
 5. 制度の意義と展望　220
 6. 制度への評価──「事業仕分け」における議論を手がかりに　222
 7. 集落協定範囲に関する考察
 　　　──離島漁業再生支援交付金制度の実態　224
　　(1) はじめに　224
　　(2) 長崎県および新上五島町における
　　　　　離島漁業再生支援交付金制度の実施状況　225
　　(3) 集落協定の実際　227

目次　7

1）浜串集落協定　227
　　　2）上五島地区集落協定　228
　　　3）新魚目地区集落協定　231
　（4）小括　232
8. 制度に関する協同組合の関与と役割　233
9. おわりに　234

第4部　農山村再生の展望とJAの可能性

第10章　農山村再生の展望と論点 …………………… 238
1. 農山村再生を論じる視点　238
2. 農山村再生の実践——第1・2部をめぐり　239
　（1）新しいコミュニティ——手づくり自治区とその新傾向　239
　　　1）新しいコミュニティの本質——小田切論文（第1章）　239
　　　2）新たな課題として「買物」——山浦論文（第2章）　240
　（2）新しい経済構造の構築——その諸局面と形成プロセス　244
　　　1）第6次産業の課題——楠平論文（第3章）　244
　　　2）高齢者による「小さな経済」の可能性
　　　　　　　　　　　　　　——神代論文（第4章）　247
　　　3）交流産業の可能性——佐藤論文（第5章）　250
　　　4）農山村における新たな経済構造の構築
　　　　　　　　　　　　　　——小林論文（第6章）　252
3. 農山村再生の体系化と支援策　254
　（1）農山村再生へ向けた取組みの体系化　254
　　　1）参加の場づくり　254

　　　　2）カネと循環づくり　255
　　　　3）暮らしのものさしづくり　255
　　（2）農山村再生に向けた政策のあり方——第3部をめぐり　257
　　　　1）農山村に対する人的支援策のポイント
　　　　　　　　　　　　　　　　——図司論文（第8章）　257
　　　　2）コミュニティベース支援策の評価と論点
　　　　　　　　　　　　　　　　——橋口論文（第9章）　259

第11章　農山村再生とJAの可能性 …………………… 264

1. はじめに　264
2. JA全国大会議案にみる「地域の再生」　265
　　（1）第24回JA全国大会決議における「地域」　265
　　（2）第25回JA全国大会決議の構成と「地域の再生」　266
　　（3）JAグループにおける「地域の再生」の方向性　269
3. 「新たな協同」の潮流　270
　　（1）世界的潮流としての「新たな協同」　270
　　（2）国内で広がる「新たな協同」　271
　　（3）「新たな協同」の主人公としての女性　272
4. 「新たな協同」と「小さな自治」　273
　　（1）「新たな協同」から「小さな自治」へ　273
　　（2）「新たな協同」と「小さな自治」の範域　273
5. 農山村再生とJAグループの可能性　275
　　（1）「新たな協同」「小さな自治」と協同組合　275
　　（2）農山村再生に向けた協同の関連構造　277
6. おわりに　279

あとがき　281

▶▶ 序　章

今なぜ，農山村再生か
—— 本書の課題

1. 国民的課題としての「東京一極『滞留』」からの脱却

　本書で，なぜ私たちは農山村再生の実践とその意義や課題を追跡するのか。逆に，古くから論じられている農山村の実態をどのような視点から，今の時点で問題とするのか。本章では，この点を若干の統計分析とともに明らかにしてみたい。

　まず，明らかにしたいことは，世紀の変わり目から現在までのおおむね10年間は，東京圏への大幅な人口純転入期に相当していることである。このような時期を，一般に「東京一極集中期」と呼ぶが，それは戦後3回目となる。

　図0-1がそれを示している。今回の純転入は，高度経済成長期とは大きく規模が異なるが，2回目の集中期である1980年代後半，つまりバブル経済期に匹敵する。純転入者数でみると，バブル期ピークの1987年の約16万人に対して，今回のピークである2007年も同様に16万人の転入超過人口が確認される。

　しかし，バブル期と異なるのは，今回の集中期には純転入人口の増大がほとんどみられないことである。つまり，今回の集中現象の主役は，むしろ転出人口であり，1993年の55.2万人から2008年の37.6万人にまで，15年間で約32％，約17.6万人の減少である。そして，この値がほぼ現在の転入超過数に相当しており，人が東京圏から転出しなくなった分だけ転入超過幅が増大しているのである。ただし，最新データである09年には転入数が減少し，転出数も増加している。その結果，純転入者数は3万人以上減少している。とはいう

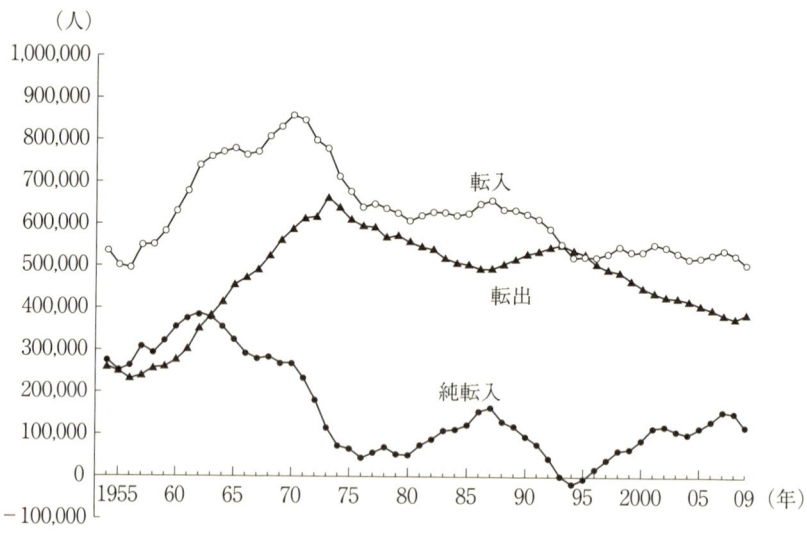

図 0-1 東京圏への人口移動（1954～2009 年）
資料：総務省『住民基本台帳人口移動報告』各年版より作成。
注：「東京圏」は1都3県（東京，神奈川，埼玉，千葉）を指す。

もののその絶対的な水準はまだ大きい（11.7 万人）。

　こうした現象は，年齢別人口変化と重ね合わせるとさらに興味深い。容易に予想されることであるが，一極集中のおもなプレイヤーは若者である。高度成長以降の共通する動きとして，20代前半までの若い世代は大量に東京圏に転入している。しかし，20代も後半になり始めると，その人びとは地方に戻る傾向があり，国勢調査による5年ごとのコーホート分析結果をみても，期末年齢20代後半や30代前半では転出超過となっていた。

　ところが，国土交通省国土計画局が明らかにしたところでは[1]，このような傾向は2005年国勢調査結果では様変わりをしている。2000～05年には，期末年齢が，今までとは異なり20代後半や30代前半でも，わずかではあるが転入超過に転化している。

　要するに，人びとは高卒時の就職・進学で東京圏に大転入するが，その後20代後半から30代前半には東京圏から地方部への転出が強くみられ，この世

代は東京圏からの転出超過であった。ところが，今回は，その傾向が弱まり，それどころか転入超過傾向もみられる。つまり，進学や就職で東京圏に出てきた若者が，30歳を過ぎても地方部に戻らない傾向が生まれている。

こうした変化は重大である。従来はそれなりに地元に戻っていた地方出身の若者が地方に戻らず滞留する傾向は，地方に「戻れない」ことを示唆するからである。そうであれば，この現象は東京圏への一極集中ではなく一極「滞留」と呼ぶべきであろう。

この一極「滞留」は，東京圏にとっても地方圏にとっても不幸なことである。少なくない住民が，住みたいところに住んでいない可能性があるからである。それに呼応するかのように，2008年には，地方中小都市と周辺農山村との地域連携の仕組みが政府から提案された。「定住自立圏構想」と呼ばれ，総務省を中心としながらも，各省庁の横断的な取組みである。そこでは「定住自立圏の形成は，安心して暮らせる地域を各地に作り出すことによって，地方圏から東京圏への人口流出を食い止めるとともに，東京圏の住民にも地方居住の魅力的な選択肢を提供するものであり，地方圏の住民のみならず，東京圏に住む住民のための政策でもある」(『定住自立圏構想研究会報告書』，2008年) ことが示されている。そして，そのスローガンが「住みたいまちで暮らせる日本を」である。政府が「住みたいまちで暮らせる」ことを政策課題として設定せざるを得ない異常さが日本の国土を覆っていることを図らずも示している。つまり，東京一極「滞留」からの脱却は，国民的課題であり，それが現下の喫緊の政策課題となっているのである。

2. 日本農業の「西日本中山間地域化」
―― 農山村における空洞化の進展と広がり

東京一極「滞留」の対極が，中山間地域で進んでいることは間違いない。

筆者が繰り返し論じているように，そこでは「人・土地・むらの3つの空洞化」が進行しつつある (図0-2)。

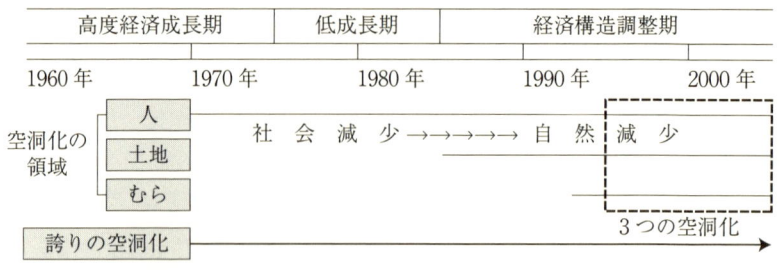

図 0-2　中山間地域における空洞化の進展（模式図）

　1960年代から70年代前半の高度経済成長期に激化した若者の都市への流出（人の空洞化）は，地域に残された親世代の世代交代期に相当する80年代には農林地の荒廃化（土地の空洞化）へと転化した。そして，90年代以降には，「むらの空洞化」がそれに折り重なる。高度経済成長の波にさらされても強靱であった中山間地域集落（むら）の「危機バネ」が，翳りをみせ始め，自然災害，鳥獣害，政策変化等の様々なインパクトが，地域の存続に決定的な影響を与え始めている。
　こうした現象は，とくに西日本，その中でも中四国地方で著しく，「人」（過疎化），「土地」（耕作放棄化），「むら」（集落消滅）のいずれにおいても，その時々の研究者やジャーナリズムの問題提起の現場となっていた。
　そこで，このように問題が先発した中国山地，その中でもとくに山口県中山間地域におけるやや長期のトレンドを統計で確認したのが，図 0-3 である。
　農家世帯員数でみた「人」の空洞化が先行し，高度成長期以来，ほぼ直線的な家族の頭数の減少がみられる。そして，そのトレンドをおおよそ10～15年おくれて，やはり直線的に追いかける「土地」（農業経営耕地面積）の動向がみられる。そして，「むら」（農業集落数）は，1990年まではほぼ不変数であったのが，ついに90年からの10年間で減少局面に入っている。
　3つの空洞化の段階的進行は，中国中山間地域では，このように統計的にもはっきりと確認できるのである。重要なことは，これらの現象は中国山地等の西日本中山間地域を起点として始まりつつも，ほかの地域に急速な広がりを示

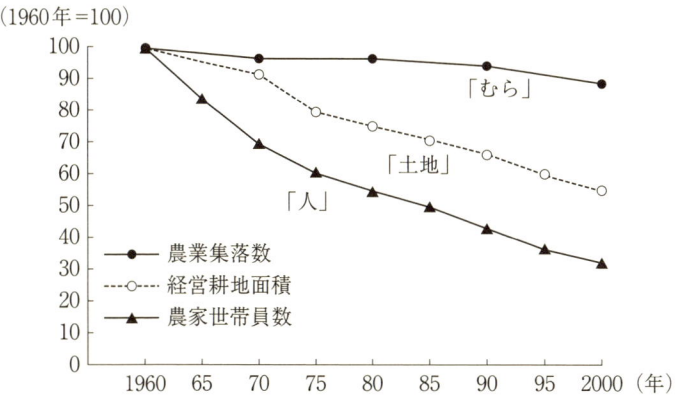

図0-3 人・土地・むらの3つの空洞化の展開（山口県中山間地域，1960～2000年）
資料：「農業センサス」各年版より作成。
注1：2000年時点の中山間地域（中間＋山間）の区分に従い，各年次データを再集計した。
　2：小田切徳美・坂本誠「中山間地域集落の動態と現状」『農林業問題研究』第40巻2号，2004年より，一部加筆引用。

している，ということである。その点は，表0-1に示されている。1990年からの地域別・地域類型別の農地面積減少率を示したものであるが，表中でとくに重要な意味があるのが，網掛けをした地域である。これは，農家戸数減少率と農家の経営耕地面積減少率を比較して，後者が前者を上回る状況（便宜的に「農地減少卓越地域」と呼ぶ）を示している。それは，より端的にいえば，1戸当たりの平均経営耕地面積が減少しつつあることを意味しており，家族経営に限定した上での表現であるが，農業解体が本格的に深化した現象といえよう。

90年代前半からみると，農地減少卓越地域は，やはりまず西日本の中国，四国の山間地域に出現している。しかし，日本全体の56地域（14地域×4地域類型区分）の中で農地減少卓越地域はわずかに9地域にすぎず，例外的としてよい状況であった。それが，90年代後半には，このような地域はおもに東日本に飛び火して，そして2000～05年になると，ここにおける広がりは爆発的といってよい。農地減少卓越地域は35地域と前期の倍以上となり，全体の過半に至っており，むしろ，それに該当しない地域が少数派となっている。全

表0-1 地域別・地域類型別にみた経営耕地面積減少率（農家）

	1990～1995年					1995～2000年				
	地域計	都市的	平地	中間	山間	地域計	都市的	平地	中間	山間
北海道	0.8	5.4	0.1	0.3	2.2	2.6	6.8	1.1	3.6	4.4
東北	4.7	7.4	2.9	5.8	7.6	4.8	7.2	3.2	5.8	8.1
北陸	5.6	6.7	4.2	7.3	7.0	6.4	6.8	5.0	7.9	10.2
北関東	6.2	8.3	5.1	7.8	10.2	6.8	9.9	5.5	8.1	12.0
南関東	9.1	11.7	6.3	10.0	20.5	9.3	10.8	7.1	13.5	19.8
東山	8.8	11.0	6.8	8.7	10.6	9.2	11.5	6.8	9.3	11.2
東海	7.3	9.2	4.5	6.3	9.4	6.9	8.1	4.7	6.6	9.4
近畿	6.3	10.6	3.6	4.8	6.4	6.0	8.8	3.8	4.9	7.6
山陰	7.5	8.8	5.0	7.9	8.4	10.2	12.2	7.8	10.2	11.4
山陽	9.6	11.9	7.0	9.8	8.6	10.0	12.8	6.1	9.5	11.1
四国	9.7	8.3	6.8	10.4	14.4	9.1	9.4	6.3	9.4	12.4
北九州	9.1	11.1	6.9	10.5	10.8	6.7	8.1	4.7	8.2	10.0
南九州	7.8	11.1	5.8	7.9	9.4	5.2	9.3	2.0	5.7	8.7
沖縄	11.7	20.4	6.5	17.3	6.8	8.3	13.5	5.2	11.8	8.0
全国	5.5	9.3	3.4	6.0	7.0	5.7	8.9	3.6	6.4	8.1

資料：「農業センサス」各年版より作成。
注：網掛けの地域は，農家の経営耕地面積減少率が農家戸数減少率を超える地域を示す。

地域類型で1戸当たりの平均経営耕地面積が拡大しているのは，北海道，東北，北陸の北日本3ブロックに限定されている。日本農業の農家レベルでの規模拡大は，主としてこの地域でみられるのである。

以上で明らかなように，農家1戸当たり平均経営耕地面積が減少するという家族経営レベルにおける農業解体の深まりを示す地域は，90年代前半におもに西日本山間地域から始まり，「空洞化の里下り現象」と「空洞化の東進現象」の2つのベクトルに沿って進行した結果，今や日本列島の北東部を除いたほぼすべての地域を覆い尽くしているといえる。逆立ちした表現ではあるが，「日本農業の西日本中山間地域化」が，この間続いたのである。

先にも指摘したように，こうした現象と「東京一極『滞留』」は表裏一体のものであるといえよう。

（単位：％）

		2000〜2005年		
地域計	都市的	平地	中間	山間
2.9	5.3	1.9	3.7	4.1
6.6	10.2	5.1	7.7	8.2
9.3	9.5	9.1	9.0	11.1
8.3	10.9	7.3	8.8	12.4
8.5	10.6	6.3	11.5	13.5
9.9	10.5	9.0	10.2	10.5
10.4	11.7	9.0	9.6	11.6
8.8	10.8	8.0	7.5	9.9
12.3	12.2	13.3	12.4	11.2
12.0	15.0	8.7	11.9	11.8
11.5	12.4	9.8	12.0	11.6
7.2	9.4	5.2	8.4	10.6
7.4	13.4	4.2	8.0	8.5
12.6	17.4	10.1	9.1	21.3
7.1	10.5	5.4	7.6	8.4

3. 政策要因による空洞化の加速——本書の「今」とは？

　以上でみた動きは，高度経済成長期から始める長期的変化の延長上にある動きである。しかし，その傾向が近年，複数の要因により加速化している点も指摘しておかなくてはならない。

　第1は，いわゆる「構造改革路線」による地方の就業問題の深刻化である。

　よく知られているように，国内農業の粗生産額のピークは1984年であり，それ以降は横ばい，または漸減である。この時期以降の著しい円高傾向は海外農産物の輸入を促進し，さらに80年代中ごろからの農産物の政策価格引き下げも，トータルとしての粗生産額の減少に強く作用した。

　しかし，地域経済のパイの縮小は，実は建設業によって補完されていた。図0-4に表れているように，政府の建設投資額（土木）は，農業粗生産額のピー

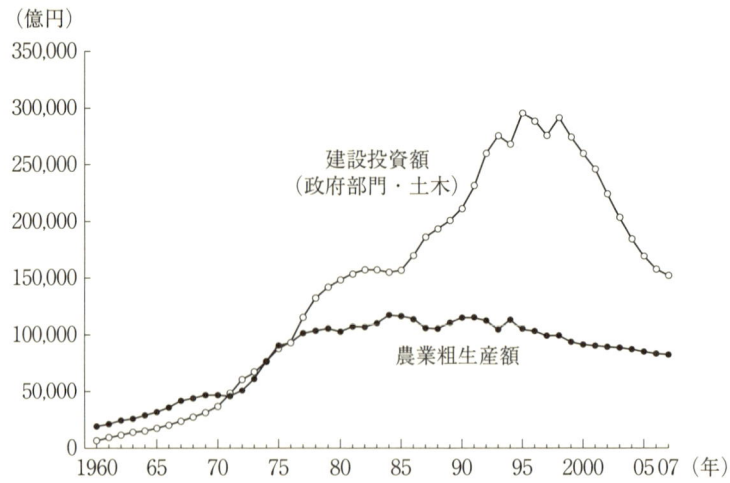

図0-4 農業粗生産額と建設投資額（政府による土木事業）の推移（全国，1960〜2007年）
資料：農業粗生産額は農林水産省「生産所得統計」各年版，建設投資額は国土交通省「建設投資見通し」各年度版より作成。
注1：建設投資額の2007年度は「見込み」。
　2：建設投資額は「政府部門・土木」の値（年度）。

クとなった1984年の約15兆円から，95年の約30兆円におおよそ10年間で倍増した。そして，この95〜98年がピーク期間となり，その後急速な縮減が進んでいる。それは橋本内閣の緊縮財政路線から始まるが，その後の小泉内閣の「構造改革路線」により決定的となる。

農山村サイドからみれば，農業の停滞の中で，地域経済を下支えしていた地域経済がさらに底割れしていくような状況となっていることがわかる。そうした点で，農山村にとって90年代末期から現在までは，新たな経済環境に直面している時期といえよう。

第2は，1999年から始まる市町村合併推進運動である。「平成の大合併」と称されるこの動きは，2005年3月末に失効した旧市町村合併特例法による財政支援措置の活用が可能であった06年3月末までに急速に進行し，その後も新市町村合併特例法のもとで2010年3月まで続いている。

表0-2 地域類別にみた市町村合併状況（1999年4月の自治体数ベース）

	合計(①)	合併市町村(②)	非合併市町村	②／①(％)
都市的地域	759	310	449	40.8
平地地域	693	458	235	66.1
中間地域	1,038	701	337	67.5
山間地域	739	494	245	66.8
合　　計	3,229	1,963	1,266	60.8
（うち過疎地域指定）	1,230	836	394	68.0
（うち人口1万未満）	1,557	1,094	463	70.3
（うち財政力指数0.3未満）	1,421	984	437	69.2

注1：1999年4月1日段階の自治体をベースとして，各種資料よりデータベースを作成し，それにより集計した。
　2：合併状況は2006年3月末，過疎地域指定は1999年度，人口は2000年，財政力指数は1999年度時点を示す。

　その後，この合併について，政府の第29次地方制度調査会は「平成11年以来の全国的な合併推進運動については，現行合併特例法の期限である平成22年3月末までで一区切りとすることが適当であると考えられる」（同調査会答申，2009年）とした[2]が，自治体数はこの間，1999年3月末の3232団体から2010年3月末には1760団体へ，46％も減少する。

　この市町村合併の状況を概観するために，表0-2を作成した。大合併が本格化する以前の99年4月1日現在の市町村から旧市町村合併特例法下の合併期限（06年3月末）までの合併状況を，地域類型別に示したものである。みられるように，合併前の全市町村の61％が，最終的な合併に関わっている。合併協議に参加して，合併にまで至らなかった自治体が存在することを考慮すれば，実質的に合併過程に関わった市町村の割合はさらに高いものと思われる。この間の市町村合併は「大合併」と表現するにふさわしいものであった。

　そして，その地域性であるが，予想されるように都市と農山村では，大きな差が生じている。都市的地域では合併に参加した市町村の割合は41％であったのに対して，平地，中間，山間の各地域では66〜68％を示している。大合併は農山村地域でより激しく進展したことが確認される。また，表の下欄で示したように，過疎地域指定市町村，人口1万未満市町村，財政力指数0.3未満

市町村でも同様に 7 割前後の合併参加割合であり，農山村，人口零細，過疎化，低財政力の市町村で共通して，合併が進んだことがわかる。

そしてこの期間に 558 の合併自治体を生み出したが，その合併パターンをみると，193 自治体（35％）が「中山間地域同士」の合併であり，200 自治体（36％）が「都市＋中山間地域または平地」という合併である。

問題は，市町村合併，とりわけ都市への実質的な吸収合併となった農山村では，住民の意識面での周辺化問題が生じやすい。とくに，合併によって身近にあった町村役場がなくなり，「遠い市役所」となってしまったときに，集落の住民は「見つめられていない状況」を意識しがちである。現実に「合併してから，役場の人がこの集落には来なくなった」「支所に行っても職員が逃げている感じがする。昔は元気かと皆が声をかけてくれた」いう不安や不満の声が多くの地域から聞こえてくる。

後者の声は，とくにリアルである。支所となったかつての役場の職員は，課長クラスでも決裁権がなく，住民の悩みや不安・不満を聞いても，迅速に処理できないことが少なくない。そのため，支所を訪ねる住民と目を合わせることを避ける職員の行動が生まれている。住民が「合併によって不便になった」「やはりこの地域は見捨てられた」と思わざるを得ないのは，こうした構図がある。

そして，農山村の多くの市町村を巻き込んだ平成の合併促進運動は，それが「むらの空洞化」の発現下で進行したこともあり，最も副作用が出やすいタイミングでの展開であったといえよう。

この結果，一般的には農山村地域，とりわけ中山間地域が，政策対象として相対的に希薄化しつつある。また，地域で発生している諸々の現実の情報が，行政（市役所）に集まらないという現象も散見される。近いはずの基礎自治体が農山村地域から遠くなり，その結果，「見えにくい農山村地域」という状況が全国的に生まれているのである。それらの地域は，経済的に周辺化するだけではなく，制度的にも周辺化が強いられているといえよう。この点でも合併運動が始まった 1990 年代末期から，農山村は新しい状況にあるといえる。

以上のように，農山村地域は，経済的にも，行政的そして社会的にも，新た

な局面に突入している。そこで，本書では，この90年代末以降を「今」としてとらえておきたい。

4．課題先進地域としての農山村問題
　　　　　――本書のもう1つの課題

　以上のいくつかの分析で明らかになったように，地域社会の空洞化問題は，今や中山間地域の"専売特許"ではなくなりつつある，農山村一般に当てはまりつつある実態といえよう。そして，さらにそれを超えて人口減少だけみれば，そのフロンティアは今や地方中小都市にあると思われる。

　図0-5で確認してみよう。地方圏における市部の人口動向を，都市規模別にみたものであるが（人口規模は2008年），人口10万人以上の市でも07年以降は恒常的に人口減少がみられる。

　わが国全体の人口減少の中で，このレベルの市でもトータルとしては人口減少局面に転化している点は重要なことであろう。また，ここでとくに注目したのが，人口3〜5万人規模の中小都市である。この規模の都市には，例えば，岩手県遠野市，石川県輪島市，広島県庄原市，徳島県三好市，大分県臼杵市等の地域固有の歴史・文化を残し，その後もユニークな地域づくりに挑戦して

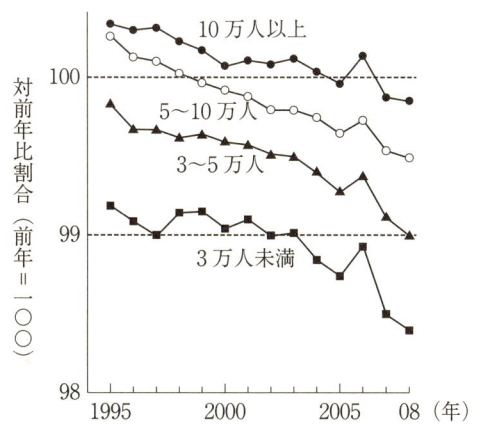

図0-5　地方圏の市の規模別人口動向（1995〜2008年）
資料：「住民基本台帳に基づく人口，人口動態及び世帯数」各年版より作成。
注1：地方圏は，東京圏，大阪圏，中京圏を除く道県。
　2：人口規模は2008年の区分であり，また市町村合併をした市については，遡って合併市の範囲で再計算している。

序章　今なぜ，農山村再生か　　21

きた地域が少なくない。しかも，これらの中小都市地方は，地域の中心としてもともとコンパクトな都市機能をもち，周辺部からの人口移動の受け皿となり，少なくとも1990年代までは人口が微減ないしは持ち合いという状態であったところでもある。しかし，図にあるように，これらの市の平均人口減少率は08年には，ついに1％を超えている（直前に示した遠野市等5市の人口減少率〈2007～08年〉もいずれも1％を超える）。現行過疎法による「過疎地域」の定義は，主要な人口要件でいえば，35年間（1960～95年）で30％以上の人口減少率を示す地域であり，その点で年率1％を超える減少とはかなりの大きさであるといえる。

　このように地方都市まで蝕む地域空洞化の状況下で，農山村の再生の方向を示すことは，地方圏全体の再生策に応用できるものも少なくないと思われる。さらにいえば，そこでの方向性は都市の再生へのインプリケーションとなる要素も少なくないであろう。最近では都市部の高齢化がマスコミ等で盛んに問題提起され，とくに「オールドニュータウン」といわれている都市郊外の大規模開発団地の再生は喫緊の課題とされている。そこでの課題は，農山村における一連の問題状況と重なる。

　以上のことから，本書において農山村とは，都市を含む日本社会全体が直面する様々な課題をすでに経験し，また解決の道筋や実践の方法を先取りする地域であることを重視したいと思う。一言でいえば，「課題先進地域としての農山漁村地域」[3]視点である。そのようにしてみると農山村は，各種の地域問題に対する先発的実践やそのノウハウにあふれているといえよう。

　以上を基本的な問題意識としつつ，本書は構成されている。しかし，農山村の多面的な再生の方途をもれなく論じることはできない。そこで，現下の緊急課題であり，同時に根本問題である①地域コミュニティと②地域経済をとくに検討すべき柱として，その上で③農山村再生に向けて始まった新たな政策の意義の解明をおこなった。第1部（コミュニティ），第2部（経済），第3部（政策）という構成は，こうして成り立っている。

1つひとつの章は，特定の地域や事例を対象としたものであり，むしろ実態の正確かつ立体的な解明に力を入れている。しかし，問題意識としては相当の広がりをもっており，したがってすべての論文は関連している。それを農協のあり方を含めて，第4部で総括している。

注

(1) 国土審議会・広域自立・成長政策委員会の第1回委員会（2009年6月12日）資料による。
(2) この地方制度調査会答申を受け，2010年3月末で失効した新市町村合併特例法は改正され，現在では自主合併に対応する仕組みとなっている。
(3) 「課題先進地域」という表現は，小宮山［1］における「課題先進国」（日本が環境，資源，人口等の問題において世界を先取りしており，その解決策の提示がわが国に求められている）から援用した。

第1部 新しい農山村コミュニティの創成

第1章

新たな農山村コミュニティの実態と性格

1. はじめに——なぜ，農山村コミュニティか

　地域コミュニティをめぐる議論が活発化している。
　例えば，ここ数年，新聞の全国紙上でも「地域コミュニティ」「町内会」をテーマとした連載やコミュニティ特集がしばしばみられる[1]。地方紙では従来も時々掲載された特集テーマではあるが，それが全国紙レベルで取り上げられるのは，やはり特徴的なことであろう。
　こうした関心の高まりは，実は量的にも確認できる。例えば，国内出版物をみると，「コミュニティ」をタイトルにもつ著作（和書）は，1990～94年までの5年間で109冊，95～99年170冊，2000～04年426冊，そして05～09年は657冊と増加が顕著である（国立国会図書館のNDL-OPCKによる和書検索）。明らかに2000年前後からコミュニティ論議が高まったことをうかがうことができる。
　それでは，21世紀に入ったこの時期になぜコミュニティなのか。その背景や内実をコミュニティ法学研究者の名和田是彦は次のように端的に整理する。「国と自治体の双方で新自由主義的な政策（規制緩和と行政サービスの切り下げ）が進められる中で，公共サービスの質と量をある程度確保して，政治統合の破綻を食い止めようとする方策として，民間（「市民社会」）の中にある公共サービスを提供する力（「新しい公共」）が称揚され，行政もこれに協力していくべきこと（「協働」）が提唱された。この中でコミュニティもまた新たな目で可能性を期待される存在となった」[2]。

ここで指摘された文脈は，2000年代の政策の流れの本質を射貫いている。中央省庁の政策文書でも，例えば，第26次地方制度調査会答申（2000年）では，「地域における住民サービスを担うのは行政のみではないということが重要な視点であり，住民や，重要なパートナーとしてのコミュニティ組織，NPOその他民間セクターとも協働し，相互に連携して新しい公共空間を形成していくことを目指すべきである」と，コミュニティ組織も1つの要素とする「新たな公共空間」論を提起している。国土審議会が国土形成計画の1つの目玉として主張した「新たな公」[3]という考え方もこれとほぼ同じ概念であり，さらには09年の政権交代後の鳩山総理（当時）の所信表明演説における「新たな公共」[4]の提起もそれと重なるものであろう。

　このような「新たな公共空間」「新たな公」「新たな公共」という議論の中で，地域コミュニティは行政的な対象としても急浮上することとなる。具体的には，総務省では2007年2月に「コミュニティ研究会」を設置してコミュニティ再生のあり方を検討し，同年6月に「中間とりまとめ」を公表した。ここでは，地域コミュニティによる子育てという伝統的な論点やIT技術をコミュニティ再生に活用するという新しい方法の提案などの幅広い議論がおこなわれている。行政として地域コミュニティに対応しようとする企図が，強く示されている。その後，この報告を起点として，同省にはコミュニティ・交流推進室が設置されている（2010年に「人材力活性化・連携交流室」に再改組）。コミュニティを名乗る中央省庁の部局としては，初めてのことだったのではないかと思われる。

　また，農林水産省でも「農村におけるソーシャルキャピタル研究会」（2006年12月～07年6月・とりまとめ）を組織し，農村コミュニティに関わる社会関係資本（ソーシャルキャピタル）に関する検討をおこなった。従来からも続く同省の農村振興政策におけるコミュニティ重視の路線（例えば2000年から始まる中山間地域等直接支払制度）に理論的な骨格を与えたといえ，これにより条件不利地域以外をも対象とする農地・水・環境保全向上対策の導入が促進された。

こうした行政サイドにおける，コミュニティをめぐる議論の盛り上がりを，筆者は1960年代末期から70年代前半に発生した同様の政策的な盛り上がりに続く「第2次コミュニティ（政策）ブーム」と呼んでいる[5]。先にみた新聞の特集や文献数増大は，こうした一連の動きとその波及を反映したものといえよう。

しかし，その場合に留意すべきは，先にみた名和田が指摘しているように，こうしたコミュニティ論議を誘発した「国と自治体の双方における新自由主義的な政策」の主たる対象に，農山村地域が位置する点である。すでに序章でもみたとおり，市町村合併の推進，公共事業の抑制は農山村地域経済を直撃し，さらに医療・福祉予算の縮減は，当然のことながら高齢化が進んだ農村地域でその影響が著しい。

つまり，名和田の指摘する文脈は，農山村で最も当てはまる可能性がある。そこで本章の第1の課題として，こうした中で生まれ，あるいは展開していく農山村コミュニティの実態と性格を検討してみたい。規制緩和と行政サービスの切り下げの中で，農山村のコミュニティにはそれをカバーするような実態があるのか否かが中心的な論点となろう。

その上で，第2の課題として，今期のコミュニティブームが，農山村の実態からみて，そうした新自由主義的な改革の枠に取り込まれてしまうだけの動きなのか否か，換言すれば，そこには行政の後退を埋める機能や意義しかないのか否かの検討を進めてみたい。

以上を課題として，まず，典型的な農山村コミュニティの再構築の動きとして著名な事例を紹介し，その上でほかの事例とともに検討をしてみたい。

2. 農山村コミュニティの先発事例——川根振興協議会

(1) 展開と現状

ここでまず取り上げる事例は，全国的にも著名な広島県旧高宮町（現安芸高

田市）の川根振興協議会である。ここ数年，地域づくりの実践者や自治体行政・議会関係者が全国から視察に訪れており，新しいコミュニティ組織の全国的な1つのモデルとなっている。

　川根地区は，島根県境に接する旧高宮町内でも最北部に位置する山村である。この地区は昭和の大合併の旧村に相当し，地区内には19の集落がある。その世帯数は247戸，人口は570人，高齢化率は46.1％とかなり高い（2009年3月末）。

　川根振興協議会（以下，振興会）は，この地区で1972年に発足した。当初は地域の有志組織としてスタートしており，少人数の有力者を中心に道路整備や架橋などの地域課題を話し合う場という性格が強かった。しかし，同年に発生した集中豪雨による深刻な水害が組織の性格を大きく変える。災害復旧過程で，この振興会内部に救護班が組織され，被災家族の世話や被災家屋の片づけに大きな役割を果たした。その結果，「災害に負けてたまるか，行政依存でなく住民自らのまちづくりを」（振興会幹部）という意識が，住民にも急速に共有化されていった。

　これ以降，振興会は実質的な住民総参加の組織となる。1977年には，「本会は川根地区住民全員を会員とする」（川根振興協議会規約第5条）と，住民総参加の組織とする規約改正がおこなわれ，コミュニティ組織としての基盤が整備された。

　このように全住民参加組織ではあるが，最終的な意思決定は，集落代表，若者会，社会福祉協議会などの各種団体・組織から選出されたメンバー（総員46名，総人口の8％に相当）による委員総会，さらにそこから選出された役員（会長，副会長，事務局長，各部の部長・副部長）による役員会でおこなわれている（図1-1）。

　そして，この委員総会や役員会で決められた活動は，「部」単位で企画・実行される。現在8つの部が存在するが，各部の主要な活動を記しておこう。

　①総務部―総務一般のほか，合併前の旧高宮町時代には，行政との意見交換や政策提案をおこなう「地域振興懇談会」の準備を担当していた。毎年，この懇談会のために7～8回の準備会合を開催しており，それが形式的なものでな

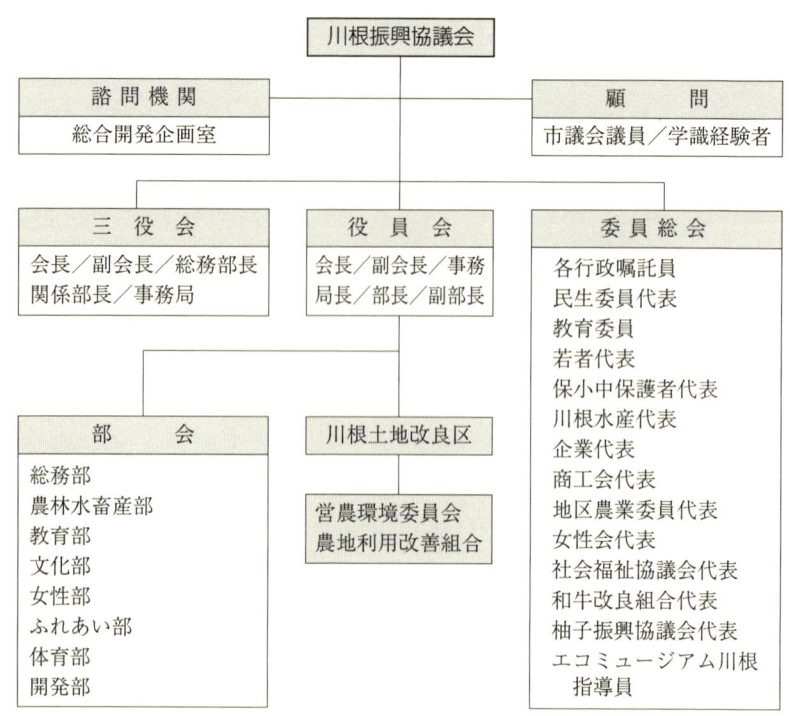

図 1-1 川根振興協議会（広島県安芸高田市）の組織（2008 年現在）

いことがわかる。なお，合併後には，旧町単位でおこなわれる「支所別懇談会」に振興会として参加している。

②農林水畜産部—地域農林水産業の企画・調整をおこなう。例えば，米の生産調整のための転作団地の設定などである。また，中山間地域等直接支払制度についても，川根地区では1つの集落協定（年間交付額は約550万円，個人配分はおこなわず全額協定単位でプール）をつくり上げており，協定締結や交付金の使途の提案，現実の活動の推進を担当している。

③ふれあい部—高齢者への給食サービス（現在の事業主体は社会福祉協議会—当部に登録したボランティアが対応）や特別養護老人ホームが川根地区の公民館へ出張するサテライト型デイサービスに対するボランティアの派遣をおこなっている。また，「敬老会」や「ひとり暮らし友の会」の企画や運営も担当

する。

④その他の部—教育部は、地域内の祭り（「川根清流まつり」2月など）の企画・運営をおこなう。また、就学児の土曜学校（「川根もやい塾」）にも取り組んでいる。開発部は、地域外から多くの人が訪れる「川根ほたる祭り」（6月）の企画・運営のほか、川根全体の美化や河川美化運動も主催する。このほかに、文化部、体育部がある。さらに、2004年には新たに女性部が設置された。

なお、振興会の財政については、2007年度の実績をみると、総収入は、前年度からの繰り越しを除き413万円であり、このうち、会員からの世帯当たり年間1500円の会費の総額は6％程度である。しかし、各種の祭り・イベントに対する各世帯からの寄付金（いわゆる「花代」）や「香典返し・見舞い返し寄付金」（地域内に不幸があった場合、遺族は香典返しを個別にはおこなわず、相当額を振興会に寄付する。病気の見舞いに対しても同様）を加えると、会員から支出されている会費・寄付金の合計は収入総額の31％を占める（1世帯年間平均5900円に相当）。残りが役場などからの助成金や委託費である。

(2) 地域社会の変化と振興会の新たな動き

1) JA支所の撤退とタウンセンターの建設

近年のこの地域をめぐる最大のインパクトは、2000年のJA支所の撤退である。そして、それを契機に「タウンセンター」がつくられた。このタウンセンターは、地区内の拠点づくりとして、04年に実現したものである。用地は合併前の旧高宮町が取得し、一部の建物は振興会負担、また一部は山村振興対策事業による国の補助金で建設されている。

ここには、4つの事業所がある。1つは川根地区内の柚子農家を会員とする柚子振興協議会による加工・販売施設であり、「百姓・ゆず屋」と呼ばれている（地域内での愛称、以下同）。2つ目は「万屋」といわれている商店で、食品、雑貨、簡易農業資材を幅広く扱っており、いわば「山村コンビニ」である。実際の店内のレイアウトも、コンビニエンスストアに近い。3つ目は「油屋」のガソリンスタンド、4つ目は「銭屋」といわれる農協簡易金融店舗である。さ

らにこれに加え，地域の郵便局（局長は振興会事務局長）も，局舎をこの4つの事業所に連担する用地に移転している。その結果，地域内のワンストップサービスとしての機能を実現している。

　これらの事業所の中で，油屋と万屋は，JAのガソリンスタンドとAコープを前身とするが，これも現在は振興会により運営されている。そこには次のような経緯がある。先に触れたように，2000年に事業合理化の一環として川根地区にあったJA支所の撤退を決定した。それに対し振興会では，「食品，雑貨，ガソリンという基礎的商品が地域内で購入できないことは，とくに高齢化が進行したこの地域にとっては深刻な問題だ」と，真正面からとらえ，議論を重ねた。そして，最終的には，両施設の自力運営を決め，建物と土地の農協からの有償譲渡を実現している。

　振興会では，当初は，JAのAコープ代替店舗の自力運営で著名な京都府旧美山町（現南丹市）の事例を参考にしながら，住民出資会社による運営を選択肢として議論し，そのために各世帯から出資金を集め始めた。「出資」の要請を後に中断したこともあり，集まった金額は約24万円と少額であるが，金額では評価できないほどの盛り上がりがあったといわれている。

　その後，店舗の経営方法等について，振興会内部で様々な議論があり，地区内の建設会社に経営を委託したが（05年より事情により振興会が直営化），住民には「自分たちの店」という意識がとくに強い。実際に，農協経営の時代とその後の売上を比較すると，現在の経営となって増大している。これは，自分たちの店やガソリンスタンドを，地域で支えようとする住民の「買い支え」意識によるものであろう。

2）生活交通の再編と「もやい便」の運行

　中山間地域の安芸高田市でも，バス路線の廃止や削減が進んでいたが，市では新たな公共交通システムの構築に向けて，2008年に安芸高田市公共交通協議会を設立した。その協議会での調査や議論を経て，09年10月より新公共交通システムの実証運行を開始した。従来から公共交通の空白地帯であった川根地区では，市町村運営有償運送を導入し，これまでのスクールバスやへき地患

者輸送を含めた総合的な生活交通を振興会が受託することとなった（市内では川根地区を含めて2か所が同様の運行）。

具体的には，川根中学校登校日に運行されるスクールバス（一般有料乗車可）のほか，川根地区内中心部（診療所，歯科診療所）や旧高宮町中心部（市役所高宮支所），安芸高田市の中心部である吉田地区（市役所や病院）行きが設定され，さらに川根地区内の乗りたい場所から行きたい場所へ移送する「もやい便」（月～金）も運行されている。

これらの有償運送のために，規定の講習を受けた振興会会員13名（20代1名，30代2名，50代2名，60代6名，70代2名）がドライバーとして登録し，当番制で対応している。また車は，市が購入したワゴンタイプ乗用車3台が利用されている。現在（2010年2月聞き取り調査時）では，実証運行の段階だが，毎月700～800人の利用があり，当初予定を超える利用状況となっている。とくに，高齢者の利用が活発であり，こうした取組みが交通弱者である高齢者の買物，医療等の希望を叶えていることを改めて知ることができる。

なお，「もやい便」を含めてこれらの運行の事務局は，先に触れたタウンセンターの万屋・油屋が担っており，タウンセンターは場所的な意味での拠点であると同時に，事業的な意味での拠点機能を果たし始めている。

3. 新しい農山村コミュニティの特徴と性格

（1）特徴——諸事例から

この川根振興協議会は，すでに40年近い歴史をもつコミュニティである。しかし，ほかの地域でも，川根振興協議会を1つのモデルとして，多面的に活動をする地域組織が多く生まれている。本章が対象とすべきは，こうした組織の実態と性格であろう。最近の実態調査からその一部を示したのが，表1-1である[6]。そこから，いくつかの共通する傾向が読み取れる。

第1は，その名称である。「○○区」「××町内会」という従来からの地縁組

表1-1 新しいコミュニティ組織の概要（2008年調査時点）

組織名称（所在地）	設立年	合併が契機	設置形態	範囲	集落数	人口	世帯数	高齢化率
夢未来くんま（静岡県浜松市）	2000		NPO法人	旧村	23	780	270	45.8
大名草（兵庫県丹波市）	2004	○	NPO法人	集落	1	606	196	32.3
新田むらづくり運営委員会（鳥取県智頭町）	2000		NPO法人	集落	1	49	18	60.0
きらり水源村（熊本県菊池市）	2004		NPO法人	旧村	11	1,248	369	34.9
西山地区コミュニティ協議会（鹿児島県薩摩川内市）	2005	○	任意団体	複数集落（小学校区）	2	188	129	59.0
大馬越地区コミュニティ協議会（鹿児島県薩摩川内市）	2005	○	任意団体	複数集落（小学校区）	30	772	338	38.9
＜参考＞川根振興協議会（広島県安芸高田市）	1972		任意団体	旧村	19	580	250	46.2

資料：国土交通省・新たな結研究会『「新たな結」による地域の活性化』2009年の記述等より作成。区）に該当するものを抽出している。
注1：設立の「合併が契機」とは，市町村合併が組織設立のなんらかの契機となったことを示す。
 2：範囲の「旧村」は昭和合併時の旧町村を意味する。

織とは異なり，「夢未来」「きらり」など多彩な名称で，住民の意志を感じさせるものが少なくない。

　第2は，地理的分布であり，ここにあげた事例は静岡以西の西日本に限定されている。もちろん，表示したものは存在するコミュニティの一部をランダムに示したものであるが，しかし全般的に「西高東低」型の配置をしていることは間違いない。

　そこには2つの理由がある。1つには，先の川根振興協議会が典型であるように，新しいコミュニティの発足は，過疎化・高齢化を背景として，その反作用として生まれるものが多い。農山村の高齢化は，大きくは「西高東低」型であり，この組織の地域性は，問題の地域差をそのまま反映したものといえよう。2つ目は，市町村合併の影響である。それもまた西日本における進捗が著しい。

事業		
施設管理	経済	特　　徴
○	○	レストラン，農産物・加工品の販売，体験，高齢者福祉事業に取り組む自治組織。年間7000万円以上の販売額があり，約30名の雇用を生み出している
○	○	市の農産物直売施設を指定管理者として運営し，農産物の販売・加工，耕作放棄地の管理等をおこなう。地域農業振興を中心テーマとする自治組織である
○	○	智頭町の「ゼロ分の一村おこし運動」の中で生まれた集落単位の組織。集落計画をつくり，伝統芸能の上演，レストラン，カルチャー講座の運営等をおこなう
○	○	中学校の廃校跡地を宿泊，体験学習，レストラン，人材育成等に利用している。NGOの活動で実績のある外部スタッフを事務局長として迎え入れている
		小学校区単位のコミュニティセンターを拠点とし，市嘱託職員1名が活動をサポートする。外部からの小学生の「留学」（里親制度）を積極的に進めている
	○	市嘱託職員を含めて2名の専任スタッフがいる。高齢者福祉活動のほかに，シソジュースの開発に成功し，集落HPのネット販売等で売上を伸ばしている
○	○	早い時期に先発した自治組織で，住民総参加によるイベント，高齢者福祉，小売店舗・ガソリンスタンド経営等を多面的におこなう（詳細は本文参照のこと）

取り上げられた事例の中から，2000年以降に設立された「新しいコミュニティ」（手づくり自治

合併が急進した地域では，団体自治（市町村）の広域化の中で，それを埋めるような形で，住民自治の強化が主張されており，それはしばしば「小さな自治」と呼ばれる。表の中では兵庫県丹波市のNPO法人「大名草」などを含めて3つの事例がそれに該当する。

　第3の共通する特徴として，その範域がある。コミュニティの運営は，お互いが面識をもつ，いわば「面識集団」の範囲で，また「手触り感」がある中でおこなわれるべきことは容易に理解できる。ということは，コミュニティの地域単位は，合併市町村はもとより，合併前の市町村の一部においても，すでに過大な規模となっている可能性がある。表で示された事例の地域範域は集落から昭和合併時の旧村まで多様であるが，鳥取県智頭町新田集落を除き100～400世帯の幅にある。「手触り感」のあるエリアとしては，この規模が上限で

はないか．それは結果的には，おおむね昭和合併時の旧村に相当するものであろう．

なお，ここでの上限（400戸）は，山口県の農業普及指導員が，その豊富な経験から「地域の中で人びとの顔や人柄などを含めて認識しようとすると，農村では400戸程度が限界だ」と筆者に対して論じた水準と一致する．地域条件による差が予想され，機械的な適用は避けるべきであろうが，ある程度の意味ある数字なのかもしれない．

(2) 新しい農山村コミュニティの特徴

これらの組織に共通する特徴をまとめれば，次のように指摘できる．

第1の特徴は，活動内容の総合性である．早くからこのような組織に注目し，農山村における設立を提唱している広島県の安藤周治（NPO法人「ひろしまね」代表理事）は「小さな役場」ないしは「もう1つの役場」と表現しているが，まさに「役場」のように産業振興，福祉，防災，伝統文化保存に及ぶ総合性を発揮している．

このような総合性の形成過程を，先の川根振興協議会の事例でみれば，図1-2のようにまとめることができる．下記の①から④の活動が段階的に積み重なり，総合的な機能を発揮しているのである．

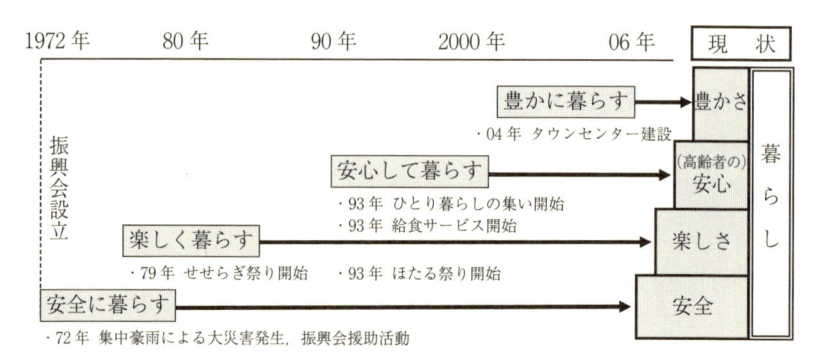

図1-2 川根振興協議会の展開過程（概念図）
資料：聞き取り調査（2006年）より作成．

①暮らしの「安全」を守る防災
②暮らしの「楽しさ」をつくり出す地域行事
③暮らしの「安心」を支える地域福祉活動
④暮らしの「豊かさ」を実現する経済活動

　こうして整理してみると，多面的な活動をおこなって全国に著名な川根振興協議会でも，スタート時は「防災」という全住民に共通する課題から始め，その後の地域課題に1つひとつ対応し，今に至っていることがわかる。必ずしも当初から総合性の発揮が予定されていたわけではない。「できることから，身の丈に合った活動を絶え間なくコツコツとやっていく。その中からできたこと，始めたことへの愛着，誇り，生きがいが少しずつ生まれてくる。私たちの活動はそれを繰り返してきたにすぎません」という川根振興協議会会長・辻駒健二の発言は，謙遜であろうが現実でもある。つまり，ここでの総合性は，「段階的総合性」，あるいは「無理のない総合性」ととらえたい。

　第2の特徴は，この組織が自治組織であると同時に，経済活動をおこなう組織であるという二面性をもっている点である。経済組織の側面は，川根振興協議会では，店舗，ガソリンスタンド，生活交通の運営としてみることができた。表1-1でも確認できるように，掲載した7組織中6組織が経済活動に取り組んでいる。その内容は，そのほかにもレストラン，宿泊施設，特産品開発・販売などと多彩である。

　これらの経済活動には，川根振興協議会の店舗，ガソリンスタンドのように，住民の生活維持に対応するために始まった「生活維持的経済事業」もある。また，都市農村交流の拠点としての施設運営（廃校跡地の宿泊施設としての経営）や農村レストランのように地域の雇用や付加価値の確保を目的とした「生活改善的経済事業」もある。様々なタイプはあるものの，「コミュニティ組織は経済活動をおこなわない」という従来の常識は当てはまらない。

　第3は，こうした組織が地縁組織である集落との間で補完関係を保っている点である。いわゆる「限界集落」を意識した議論では，新しいコミュニティ組織は，脆弱化する集落機能を代替する主体として位置づけられることが少なく

ない。しかし，高齢化率70％を超える高齢化集落が地域内の19集落中7集落を占める川根地区でも，振興会が集落に代わるものとして位置づけられてはいない。むしろ，「集落活動が振興会活動の基盤」（振興会会長）と主張されている。つまり，集落は従来からの「守りの自治」をおこない，振興会は新たな「攻めの自治」を担うという分担関係が意識されている。

　さらに，集落レベルの活動を支援し，それを物心両面で支える振興会の役割も確認できる。例えば，2007年まで続いた地域全体に及ぶ圃場整備は，振興会が支えとして存在しなければ導入が実現しなかったといわれている。「振興会がなければ，今はここに住んでいなかっただろう」という集落住民の声は印象的である。

　そして，このことから第4に，新しいコミュニティと集落の補完関係を強く意識するために，逆にコミュニティ組織では，集落とは異なるあり方が模索され，それが組織運営の「革新性」として発現することが確認される。つまり，集落ではできないことを，新しいコミュニティが積極的に取り組むために，地域内の女性や若者の積極的参加の促進等の新たな形での組織運営が意識されているのである。

　これには，次のような説明が可能であろう。農山村の集落は，しばしば「いえ連合」と表現されるように，世帯を基本単位として，各世帯から1人の代表が寄合に参加して意思決定をおこなう。これは，水路掃除や道普請などの集落単位の仕事を，時代に合わせて微修正しながらも世代を超えて実現するためには，優れた組織運営システムであったといえよう。しかし，この「1戸1票制」では，「1票」を行使する者の多くが男性世帯主であるために，結果的には女性や若者の意思決定や活動への参加を排除していた。そこで，積極的な活動に取り組もうとする新しいコミュニティには，地域内に暮らす人びとが，個人単位で地域と関わりをもつような仕組みや，地域を支援しようとする都市住民やNPOも参加できる仕組みに再編する革新性が求められる。

　例えば，熊本県旧三加和町（現和水町）の十町地区の新しい地域コミュニティである「夢ランド十町」では，その発足に当たり「役員は男女同数とする」

としていた。訪れる者が必ず圧倒されるこの地区の女性パワーは，こうした仕組みを源としている。また，川根振興協議会でも，副会長の1人は女性であり，また事務局長には30代の青年が就任している。

(3) 新しいコミュニティの本質
―― 新自由主義的改革の対応から「手づくり自治区」へ

　以上でみたような新しいコミュニティの現実と関わり，当然議論すべきは，本章第1節でみた新自由主義的改革との関連である。

　川根振興協議会でもみたようにJA支所の撤退や生活交通の再編等は，地域の過疎化・高齢化を直接の要因としている。しかし，かつての高度経済成長のような税収の増大により，こうした変化に対して，公的サービスが全面的に対応できる状況ではない。そのことが原因となり，本節で概観した新しいコミュニティ組織がこれらのサービスの担い手として登場する点は，まさに新自由主義的な枠組みの中になるものと理解できる。

　その最も典型的な対応は，市町村合併を契機にした地域コミュニティの立ち上げである。先に「団体自治（市町村）の広域化の中で，それを埋めるような形で，住民自治の強化が主張されている」としたが，団体自治の広域化（市町村合併）が，現実には地方財政の窮乏化を要因として進められたことは間違いない。そうであれば，まさに新自由主義的な改革への地域対応として，新しいコミュニティの設立が進み，そしてそれがある程度の効果を生み出していると理解することができる。現実にすでに確認したように，表1-1によれば2000年以降にできたコミュニティでは6つの組織のうち半分が合併との関連で設立されている。

　また，歴史がはるかに古い川根振興協議会でも，今回の市町村合併時には，「合併に負けない組織づくり」が課題となり，組織の機能をより高めることが意識されていた。さらに，川根振興協議会がある安芸高田市では，合併に当たって，市内に川根振興協議会を含めて32の新しいコミュニティを「協働のまちづくり」の担い手として位置づけた。この32組織には，合併直前に設立

された組織も過半を占める。むしろ，川根振興協議会の長い歴史とは別に，ここにおける取組みは，「団体自治（市町村）の広域化の中で，それを埋めるような形で，住民自治の強化」に取り組んできた典型例といえる。

　しかし，先にも論じたように，農山村で生まれる新しいコミュニティには，「総合性」「二面性」「補完性」「革新性」という性格がみえてきた。ここからみえてくるコミュニティの本質は，「手づくり」という言葉で表現できるものであろう。つまり，地域住民が「自らの問題だ」という当事者意識をもって，地域の仲間とともに手づくりで地域の未来を切り拓くという積極的な対応が，そこには共通してみられ，そうであるが故に，こうした4つの性格が発現していたと位置づけられる。

　つまり，合併自治体がこのような地域コミュニティの育成に努めている事例では，官が主導してスタートした組織も少なくない。しかし，行政用語では「地域自治組織」と呼ばれるそのような組織でも，住民による運営が進むと，従来行政に任せていた領域を含めて，住民の手づくりで地域の願いを実現し，課題を解決するという積極的な性格をもち始めるものも少なくなるといえる。

　このように，新しい農山村の地域コミュニティの中には，手づくり性を獲得しつつあるものも生まれており，それは例えば，「手づくり自治区」と呼ぶに値するものであろう。

4．新しい農山村コミュニティの課題

　農山村における一部の「手づくり自治区」は，行政とも連携しながら，地域が直面する課題に真正面から立ち向かい始めている。しかし，先発事例を除き，その取組みはまだまだ始まったばかりであり，クリアすべき実践的な課題も少なくない。

　第1に検討されるべきは，安定的な財政の確保である。表示は省略しているが，表1-1で取り上げた諸組織の会費を調べると[7]，世帯単位（「夢未来くんま」のみは個人単位）で年額1000〜5000円程度である。それに各種の寄付を含め

ても，自主財源割合は概して小さい。また，多くの組織が市町村などからの助成を受けているが，それも長期間保証されたものではない。そこで登場するのが経済事業であるが，それにはリスクも伴う。会費・寄付収入，市町村などからの助成，経済事業による収益，この3者のバランス確保とそれぞれの安定化が課題であろう。

　第2には，「手づくり自治区」の法人化問題がある。経済事業にまで乗り出す組織となると，融資面や商取引における信頼性の面から，法人化の必要性が現場では話題となっている。その差し当たりの対応が，表1-1でも表れていたNPO法人化である（7組織中4組織がNPO法人）。しかし，広く市民に開かれた組織運営を前提とし，「社員の資格の得喪に関して，不当な条件を付さないこと」（特定非営利活動促進法＝NPO法第2条）を要件とするNPO法人は，地域内で閉じられた地縁的組織の外枠としては本来フィットしない。

　その場合，求められているのは，①地域に暮らす住民が構成員となることから構成員の平等性が確保されている組織，②経済活動の主体となり得て，場合によっては外部からの支援の受け皿となり得る組織，③自治活動や経済活動のための財産（土地・建物）の取得者となり得る組織，という3つの条件を満たす法人形態である。それは協同組合がベースになるものと思われる。今後の検討が待たれよう。

　最後に，今後の「手づくり自治区」に対する行政の支援に関わる課題も考えてみたい。少なくとも，次の3つの点は指摘しておきたい。

　第1点は，このような新しいコミュニティと集落や町内会という従来からの組織との関係を，行政サイドはどのように考えるべきか，ということである。

　その点を「補完関係」と先述したが，組織形態としてみた場合，「手づくり自治区」と集落（町内会）という2層の仕組みをもつことになる[8]。先にも指摘したように，「手づくり自治区」は，いわゆる「限界集落」に代替する組織として理解されることが少なくない。そのため，新しいコミュニティの設立により，集落は存在しなくてもよいという議論も登場している。しかし，「集落がダメだから広域組織がそれに代わる」という発想は，あまりにも安易である。

現実の運営でも，川根振興協議会の事例で確認したように，2層の組織のいずれもが活力をもつことが前提とされ，集落が「守りの自治」に対して「手づくり自治区」が「攻めの自治」をおこなうという，役割分担が意識されている。したがって，新しい組織が生まれても，集落機能の維持・強化のための様々な取組みは継続されなくてはならない。この点における誤解は少なくないため，ここであらためて注意を促しておきたい。
　第2点は，政策対応に関わる課題である。コミュニティが政策対象となるときに，しばしばみられるのは，政策当局の急ぎすぎた推進である。市町村や都道府県レベルで，新しい形のコミュニティの設立数やその取組みに対する数値目標が設置されることもあり得よう。しかし，本来コミュニティづくりには時間がかかり，またそのスピードは地域の実情により大きく異なる。
　それは，川根振興協議会の展開過程が示していた。ほかならぬ「手づくり自治区」の先発事例であるこの組織でも，機能や活動の総合化は時間をかけて，1つひとつ実現していったのである。このように，一般に，コミュニティの形成には，行政の思いと異なるスピード感があることを政策関係者は強く認識すべきである。
　第2次コミュニティ政策ブームの中で，今後ますます，コミュニティに対する政策対応の機会は増えていくであろう。そのときには，川根振興協議会を市長として見守った行政の先達の次の言葉を噛みしめたい。「コミュニティづくり・自治づくりは，『一生もの』です。疲れないように。頑張りすぎないように。皆さんのペースで育ててください」（安芸高田市元市長・児玉更太郎氏の市長時代の発言）。
　第3は，「手づくり自治区」と地方自治体との関係である。この点は，本来地域コミュニティ論の基本とすべき論点であるが，しかし，まとまった議論はおこなわれていない。
　地域コミュニティを公共サービスの切り捨て時の代替とする単純な位置づけであれば，地方自治体は「身軽になる」といえるが，当然，それほど単純ではない。むしろ，新たな公共サービスの主体と行政との連携や「協働」のため

に，新しい濃密な仕組みが必要になるといえよう。そして，地域コミュニティを「手づくり自治区」と考えた場合，例えばその組織のリーダーの育成サポートや，さらに組織そのものへの正統性の付与の点で，行政はますますその役割を発揮すべきように思われる。そうしたことを含めた「手づくり自治区」の普及段階における行政のあり方は，今後急速に議論と実践の詰めが求められているテーマであろう(9)(10)。

注

(1) 例えば，読売新聞・連載企画「つながる」2007年2月～2008年5月，日本経済新聞・特集「見知らぬ町内会（上，中，下）」2009年3月が代表的なものであろう。
(2) 名和田[2] pp.20-21
(3) 国土形成計画（2008年閣議決定）の，当該箇所の記述は次のとおりである。「このような多様な民間主体を地域づくりの担い手ととらえ，それら相互が，あるいは，それらと行政とが有機的に連携する仕組みを構築することにより，地域の課題に的確に対応していくことの可能性が高まっている。これらを踏まえ，多様な主体が協働し，従来の公の領域に加え，公共的価値を含む私の領域や，公と私との中間的な領域にその活動を拡げ，地域住民の生活を支え，地域活力を維持する機能を果たしていくという，いわば『新たな公』と呼ぶべき考え方で地域づくりに取り組んでいく」。
(4) 鳩山総理（当時）の所信表明演説（2009年10月26日）では，「新しい公共」を次のように位置づける。「私が目指したいのは，人と人が支え合い，役に立ち合う『新しい公共』の概念です。『新しい公共』とは，人を支えるという役割を，『官』と言われる人たちだけが担うのではなく，教育や子育て，街づくり，防犯や防災，医療や福祉などに地域でかかわっておられる方々一人ひとりにも参加していただき，それを社会全体として応援しようという新しい価値観です」。なお，この鳩山演説を含めて，近年の「新しい公共論」の批判的整理としては，辻山[4]を参照のこと。
(5) 「第1次コミュニティ（政策）ブーム」は，1960年代末から70年代前半にみられた。この時期には，1969年に国民生活審議会調査部会コミュニティ問題小委員会が『コミュニティ―生活の場における人間性の回復―』を発表し，その後71年には，自治省は「コミュニティ（近隣社会）に関する対策要綱」を作成し，全国に83か所のモデルコミュニティ地区を指定するという一連の動きが集中的に発生した。
(6) 表1-1に示した事例の出所は，同表下にも示したように，国土交通省・新たな結研究会[1]（報告書）である。同研究会は，「人口減少・大合併時代における地方の農

山漁村地域の維持を担う『新たな結』について，国土交通政策の観点から，多くの地域で実施できる新たな結のあり方，新たな結の組織づくりや活動を促進するための支援の仕組みなどを検討・提案する」を目的として設置され，筆者も調査・検討に参加した．

(7) 前掲，国土交通省・新たな結研究会 [1] のデータによる．

(8) 町内会・自治会研究の第一人者である山崎丈夫は，住民自治を担う新しい地域コミュニティを「町内会・自治会の発展としての地域コミュニティ」（山崎 [5]）とし，町内会・自治会の延長線上に位置づけている．他方で，同書では，滋賀県の事例から自治体と学区コミュニティを「連携・補完」としている（山崎 [5] p.233 の図表 40 中の記載）．集落や町内会・自治会等の既存のコミュニティと現在議論の対象となっている新しいコミュニティの関係をめぐっては，このような混乱がしばしばみられる．ここにおける筆者の整理はそれを意識してのものである．

(9) この点に関わり，名和田是彦は「自治体や地域社会の現状をみるとき，時として『協働』の側面ばかりが強調され，また厳しい財政事情からいかに行政サービスを減らして民間のサービスに代替するかという様相が前面に出ることが多いが，自治体内分権の様々な試みに即してみると『参加』としての意味合いが必然的に随伴してくることに注意しなければならない」（名和田 [2] p.42）と指摘する．ここで,「協働」とは「公共サービスの組織と提供にかかわる概念」であり，「参加」とは「公共的意思決定にかかわる概念」とされている．名和田の指摘するようにコミュニティの「協働」の動きに目を奪われて，「参加」のあり方の制度論を欠くことは，とくに農山村における議論で散見される．

(10) 本稿は，小田切 [3] の一部（第 2 章）を，新たな実態や本書における筆者の問題意識に従って改稿したものである．

▶▶ 第2章

地域共同売店の実態と持続可能性

1. 課題の設定
──農山村における「買物難民」の存在と地域共同売店

　農山村では，個人商店や農協のAコープ等の撤退が相次いでいる。また高齢一世代化によって，家族による買物の代行，送迎も難しい。遠方の商業施設まで本数や路線が減少した電車やバスを乗り継ぎ，もしくはタクシーを使わざるを得ないなど，高齢者を中心に肉体的，精神的，経済的にも日常的な買物に支障をきたす「買物難民」[1]が増えている。

　その対応策として，「地域売店」が注目されている。地域売店とは，営利目的ではなく，集落や大字，旧村といった小さい単位で地域住民が出資，運営し，食料品や雑貨といった日常生活を支える商品を売る店である。地域の実情に応じて様々な形態があり，出資者の構成でみれば，個人経営，少数有志，地域ぐるみといったバリエーションが存在する。

　その中でも，個人ではなく複数の主体が出資，意思決定に参加する売店を，本稿では「地域共同売店」[2]と呼ぶ。その地域共同売店の実態と，持続可能性を検討することが本稿の課題である。前者の地域共同売店の実態については，とくに集落と売店の関係に注目する。集落が売店運営という課題に対して，どのように関わることができるのかを整理する。後者の持続可能性については，過疎化・高齢化が進む中で，地域共同売店がどのような役割を担えるのか，意義と限界について検討する。

　分析は沖縄県と他県の事例を比較しながら進める。地域共同売店をめぐって

は，各地の個別事例の報告が蓄積されつつあるが，おおむね上記の文脈，すなわち過疎化・高齢化の進行→既存商店等の撤退→地域での代替売店の設立，というストーリーが多い。しかし全国を見渡すと，それとは全く異なる出自の地域共同売店を相当数もつ地域がある。沖縄県と奄美地方[3]である。そこでの地域共同売店は，古いものでは100年以上の歴史をもつ。単に歴史が長いだけでなく，運営形態や抱えている課題も，他県の地域共同売店と異なる部分が多い。一方他県で近年設立される売店には，沖縄の事例を参考に設立されるものもある。

分析の手順は，まず次節で近年設立が進む沖縄以外の地域共同売店の実態について検討し，第3節ではもう一方の沖縄の売店について取り上げる。それぞれ先行研究の整理，特徴的な事例の実態調査結果の紹介をおこなう。そして第4節で両地域の実態をふまえ，先に設定した課題についての考察をおこなう。

なお，本稿では考察の対象を農山村に限定している点[4]，「買物難民」の実態，また大量観察的な分析に至っていない点をあらかじめ断っておきたい。

2. 沖縄以外の地域共同売店の性格

（1）全国からの報告

まず，沖縄以外の地域共同売店を，先行研究をもとにいくつか紹介する[5]。

1つ目は小山［5］が取り上げている①宮城県丸森町大張地区「なんでも屋」である。地区にあったAコープと個人商店の撤退を契機に，地区内の3分の2の世帯が出資して2003年に設立された。モデルは後でも触れる沖縄県国頭村奥の「奥共同店」である。食料品，日用品に加え，飲食店経営経験のある店長による刺身，惣菜も販売され，さらには冷蔵設備のある移動販売車を導入し配達もおこなっている。運営は黒字だが，フルタイムで働く店長の月収は10万円程度であり，その後継者確保が課題となっている。

次は北川［4］が整理した②京都府各地の事例である。府内に6店が確認さ

れているが，そのうち5つはAコープの撤退を契機に，Aコープの商圏だった旧村単位で売店が生まれている。多くの事例では，一朝一夕ではなく旧来から旧村単位での諸活動がベースとしてあった。出資は有志であり，多いところでも地区内戸数の半分以下の人数である。朝日新聞[1]によれば，北川が取り上げた6事例の1つ，京丹後市の「有限会社常吉村営百貨店」は，無料配達やコピー，宅配便，写真現像の取次ぎ等新しいサービスを導入し，年商がAコープ時代の3倍になった。しかし開店10年を経過してしだいに売上が落ち，運営は赤字，一時は閉店も検討し，現在は以前から無報酬の社長に加え，労働力はすべて無償へ切り替えて存続しているという。

続いて小田切[8]，また本書第1章でも触れられている③広島県安芸高田市旧高宮町川根地区である。ここもAコープの撤退を契機に，Aコープ商圏であると同時に，旧来からの振興会の活動範囲でもある旧村単位に売店が設置された（04年オープン）。住民出資を検討するが，結局地元企業（振興会役員）が店舗を運営，その後振興会直営へ移行している。商店だけでなくガソリンスタンドや農産加工も兼営している点が特徴である。先の「常吉村営百貨店」同様，多角化に加え営業時間の延長等により，Aコープ時代よりも売上は増加している。

4つ目は，坂本[10]が分析している④高知県津野町の「森の巣箱」である。ここは廃校となった小学校の校舎を改装し，売店だけでなく居酒屋や宿泊施設などを兼営している。またこの売店の特徴は，集落単位での運営であることと，集落全戸が出資している点である。さらに単に全戸出資というだけではなく，売店の月利用下限のガイドラインを定めている点も興味深い（3000～5000円）。居酒屋も，売店での売れ残りの商品の消費，という役割があるという。ただトンネル完成に伴い町中心部へのアクセスが改善し，売店の売上が減少しているのが課題となっている。

5つ目は，高橋[12]が取り上げた⑤大分県旧耶馬溪町の「ノーソン」である。元農協支所兼Aコープの建物に売店を設置した（05年オープン）。ノーソンの特徴は，発起人・施設購入が地区外の人，市町村合併について考えるグルー

プの有志が母体となっている点である。後にみるように，当初地区内の反応は鈍かったが，店長に地元農協の元職員を迎え，また野菜の受託販売を始めたことで地区内の住民，とくに非「買物難民」が会員になり運営が軌道に乗りつつある，という事例である。ただしここでも人件費は圧縮されており，最低賃金以下の条件で運営されている。またNPO法人である点も特徴的である。会員は出資ではなく入会金と会費を納める，という形で参加している。

(2) 設立の背景と運営の特徴

　これらの事例の共通点は，以下の諸点である。まずは設立の契機の多くがAコープの撤退である点，またそれに関連し，商圏，出資者の構成範囲が旧村単位である点，出資，運営は有志，もしくは小田切のいう「手づくり自治区」がおこなっている点，歴史は数年，長くても10年程度である点等である。

　集落との関係だが，上で触れたように，集落が売店の商圏，出資者の構成と一致する事例は高知県の「森の巣箱」のみである。さらに集落が売店の運営に関わる，具体的には集落の役員との兼任，赤字の補てん等金銭的支援，施設の提供などの事例も，見当たらない。上記事例からは，集落にとって地域共同売店は苦手分野であり，売店の設立，運営を，集落そのものに期待することは現実的ではない，といえそうである[6]。

　このような沖縄以外の地域共同売店の性格を，節を改めて，先の大分県の「ノーソン」を事例にさらに掘り下げてみよう。ノーソンを取り上げる理由は，上の事例の中でも，設立に当たって最も地域との関係が希薄な売店だった，という点である。

(3) 「ノーソン」の挑戦と課題

1) 「ノーソン」の概況

　ノーソンのある津民地区（明治合併村）は，大分県北西部，旧耶馬渓町（2005年に新中津市へ合併）の西部に位置する。100mから500mまでの標高差があり，県道沿いに4つの大字，12の集落が点在する中山間地域である。戸数が253戸，

> (1) お年寄りや地域住民のサロン活動等，住民の福祉に関する事業
> (2) 地域住民の作品展示（ギャラリー）等，住民の文化・芸術の振興に関する事業
> (3) 山林・田畑を守ることをはじめとする環境保全に関する事業
> (4) 都市住民との交流に関する事業
> (5) 放課後のよりどころになるような文庫活動等，子供の健全育成に関する事業
> (6) 住民の購買活動に関する事業
> (7) 住民が生産した農林産物等の販売請負に関する事業
> (8) 施設の賃貸に関する事業
> (9) その他，この法人の目的を達成するために必要な事業

図 2-1 「耶馬渓ノーソンくらぶ」の事業内容
資料：「耶馬渓ノーソンくらぶ」2008 年度総会資料より作成。

人口は 664 人，高齢化率は 4 割に迫る（2010 年 1 月 31 日現在）。標高 200 m 程度，国道からは車で 5 分ほど入った大字大野が津民地区の中心地で，小学校，保育園，診療所，郵便局，ガソリンスタンドがある。2003 年まではここに農協支所と A コープがあったが，合理化の一環で撤退している[7]。

　津民地区の中にはほかに商店はない。自家用車があれば 10 分程度のところに地元スーパーや直売所が，30 分ほど走れば大型商業施設がある。他方，自家用車以外で買物に出ようとすれば，タクシーか，1 日に 3 往復しかないバスを利用するしかない。バスは国道沿いのバスターミナル行きで，スーパーに行くには乗換えが必要となる。行きはよいが，帰りはうまく接続できなければタクシーを利用するしかない。

　このような実態をふまえ，2005 年 7 月，農協支所・A コープ撤退後の施設を活用し，食品・雑貨の商店がオープンする。店の名前は「ノーソン」，運営は NPO 法人「耶馬渓ノーソンくらぶ」が担う。この NPO の会員数は約 70 人，地区内 60 人程度，地区外 10 人程度，入会金 2000 円，年会費は 1000 円である。役員（理事）は津民地区内が 5 人，地区外から 5 人で，理事長は地区外の I ターン者，事務局長も地区外の元役場職員が務めている。

　店舗は約 140 m²，うち半分に商品とレジが，残り半分はサロン・ギャラリー

スペースとなっており，別に70 m^{2}の倉庫がある。図2-1にノーソンの事業内容を示した。基本的に平日の9～17時の営業で，食品（菓子類，乾物，調味料中心）や，日用雑貨に加え，洋服，農業資材，介護用品等の販売をおこなうとともに，農産物委託販売の取次ぎ，貸し倉庫，サロン・ギャラリーの機能ももつ。07年度の売上は食品，雑貨等が500万円弱，委託販売の売上総額が350万円弱，倉庫は20万円弱，ギャラリーは無料である。

なお農産物の販売取次ぎは会員のみ利用可能で，利用者は地区内の女性を中心に40人前後。理事の1人でもある農産物の卸業者が，近隣の大型スーパーへ出荷する。販売手数料は30％（スーパー15％，卸15％）である。ノーソンは基本的に無償で商品の受付・保管（ノーソンの定休日である土日休日を含め，お盆，正月以外は毎日），伝票整理，シールの準備，商品についての問い合わせへの対応をしている（シールにはノーソンの電話番号が記載されている）。さらに07年度には野菜の栽培技術についての講習会も4回開催した。

普段のノーソン利用者は大きく3つに分類できる。第1は店舗のある大字大野の高齢者，第2は診療所の巡回バスが出る月曜日と木曜日に，診療のついでに立ち寄る大野以外の津民地区の高齢者，第3は農産物出荷者である。店舗での食品，雑貨等の売上のシェアは，農産物出荷者が半分程度となっている。

ノーソンの店長は，大野に住む元農協職員の70代の女性が務めている（NPOの理事でもある）。施設構造を熟知し，店舗運営のノウハウがあり，地域内の様々な情報に通じ，人脈も豊富，という人材である。労賃は年によって上下するが，月当たりで5万円を超えたことはないという。現在は店長以外に店番はおらず，日常的な店の運営は店長1人に委ねられている。

2）設立の経緯

ノーソン設立の直接の発端は市町村合併である。旧耶馬溪町は2005年に中津市と合併するが，その過程では町内で様々な議論があった。その中で，合併に慎重なグループの勉強会が，議論の過程で，単なる合併反対ではなく地域の存立には合併に関わらず主体的な取組みが必要だ，という考え方にたどり着く。そこに施設の入札の情報が入り，活動のきっかけとしてまずその施設を購入す

ることとなった。ちなみにその時点で当該グループには津民地区の住民は1人だけであった。

　2006年12月，メンバーが落札し，勉強会有志6人で利用策を検討する。実は，当初から本格的なAコープの代替店舗設置を計画していたわけではない。まずは診療所を利用する高齢者のためのサロンをつくろうとのアイディアであった。施設の掃除，改修とともに，津民地区内から中心メンバーを増員し，また近隣の集落へ施設の落札と有効活用についての説明会，相談会を実施した。

　店長となる農協の元職員や，ガソリンスタンドの経営主など新たに4人が中心メンバーとして加わったものの，各集落での反応はよいとはいえなかった[8]。説明会を重ね，警戒感は徐々に緩むものの積極的に会員になる人は少ない。しかし中心メンバーの1人が農産物の委託販売のアイディアを出し，自身が集出荷するということになり，一気に会員が増える。07年6月の設立総会までには会員は約50人となった。

　当初はサロンをメインに考えていたが，「茶菓子ぐらいおいてほしい」，から始まって，徐々に商品数も増え，売上も1日5000円程度を目標としていたのが，ふたを開けると1万円以上を維持している[9]。なお利用者は季節や曜日により変動はあるが，1日平均10人程度である。

3) 小括――特徴と課題

　ノーソンの最大の特徴は，発起人が地区外の人間であり，津民地区の住民が主導した設立ではなかった点である。Aコープの撤退後，津民地区内での表立った動きはなく，市町村合併をめぐり外部からのアプローチにより設立された。また地区内の自治会や婦人会，老人会といった既存の組織が，組織としてはノーソンの設立，運営に直接関わっていない点も注目される。

　津民地区では，ほぼすべての集落が中山間地域等直接支払制度に取り組み，また集落営農組織がある集落もある。集落としての活動が停滞しているわけではないが，売店の運営という分野には集落は踏み込んでいない。

　ノーソンの側からすれば，既存組織からの積極的な協力がない中で，様々な工夫が必要となる。まずは農産物の取次ぎ事業との連動であり，ノーソンの運

営に直接金銭的なメリットはほとんどないものの，会員を確保し，種や袋等の資材購入を通じて売上に貢献している。また野菜の売上金は，月に1回，店内で現金で渡されるが，その際の食品や日用品の購入も，売上に大きく貢献している。

次に役員の半数は地区外の人間だが，店舗運営，店長には，地域の情報に精通した地元の人材を確保した。実際利用者には「ノーソン」としてよりも，店長の名前で「〇〇ちゃんの店」として定着している。その店長の人柄を慕って，毎日のように通う高齢者もいる。また，買物がなくても気軽に立ち寄れる雰囲気を醸成することにも気を配っている。これらは個人商店やAコープでは，なかなかできない部分であろう。また人件費等は極力切り詰め，定価よりも値引きして販売することで，利用者に便宜を図っている。

ノーソンが抱える課題は，大きくは2つである。1つは商圏の空洞化である。08年，売店の売上は400万円を切った。景気の影響もあろうが，基本的には津民地区内の過疎化・高齢化の進行による利用者，利用額の減少が大きい。地区内の非「買物難民」の利用者，利用額の向上が当面の課題となる。

もう1つは，店舗運営の人材確保である。現在の店長に替わる人材のめどはついておらず，そもそも普段の交代要員すら確保できていない。店長が体調を崩せば店舗は機能麻痺に陥る。しかも店長は薄給で対応している。この点が運営上の大きなネックだが，対応策はすぐには見つからない，というのが実情である[10]。

3. 沖縄の地域共同売店

（1）沖縄の地域共同売店の概要

市村［2］によると，沖縄県には，2006年現在72の「共同店」が残っているという。この沖縄県各地の売店の原形は，本島の最北端，国頭村の「奥共同店」である。

奥共同店は06年に100周年を迎えた。地理的には戦後1953年まで自動車が通れる道路がなく，陸の孤島であり，現在でも村中心部まで車で約30分，大型商業施設のある名護市までは1時間近く必要である。奥での売店設立の目的は，当時地域の産業の柱であった材木や木炭の搬出，逆に食料，日用雑貨の仕入れ販売の機能を，進出してきた外部資本から取り戻すことにあった。売店として船を所有し運送をおこなうとともに，発電や酒造，製茶，さらには生活資金の融通や奨学金制度等の金融機能，納税代行も，売店としておこなっていた時期もある。

　運営方法についてもみておこう。当初より，地区内に住む全員出資であり，売店の主任ポストは，集落の役員の1つに位置づけられ，選挙によって選出される。経営の状況は集落の役員会で報告し，棚卸しは集落の役員も参加しておこなわれる。商品は市街地スーパーに比較すると割高な値段設定であるが，その分，配当や，地区内の各種団体，イベント等に，売店として活動助成をおこなっている。

　この奥共同店のモデルが他地域にも波及し，最も多い時期には本島中南部や各離島を含め120以上の売店が存在したとされる。運営は，その後の環境の変化等により多少のバリエーションはあるが[11]，基本的には住民全員・全戸の出資で設立され，売店の主任は集落の役員で，集落会計となんらかの関連があるケースが多い。

　このように，沖縄の売店の最大の特徴は，運営が集落と一体となっている点である。先にみたように沖縄以外の売店も地域内の住民が出資するが，あくまでも任意であり，出資者割合も地域住民の半分を超えるような事例は少ない。また経営は独立採算であり，集落をはじめとした商圏内の諸組織との直接的な関係はない。集落運営と直接結びつく以上，売店の運営に対する関心や，地域のインフラとしての位置づけ，買い支えの意識は沖縄でより高くなると考えられる。

第2章　地域共同売店の実態と持続可能性　　53

(2) 売店数の推移と背景

　以上のように，集落と非常に強く結びついている沖縄の売店だが，実は閉鎖が後を絶たない。市村［2］によれば，現在は72店舗だが，1980年ごろは116を数えた。今では本島中南部では1店もないという。その理由について沖縄大学地域研究所［9］は，高齢化による商圏の空洞化，コンビニ，大型商業施設の出店等をあげている。

　沖縄では規制緩和やインフラ整備に伴い，90年代以降大型スーパーやコンビニの出店が相次いでいる。那覇市を基点として，地域共同売店存立の「前線」[12]が徐々に縮小，後退しており，現在では本島北部と離島に残るだけとなっている。

　近年，名護市以北でもコンビニの出店は進み，売店の経営を圧迫している。集落中心部から国道沿いに移転し，観光客を取り込むことができた一部の売店を除き，赤字経営の店が多いという。近場に大型の商業施設やコンビニが進出すれば，価格，品数，鮮度でどうしてもそちらに競争力がある。かつて地域内での経済循環の要であった売店は，大型商業施設やコンビニを前に劣勢に立たされる。

　このように「前線」の北上により売店が存立できるエリアが狭まっているわけだが，他方で売店の「前線」は北端からも後退し始めようとしている。現在沖縄本島北部では高齢化は進むものの，市町村単位でみれば人口減少には歯止めがかかっている。しかし集落ごとにみれば，高齢化，そして過疎化が進む集落も少なくない[13]。それらの集落では，南部の「前線」とは異なり，商圏の空洞化による売店の危機が深刻化している。

(3) 楚洲共同店の課題と模索

1) 地域概況と集落運営

　具体例として取り上げるのは，沖縄県国頭村の北東部，楚洲(そす)集落の地域共同売店である。選択理由だが，まず沖縄の売店の一般的な運営方法である集落の

直営形態を維持しており，さらに危機への対応に当たり集落と売店の結合をさらに強化しようと模索している点である。また，地理的には先に整理した北部の「前線」に位置しており，沖縄以外の地域共同売店の未来の姿という位置づけもできる。

楚洲集落は，沖縄本島の最北端の辺戸岬を回った先の奥集落から，さらに約10 km の位置にあり，沖縄本島内では，那覇からの到達時間が最もかかる集落である。那覇からは車で2時間半，本島北部の中心都市である名護市から1時間半，国頭村役場のある辺土名からも 40〜50 分（村営バスだと 65〜80 分）かかる。辺土名へは村営バスが1日3往復（片道 500 円）運行しているだけである。日常的な買物に辺土名まで公共交通で通うのは現実的ではない。辺土名には商店街があり，またその周辺には近年コンビニも進出している。ただ大型の商業施設は，名護市まで行かないとない。

楚洲集落は，太平洋の海岸線に沿って連なる小さな集落で，2005 年の国勢調査では 35 戸，人口 68 人，高齢化率 35.3％となっている。09 年 8 月の調査時点で戸数 30 戸，人口約 60 人とのことであった。30 戸のうち 7 戸は高齢者の単身世帯で，全員自動車は運転できない。集落内には売店以外に商業施設はなく，おもな就業先は閉校となった学校を改修した複合福祉施設のみで（集落から3人雇用），あとは農業・畜産業がおもな産業となっている。

次に楚洲の集落運営について確認する（図 2-2）。09 年度の役員（代議員会）は区長1人，書記・会計1人，監事2人，理事5人，評議員4人で構成されている。理事は集落内の諸組織の代表者，評議員は集落内に4つある班の班長が務める。理事を務める5人の所属は，青年会，老人会，消防団，民生委員，そして売店の職員である。代議員会は月例でおこなわれ，そこで毎月の売店の売上等も報告，議論される。

集落の総会は年に1回，5月におこなわれる。総会の意思決定については以前から1戸1票ではなく成人の1人1票制をとっている。なお後にみるように売店への出資も，戸別ではなく個人別である。総会への参加は 30 戸，60 人の集落で，委任状提出者を除いて毎回 30 人程度となっている。

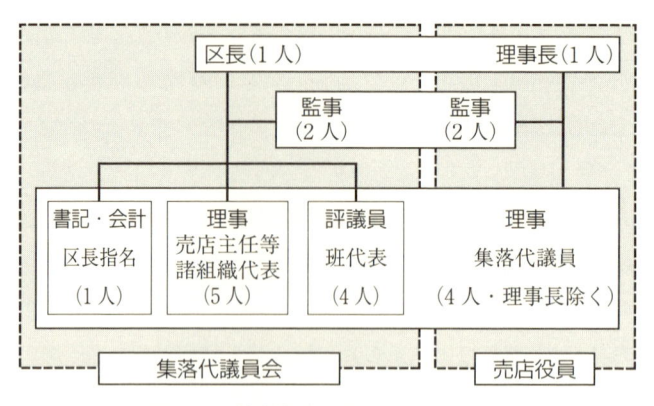

図 2-2 楚洲集落の集落と売店の関係
資料：聞き取り調査より作成。

　集落の会計について，収支別にみてみよう。まず歳入だが，①構成員への賦課金，②財産収入，③各種補助金，④雑収入からなる。①については世帯割と人数割の組み合わせで，1戸当たり1000～2000円/月程度，②は発電施設や畜産経営への集落の共有地の貸出(14)，③は国頭村からの区長の人件費補助，④はイベントでの寄付金が中心である。それ以外に共有地の公共事業での売却分が特別会計として存在する。
　他方，歳出は①俸給，②事務費，③活動助成費，④租税公課，⑤雑支出，⑥貸付金，⑦予備費である。①は役員の人件費，②は公民館等の維持経費や備品等の費用，③は集落内外の各種団体への助成，④は固定資産税，⑤はご祝儀や寄付金，そして⑥が売店への貸付金で，07年度には45万円が計上されている。⑥については06年までは返済の必要のない助成金の名目だったが，後述の売店改革の一環で貸付金とされた経緯がある。

2）売店運営の実態

　売店の営業時間は8:00～19:30で，正月やお盆も含め年中無休である。現在集落在住の女性2人が交代で店番を担当している。置いている商品は食料，雑貨が中心で，ノーソンとの違いは，洋服や介護用品がない一方で，酒類，冷凍食品が充実している。商品数は1000種類近い品揃えである。利用者は集落内

居住者が主で，それに周辺集落や，観光客，公共事業関係者，集落内の福祉施設等が加わる。福祉施設については，設立当初から食料の仕入れの一定量について売店を通す協定を締結している。

　毎年の売上は1500万円前後，そこから仕入れ額や人件費，光熱費等を差し引くと，40万円前後の赤字となる。その金額は，先にみたように集落の会計から補てん，長期貸付されてきた。

　出資者，組合員は基本的に集落同様20歳以上の集落居住者全員[15]で，1人1株(1000円/株)である。転出や死亡により資格を喪失する。株券は発行せず，組合員は名簿で管理されている。総会は年に1回で，集落の総会と同時開催である。

　売店の役員体制は，定款上理事が5人(以内)，うち1人が理事長，それ以外に監事が2人(以内)である。運営規則によると，理事，監事は集落の代議員の中から選出されることになっている。また売店の理事長，監事も集落の区長，集落の監事との兼任を認めている。

3) 改革の背景と方向性

　ただし以上の役員体制はあくまで正規のものであり，現在は運営規則の付則に基づき，経過措置として別の体制で運営されている。付則では，2008年からおおむね5年間は，先にみた集落の代議員会に設置される「共同店改革委員会」と，その実行組織としての「共同店経営委員会」が売店の一切の権限をもつこととされている。改革委員会，経営委員会とも代表者は集落の区長であり，09年5月の総会では，区長から売店の経営状況の説明をおこなった。監事も集落の監事が兼任で務める。

　このような試みの背景には，売店の恒常的な赤字体質がある。10年以上前から収支はマイナスで，累積赤字が自己資本の3分の2を超える額まで増えていた。近年はすでにみたように集落会計からの赤字補てんがおこなわれていたが，そのおもな財源は共有地の売却益で，限りがあり，いつまでも補てんを続けることはできない。

　07年に新たに就任した区長が改革の旗振り役である。就任直後，集落の課

題についてアンケート調査を実施したところ，93％が売店の改革の必要性を選択した。理由は先にみた区財政の圧迫，負債の増大の2つに加え，それまでの売店運営の責任の所在，意思決定方法の不明確さもあった。一連の改革の前は，「主任」が売店の運営をおこなっており，集落としての関与の仕方は曖昧であった。代議員会や総会で報告は受けるものの，集落が介入しての積極的な改革は先送りされてきた。

　主任としても仕入れや店番の責任を負う一方で，給与は固定給であり，改革のインセンティブが乏しい仕組みであった。また本来は選挙により主任を決めるが，実際には受け手がおらず，約25年間1人で担当せざるを得ない状態だった。その主任も高齢となり，引退を希望したことも改革の背景の1つである。

　改革の方向性は運営方法の見直しと，売店利用の増大の2つである。

　まず前者については，先にみた定款，運営規則の整備による意思決定，責任の所在の明確化である。それも集落との関係を強化する方向が強く打ち出されたのが特徴である。加えて，人件費の圧縮，税務申告資料作成の内部化等，支出の削減にも取り組んでいる。店番は1人から2人に増えたが，集落の会計も売店の職員が兼ねることとし，その会計の人件費とこれまでの主任の人件費をプールし，店番2人分の俸給としている。また後でみる事業を活用し，経営コンサルタントの招聘も計画している。

　後者の売店利用の増大については，まずは商品数，開店時間の延長による周辺集落住民や観光客の取り込みである。さらに08年度より農林水産省の補助事業を導入し，特産品開発や観光客誘致にも取り組んでいる。現在は試験的に特産品として大根栽培とそれを活用した切干大根の生産，売店に隣接する旧公民館の改修と展望台の設置に取り組んでいる。切干大根はすでに売店で試験販売されている。展望台については，集落の前の海岸で護岸工事が進んでいるが，その完成に合わせ展望台を整備し，観光客を店に呼び込もうという作戦である。さらに，沖縄の地域共同売店を応援する「共同店ファンクラブ」[16]や，出身者組織「楚洲郷友会」との連携も模索している。

4) 小括——楚洲の方向性の背景

　楚洲共同店の特徴は，改革の方向性に現れている。まず集落との結びつきをさらに強くし，集落の生活インフラとして責任をもって運営しようとしている。背景には，売店の存立が集落での生活に直結している点が指摘できる。1日に数本のバス以外に買物に出る手段のない高齢者が多い中で，売店がその命綱となっている[17]。単に買物の場としてだけではなく，情報交換，外出・運動の機会の提供の意味も大きい。

　改革の方向性は，以上のような集落との結びつきの強化だけではない。積極的に外部とつながろうとする姿勢も特徴である。集落内の利用から現在以上の売上，利益を上げることが難しいことが理由である。

　まず中高生は皆無で，それより小さい子供も1桁しかいない中で，短期的に人口が急激に増えることは想定しづらい。また1戸，1人当たりの利用額の増大にも期待できない。売店では利用者別の売上等は把握していないが，3分の2以上は集落内の利用とのことであった。年間1500万円前後の売店の売上のうち，仮に1000万円が集落の居住者の利用分だとすると，戸数30戸で割れば33.3万円/年，2.8万円/月，人口60人なら16.7万円/年，1.4万円/月，という平均利用額になる。もちろん家族構成や年齢等で利用額は異なるが，全体としての売店の利用率の高さがわかる。逆からみれば，集落居住者の大幅な利用額の増大は期待できないといえる。

4．考　　察

(1) 地域共同売店と集落の関係

　本稿の課題は，地域共同売店と集落の関係，地域共同売店の持続可能性の2つを分析することであった。まず前者の売店と集落との関係について，沖縄と他県を比較した表2-1をみながら整理しよう。

　沖縄の売店と，他県の売店の最大の違いは何か。それは，両者の1人当たり

表 2-1　沖縄とそれ以外の地域共同売店の性格の違い

		沖縄県以外 （ノーソン）	沖縄県 （楚洲共同店）
売店の性格	契機	既存店舗撤退・「買物難民」支援	外部資本への対抗
	歴史	10 年以内	数 10〜100 年
	範域	旧村≒Aコープ商圏	集落
	出資	有志	全員・全戸
	運営	有志・「手づくり自治区」	集落直営
	買い支え意識	低い	高い
	おもな課題	商圏縮小・非「買物難民」取り込み	商圏縮小(北部)・競合店進出(南部)
売店の環境	集落規模	小さい	大きい
	集落運営	1戸1票制	1人1票制
	高齢化率	高い	低い
	DID 距離	近い	遠い
	外部需要	少ない	多い(観光・公共事業)

利用額であろう。高知の「森の巣箱」では，1戸当たり月3000〜5000円の利用下限のガイドラインの徹底が難しく，「ノーソン」では，売上を津民地区の人口で割れば，1000円弱にとどまる。それに対し楚洲共同店では，1人当たり月1万円以上と桁が違う。

　このような違いの要因の1つとして考えられるのが，売店と集落の関係の相違である。具体的には，沖縄の売店では，①商圏が集落単位であること，②売店が集落の直営であること，③集落の意思決定が1人1票制であること，以上の3点が，先の高い利用額，買い支え意識につながっていると考えられる。

　まず①についてだが，まずは集落の外形的，物理的な性格である。沖縄はそれ以外の都府県に比べ集落規模が大きく，また高齢化率も5割を超えるような集落は，割合としては多くない。例えば，「ノーソン」のある大分県旧耶馬渓町の津民地区内14集落の平均人口は51.2人なのに対し，国頭村の売店のある集落の平均人口はその4倍の216.2人，高齢化率も34.4％と比較的低い[18]。また一定程度観光客が見込めるのも沖縄の特徴であろう。商圏の大きさという意味では，沖縄では集落単位での売店が存立しやすく，他県では，集落が売店の運営母体となることは現実的ではない地域が多いといえる。

　また他県では，Aコープが支所と併せ旧村単位に設置されていた点も大き

い。沖縄以外の地域共同売店は，Ａコープ等既存店舗の閉鎖，撤退が設立の契機，というケースが多いが，その店舗の商圏をそのまま引き継ぐケースが多くなる[19]。

　それに対し沖縄では，当初から集落単位に売店が設立された。戦前に産業組合，戦後は集落単位の農協と一体として売店が運営されていた例もあるが，農協合併に際し売店の運営は農協とは切り離して集落に残した。農協合併や生活事業の切り離し，子会社化を進めた他県の農協と対照的である。

　集落と旧村を比べれば，集落のほうが様々な社会関係が重なりあい，相互扶助の規範も強い。顔の見える関係の中で，旧村よりも買い支えの意識も醸成しやすいと考えられる。

　続いて②について整理する。①でみたように，単に商圏が集落単位である，という以上に，沖縄の売店は集落と強く結びついている。まず，他県の事例では，有志による出資が多く，地域内の全員，全戸が出資するような事例は数少ない。しかし沖縄では，集落内に居住する全員というケースが多い。

　また沖縄では単に全員出資というだけでなく，集落の組織体制の中に売店が位置づけられ，売店の主任・店長は集落の役員の1つとなっているケースが多い。楚洲では売店の理事・監事は，売店の出資者による選挙で決まるが，その理事・監事は無差別に選ばれるわけではなく，集落の役員である代議員の中から選ばれる。したがって売店運営の責任者は，売店だけでなく集落全体のかじ取り役でもある。集落にとってどのような売店運営が望ましいのか，逆に売店のために集落は何ができるのかを，同時に考えることができる。

　出資者も，出資者として売店の理事を選ぶだけでなく，楚洲の住民として，その前段の集落の役員の選出にも関わることになる。売店の出資者としてだけでなく，集落の意思決定システムを通じて，全員が二重に売店運営に関わる仕組みをもつ点が，楚洲の売店の特徴といえる。

　赤字が出れば集落の会計から補てん，貸付される。それに対し他県では，売店はあくまでもその活動の趣旨に賛同した個人や「手づくり自治区」により運営されており，集落のような既存のコミュニティが組織として経営に参画した

り，ましてや直営して経営の責任を負ったりする事例はみられない。

　沖縄の売店では，集落と強く結びつくことで，集落がもつ意思決定や利害調整の仕組みを援用し，売店運営の効率化，安定化を図っている。

　最後の③は，売店との関係というよりも集落そのものの性格である。他県では1戸1票制が普通だが，沖縄では楚洲集落をはじめ，「1人」1票制で運営されている場合が多い。集落の意思決定に性別，年齢等に関係なく参加できるシステムである。「元気な男性」だけでなく，高齢者や女性，若者も集落運営に個人として意思を示すことができる。この集落運営のシステムが，売店運営にも関係すると考えられる。

　他県では一般に集落の意思決定権は世帯主，食料や日用雑貨の買物は世帯主の妻，といったずれがある。集落での意思決定が世帯主のみでおこなわれれば，例えば売店の利用促進の決定がほかの世帯員に浸透するとは限らない。集落での合意と，売店利用を連動させるためには，集落の意思決定に個人で参加できる仕組みが望ましい。沖縄では，1人1票制のもとで，集落の意思決定に参加できる仕組みが，集落のことを住民各層が主体的に考える基礎となっていると考えられる。

　以上の①②③により，沖縄では売店運営に対する参加意識，主体性が高まり，買い支えの気持ちもより強いといえよう。

　この3点をそのまますぐに他県で取り入れることは難しいが，少しずつであっても集落との結びつきを強め，また集落運営自体を見直すことはできる。例えば，集落単位で売店の利用促進のための組織をつくる，広報誌を発行する，集落の総会時に売店の経営や利用者の声などを説明する，集落の役員に売店のアドバイザーを委嘱する，集落の会合は夫婦・親子等2人以上での参加とする，などである。

(2) 地域共同売店設立・存続の条件——「前線」の拡大と縮小

　2つ目の課題，地域共同売店の持続可能性を考察するためにつくったのが図2-3である。まずなぜ売店が設立されるのか，売店の設立の背景だが，歴史の

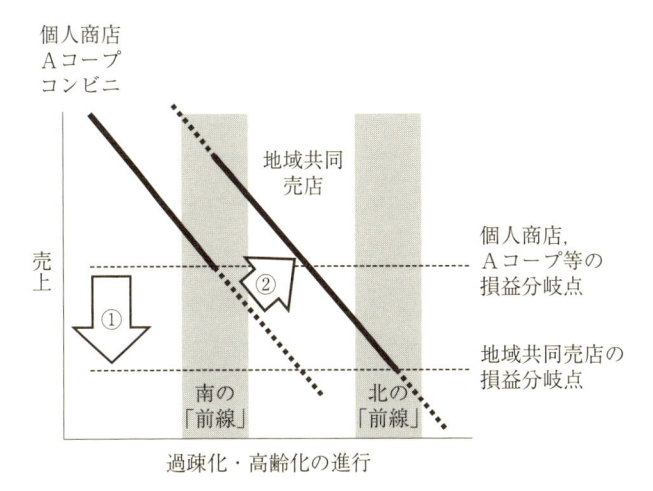

図2-3 地域共同売店存立の「前線」

　古い沖縄を別とすると、過疎化・高齢化で採算が悪化したAコープ等の撤退がおもな契機であった。もちろん現在の地域共同売店の最大の使命が「買物難民」への対応であることは、沖縄でも同様である。
　過疎化・高齢化という経営環境は、既存店舗だけでなく、地域共同売店にとっても同じである。Aコープ等と同じ収益構造では運営は難しい。そこで地域共同売店では人件費圧縮に代表されるコスト削減（図の①）、買い支え意識の喚起や、外部からの利用の促進等で、地域内の過疎化・高齢化に一定程度耐えうる収益構造を構築する（同②）。ただし、それにも限界があり、過疎化・高齢化が極限まで進めば、いずれその役割を終えることになる。
　地域別に整理すれば、沖縄以外の多くの農山村では、既存店舗の撤退が進み、地域共同売店の必要性が高まっている、図でいえば左側の網掛けに位置しているといえる。
　他方の沖縄だが、沖縄本島の南の「前線」では、交通網の発達等で図中のコンビニ等の線が上にシフトしており、既存の売店の撤退が続いている。他方、楚洲のような本島最北部の「前線」では、過疎化・高齢化が進み、現在の収益構造では店舗の存立が難しくなっている。

第2章　地域共同売店の実態と持続可能性

以上の売店の性格をまとめれば，受動的，時限的な存在と整理できる。まず受動性だが，沖縄以外の地域共同売店は既存店舗の撤退を設立の契機としており，既存店舗の残存中に設立されるケースはみられない。また沖縄本島の南の「前線」のように，コンビニやスーパーが新規に進出すれば，多くの売店は淘汰されてしまう。近隣に代替店舗があれば，地域共同売店を運営するインセンティブは小さくなるといえる。

　時限性は，過疎化・高齢化の進行を所与とすれば，地域共同売店は２つの「前線」に挟まれた場所でのみ存立できるという意味である。ただし，時限性の中でも，図における①，②の動きを進めることで，なるべく最後まで活動する主体的な努力は可能であり，各売店も模索を続けている。

　まずは①であるが，多くの事例でおこなわれているのは，人件費の圧縮である。ノーソンをはじめ最低賃金以下の地域も多く，中には完全に無償の事例もあった。地域の相互扶助意識に頼った労働力確保も，地域共同売店らしい１つの方策であろうが，どの地域でも採用できるアイディアとはいいがたい。そのような中で，楚洲が集落の役員と人件費をプールすることで，一定の賃金水準を実現していた例が有効であろう。集落会計だけでなく，農業関係でいえば，例えば集落営農や，中山間地域等直接支払制度，農地・水・環境保全向上対策などの事務作業を，売店として受託するようなこともできるかもしれない[20]。

　つづいて②だが，ポイントは非「買物難民」の利用率の向上である。基本は集落との関係強化だが，それ以外にも考えられる。まず非「買物難民」に，売店は地域の存続に不可欠のインフラであるという点を認識させることが重要である。いつかは自分も車が運転できなくなり，家族の支援を受けられなくなる可能性もゼロではない。当該集落に定住する以上，いつかは売店の世話にならざるを得ない。将来の自分に不可欠のインフラとしての認識を醸成する活動，例えば活動報告会や広報誌の発行などは必要であろう。

　また単に説明するだけではなく，具体的なメリットを付与することも有効である。ノーソンでは農産物の委託販売を通じて大きな成果をあげている。非「買物難民」である利用者は，この事業を通じて販売代金を得るという金銭的

メリットに加え，地域におけるノーソンの存在意義についての理解も深めている[21]。このような手法をほかにも打つことで，売店への理解，引いては利用者，利用額の増加にもつながると考えられる[22]。

5. おわりに

地域共同売店は決して万能ではなく，どの地域でも簡単に設立できるものではなく，また永遠に地域を支えられるものでもない。しかし全国から設立の報告が相次ぎ，国も支援制度を準備している。受動的，時限的な存在であっても，地域に不可欠のインフラ，よりどころとして，なんとか売店を設立，継続しようとする模索が続いている。そのような挑戦を今後とも見守り，分析していく必要がある。

なお本稿では買物について取り上げたが，それ以外にも，農山村では交通や福祉，教育といった，生活に直結する課題が山積している。これらの課題について，「コミュニティ」での対応が求められている。

本書では第3部で，コミュニティによる雇用，所得の確保について，多様な角度，分野について検討がおこなわれる。農山村の再生には，それら「攻め」の活動が欠かせない。ただし，同時に買物に代表される生活インフラの維持，整備を欠くことはできない。両者は車の両輪であり，生活インフラの面も，コミュニティに期待が集まっており，また本稿でみたように，実際の動きも始まっている点を強調しておきたい。

また本稿では，買物という単一テーマの枠組みの中だけで議論した。しかし実際には単一の分野に限定した活動よりも，多角的，複合的な活動が有効なケースが多いと思われる。実際，売店のほかにも様々な役割，機能をもつケースも少なくない[23]。

買物という1つの分野だけであれば，一定の商圏が必要となる。しかし商圏の大きさと当事者意識，買い支え意識のトレードオフ関係も危惧される。多角化することで，より小さな単位，例えば沖縄以外の県でも集落単位で売店が運

営できるかもしれない．労働力配置の融通，施設・備品の共有，情報収集の効率化，事務作業の省力化等の「範囲の経済」も期待できる．このような売店の多角化の検討が次の課題である．

それらの地域での様々な模索の中から，農山村で住むことの意義や誇り，そして新しい経済循環が生まれ，本報告では所与とした過疎化・高齢化の流れに代わる農山村の姿が立ち上がることを期待したい．

注
(1)「買物難民」の意味について，詳しくは杉田［11］参照．なお商店等の撤退は，単に買物の困難化を意味するわけではない．娯楽の機会が減り，栄養失調を誘発し，運動量が減り，地域のコミュニケーションが希薄になる．移動販売や，配達，生協の個配，買物代行等の手法も広がっているが，それらで解決，緩和できるのは上記の問題の中でも栄養面の改善が中心で，ほかは店舗が必要である．
(2) 地域売店の中には，本稿で取り上げる複数主体による出資だけでなく，個人によるものも少なくないが，本稿では本書の課題との関係から，前者のみを分析対象とする．
(3) ただし宮城［6］によると，沖縄と奄美大島の売店の出自には関連がないという．歴史は沖縄同様古いものが多く，運営方法も沖縄の売店とほぼ同じだが，後に触れるように沖縄の売店が「奥共同店」をモデルとしているのに対し，奄美はそれとは関係なく，独自に設立された．本稿では沖縄のみを取り上げる点をあらかじめ断っておきたい．
(4) 買物をめぐる問題は，何も農山村に限ったものではない．都市部でも「フードデザート」とも表現される地域が広がりつつある．詳しくは前掲杉田［11］，岩間ほか［3］を参照．
(5) 本稿で取り上げるもの以外にも多くの事例報告がある．例えば，朝日新聞［1］には高知県四万十市の「大宮産業」，三重県松坂市の「コミュニティーうきさとみんなの店」，長野県高山村「ふるさとセンター山田」が紹介されている．前掲杉田［11］では長野県上田市旧豊殿村の事例，また根岸［7］では熊本県山都町「よってはいよ」の取組みが紹介されている．
(6) 各種の集落アンケートでも，世帯アンケートでは買物の困難性が大きな問題だとされているのに対し，集落代表者や市町村担当者へのアンケートでは鳥獣害や耕作放棄地等が上位を占め，買物問題は等閑視されている．さらに集落の課題として，そもそも買物問題がアンケートの選択肢にないケースも散見される．集落代表者，そしてア

ンケート設計者も，買物問題を集落が取り組む課題とは認識していない。詳しくは山浦［13］参照。
(7) なお，旧耶馬溪町内ではほかにも 4 か所で支所が撤退したが，うち 3 か所は近くに商店が残っている。
(8) ただし，取組みに対し反対したり，水面下で足を引っ張ったりするような動きはなかったという。中心メンバーが外部の人間で，地域内での人間関係のしがらみがなかった点がむしろよかったのではないか，と分析されている。
(9) 現在の商品の種類は約 300 種類，取引先は 16 社に及ぶ。茶，農産物出荷用袋，種，衣類（委託販売），乾物，醤油・味噌，介護用品（委託販売），アイス，菓子，豆腐・揚げ，卵・牛乳，肥料，ゴミ袋など，多岐にわたる。
(10) 店舗開店からしばらくは店番要員が 2 人いたが，家族の事情やほかのパート先の確保により離れている。
(11) 直営から請負方式に移行したケース，また完全に個人経営へ移行した売店もある。直営→請負→個人としだいに経営の自由度が増し，機動的な運営が可能だが，他方で集落との結合が弱まり，財政的支援は受けにくくなり，「買い支え」意識の弱まる可能性がある（ただし請負の場合でも，経営が赤字になれば，施設使用料や光熱費等の減免等がある場合が多く，全く集落から独立した存在というわけではない）。詳しくは宮城［6］を参照。なお宮城によれば，直営か否かは売店の経営状況や，集落の性格との間に関係は見出せないとのことである。
(12) 沖縄大学地域研究所［9］で用いられている表現を踏襲した。ただ「前線」では売店の存立を左右するという緊迫感，また地域の主体性が伝わりにくい。今後，より適切な言葉を考えてみたい。
(13) 2005 年の国勢調査では，国頭村の高齢化率は 27.2％である。最も低い集落は 12.9％だが，他方で 50％以上の集落が 3，40％以上も 4 集落あるなど，村内での集落間格差は大きい。
(14) 集落の共有財産は山林原野，売店，公民館，墓地，神社等，多岐にわたる。それらは，楚洲財産区として所有している。
(15) 沖縄大学地域研究所［9］では，沖縄の売店運営が 1 人 1 票制となった背景として，琉球王朝時代の地割制度の影響が指摘されている。
(16) 「共同店ファンクラブ」については http://kyoudoubaiten.ti-da.net/ 参照。これ以外にも，複数の売店で共同仕入れをおこなう案が以前からあるが，なかなか実現には至っていない。
(17) 他県の中山間地域と異なり，沖縄では食料品の移動販売車は存在しない。生協の宅配は利用できるが，高齢者の利用率は低い。

(18) 国頭村内集落の売店の有無については，宮城 [6] を参照した．集落の人口・高齢化率は，国頭村は 2005 年の国勢調査，津民地区は 2009 年 9 月 30 日現在である．
(19) ただ，そうであれば A コープのまま存続するという選択肢はないのだろうか．A コープも農業「協同組合」の 1 部門であり，地域住民による出資，運営，利用，という意味では，地域共同売店と同じ仕組みをもつ．にもかかわらず，管見ながら，地域共同売店としての機能を強化し，「買物難民」への対応で成果をあげている A コープ店舗は多くない．なぜ同じ商圏，同じ仕組みでわざわざ新しい売店が設立されるのか．農協の存在意義を問う重大な問題であろう．
(20) 中山間地域等直接支払制度，農地・水・環境保全向上対策とも，農業セクター以外の主体との連携が，要件に盛り込まれている．売店との連携は，制度参加や高い単価設定のために有効であり，農業側のメリットも少なくない．
(21) ノーソンの総会には委任以外に毎回 30 人前後の参加があるが，その多くは委託販売を利用する非「買物難民」であり，事業計画等の検討や，講師との議論に積極的に加わっている．
(22) 以上の地域内での利用の拡大が基本だが，沖縄のように観光客を取り込む，またノーソンのように NPO 化し外部からの会員を募ることも必要であろう．
(23) 例えば先の北川 [4] が紹介する京都の事例では，6 つの売店のすべてが農産物の直売や配達等の多角化をおこない，そのうち 3 店では農作業受託もおこなっている．また新潟県の十日町市でも，A コープの後継店舗と農業（利用権設定を受けて農業経営をおこなう），農作業受託を兼営する法人の準備が進んでいる．

[付記]

調査に当たり，「耶馬渓ノーソンくらぶ」理事長の鈴木健久さん，事務局長中島信男さん，店長中畑榮子さん，楚洲区長の新城澄男さん，楚洲共同店職員の皆さん，「共同店ファンクラブ」事務局長の眞喜志敦さんには，ご多忙の中，快く聞き取り調査にご協力いただき，大変お世話になりました．また沖縄大学宮城能彦教授には貴重な助言をいただきました．心よりお礼申し上げます．

第2部

農山村における新しい産業の構築

▶▶ 第3章

地域農業・農村の「6次産業化」と その新展開

1.「6次産業」論の諸潮流と現在——課題の設定

(1)「6次産業」論登場の背景

2009年8月30日の総選挙で308議席という大量議席を獲得した民主党が掲げた「政権政策 Manifesto2009」の「政策目的」の中には,「農山漁村を6次産業化(生産・加工・流通までを一体的に担う)し,活性化する」とある。その路線に沿って見直しされた2010年度の概算要求では,農山漁村の6次産業化対策として「未来を切り拓く6次産業創出総合対策」として具体化され,「農山漁村の6次産業化の推進のため,農林水産業・農山漁村の『資源』を活用した地域ビジネスの展開,新産業創出等を支援」することを目的として,下記のような事項を積極的に推進することとしている。

- ・農林漁業者と食品関連事業者等の連携による商品開発
- ・市民参加型の仮設型直売所(マルシェ)の設立・運営支援
- ・HACCP導入,食品業界のコンプライアンスの徹底
- ・「緑と水の環境技術革命」のための技術実証,人材育成　等

この「6次産業創出総合対策」は,既存の農商工連携,食品リサイクルなど関連事業を廃止して新設されるものであるが,「農山漁村の6次産業化」という文言が正面から掲げられ,農政として推進されるのは初めてのことである。

疲弊した農山漁村経済の活性化が 6 次産業化によって推進されるに際して，改めて政策的な「6 次産業化」推進の中身や，従来の「農商工連携」推進施策との相違点が明確にされるべきであり，そのためには現実に取り組まれている様々な活動から学び，政策的に推進されるべき課題は何かを検討することが必要だろう。その後におこなわれた「基本計画」の見直しのための「食料・農業・農村政策審議会企画部会」(2009 年 10 月 21 日開催)では，「政策課題の整理」として，より踏み込んだ展開がなされているが，「農業の 6 次産業化」が，「農商工連携」に代表されるような農業・農村サイドと加工業・流通業の「一体化・連携」に主眼がおかれていることが読み取れる。もちろん，実需に応じた生産を拡大していくことにより国内自給率を高めていくことに異論はないが，疲弊した地域経済振興のためには，農業・農村サイドの主体性の発揮が推進され，農山漁村地域内の需要を促し，可能な限り地域内で経済が循環する仕組みを構築することに主眼がおかれている必要がある。

　この点については，同「政策課題の整理」の中で「農業主導の 6 次産業化の取組の支援」という見出しのもと，「大規模化の取組，新規作物導入・商品開発・販路拡大等による経営の複合化・多角化や販売・流通・加工の関係者，消費者，異業種を含む幅広い事業者との連携等の取組により，農村地域における雇用の確保や所得の向上など地域活性化につながるような農業主導の 6 次産業化を支援することが必要」であり，「このため，地域レベルで実践的な連携活動を推進することのできるノウハウ等を有する人材の確保や，ノウハウ等に関する情報やデータの蓄積等への支援を含め，施策のあり方を幅広く検討することが必要」(下線引用者)と記されてはいる。が，他産業との「一体化・連携」により「農業主導の 6 次産業化」が可能か否か，その具体像も含めて，すでに取り組まれている事例に十分に学ぶ必要があるだろう。本稿もそこに主眼をおいて展開していきたい[1]。

　さて，戦後のわが国経済の展開の中で，農業・食料をめぐって大きな変化が起きているが，その経済的局面を一言で表せば，「農業・食料をめぐる社会的分業の深化」とすることができるだろう。これは国民経済という枠組みを超え

て世界経済を舞台として展開している「食と農のグローバリゼーション」と表現されている現象の経済的内実である。国内においては，資本の展開の拡大と国民生活のライフスタイルの多様化を反映し，多種多様なフードサービスビジネスの隆盛のみならず，株式会社等一般企業による農業生産への直接参入が広範な展開をみせつつある。この「川下からの農業参入」という実態は，現政権下で推進されている「6次産業化」の具体的な中身でもある，いわゆる「農商工連携」とも関わる重要な検討材料として，後に触れたい。

(2)「農業・農村の6次産業化」をめぐるアプローチ

実態として展開している「6次産業化」の取組みの概観に先立ち，本項では「農業・農村の6次産業化」をめぐる諸議論について概要整理する。結論を先取りすれば，筆者は，この実態をとらえる議論には3つのアプローチが存在していると考えている。すなわち，①「地域活性化論的アプローチ」，②「フードシステム論的アプローチ」，③「産業連関論的アプローチ」の3つである。

まず，「地域活性化論的アプローチ」について概観する。
「地方の時代」が本格化しつつある1970年代末に大分県より発祥した「一村一品運動」は，地域の個性や誇りを形（商品）にすべく，農村経済の多角化・複合化によって農産物・原料生産部門のみならず加工・販売部門をも可能な限り農業・農村地域内部に取り込む「高次元農業」[2]を実現して付加価値を獲得することを目的とした，全国の農山漁村活性化のモデルとされた取組みである。その後，このような実践的な運動を具体化・定着化する動きが活発となり，「1.5次産業運動」「農村複合化」「内発的発展」といった概念の定義を通じて，地場農産加工・販売事業に関する議論が盛んとなった。

政策的文言としては，1987年策定の「第四次全国総合開発計画」（4全総）において「地元農林水産物等の付加価値の増大，安定的な就業機会の創出に加え，農林水産業の生産性の向上にも資する，いわゆる1.5次産業を積極的に育成」等々として「1.5次産業」という言葉として登場している。これは，4全総策定に先立って83年になされた「3全総フォローアップ作業報告」で提起

された「地域産業おこし」の政策的具体化である。4全総では「農林水産業と地域の食品産業等関連産業との一層の連携強化，宅配便等民間資本も活用した産地直送体制の拡大等を進める」という，販売・流通の取組みとは切り離されて提示されており，この段階では，文字どおり地場の1次産品を加工することによる仕事づくりと雇用創出が第一義的目的として提起されていることが読み取れる。経済停滞に伴う農山漁村経済の疲弊への対応としての側面が強く，その意味では，加工製品の販売という流通過程に対しての抽象性は否めなかった。

「一村一品運動」や「1.5次産業運動」「地域産業おこし」を受け止めた研究者の中での議論としては，まず「農村複合化」という概念としての提唱が体系的である（高橋ほか[10]）。その説明として，「2種以上の産業部門，すなわち農林業である第一次産業と，農産加工や誘致工場などの第二次産業，観光などの第三次産業とが地域内で結びつき，地域を単位にまとまりを持った連合体をつくること」「いいかえれば，農林業を核とし，地域内の他産業との密接な連携を持った農村地域の産業複合体（産業コンプレックス）を構成していこうとすること」が「農村複合化」であるとする[3]。また販売に関しては「全国流通で大手メーカーと競争するというのではなく，多様な流通チャンネル，とくに地域内流通を基礎として展開していくことが重要であり，また求められている」とし，地域農業の領域拡大による産業複合体の形成と，地場流通を基本とする農村トータリティ回復による「地域経営づくり」にその主眼がおかれているといってよい。そのため「農村複合化」は，「地域マネジメント」の具体化としても重視されている。

その直後の政策文書に登場する「6次産業」も，基本的にはこの「地域づくり」を目的としている。1990年9月「新しい山村振興対策について」（国土審議会山村振興対策特別委員会）では，山村地域の資源を総合利用した産業構築のあり方として「1次，2次，3次を総合したいわば『6次産業』として行うことにより，年間を通じて，安定した就労の場を作り出すことが容易になる」「この場合，個人でこれらのものを組み合わせて行う方法もあるが，村全体での産業体制として取り組むことが，有効かつ必要」であるとし，山村における総合

産業構築の主体,あるいは就業機会確保の場としての「村ぐるみ第三セクター」の創設を提起している。

こうした系譜の延長において,今村奈良臣は90年代半ば[4]より「農業の6次産業化」の重要性を強く提唱することとなる。今村は「農業の6次産業化」を「農業が1次産業のみにとどまるのではなく,2次産業(農畜産物の加工・食品製造)や3次産業(卸・小売,情報サービス,観光など)にまで踏み込むことで農村に新たな価値を呼び込み,お年寄や女性にも新たな就業機会を自ら創りだす事業と活動」と定義し,食品製造業や卸・小売業や情報サービス産業,観光業に取り込まれてしまった価値実現過程を,農業の分野に取り戻そう,という提案でもあるとしている[5]。そして,「農業・農村の6次産業化の5つの基本課題」として,①所得と雇用の場を呼び込み,それを通して農村地域の活力を取り戻すこと,②安全,安心,健康,新鮮,個性などをキーワードとし,消費者に信頼される食料品などを供給すること,③企業性を追求し可能な限り生産性を高め,コストの低減を図り,競争条件の厳しい中で収益の確保を図ること,④農村地域環境の維持・保全・創造,とくに緑資源や水資源への配慮,美しい農村景観の創造などに努めつつ,都市住民の農村へのアクセスの新しい道を切り拓くこと,⑤農業・農村のもつ教育力に着目し,農産物加工品の販売や都市農村交流を通してむらのいのちを都市に吹き込むという都市農村交流の新しい姿をつくり上げること,を提示している。「地域づくり」(農山漁村活性化)としての「6次産業」論は,実践的課題も含めてここに一定の確立をみたとしてよいであろう。

以上のような「地域づくり」としての1.5次産業運動や農産加工に関する分析は「当該食品に対する既存食品産業の市場構造,行動,成果についての分析を欠いているきらいがあった」として「地域農業・農村活性化」偏重の論調とは一線を画し,地場農産加工食品の,いわゆるナショナルブランド食品と比較した場合の製品・市場特性の析出と,その産業としての成立要件の検討をおこなっているのが「フードシステム論的アプローチ」である。とりわけ,黎明期の代表的研究としての鈴木編[9]では,上記課題に基づき,中小経営が多い

地場農産加工業が，大企業との市場競争の中でいかに生き残り，かつ「対抗力」をつけて市場支配力を確保するか，という主体間関係をめぐる論点をも提示していることで刮目に値する。この点は，先の「地域づくり」アプローチが，その実践上の限界として必ず行き着く課題であり，昨今のフードシステム論の主要な柱の1つである主体間関係論の発生が，地場農産加工食品の市場における対抗力の提唱を嚆矢としている点は興味深い。ただし，「フードシステム論的アプローチ」が主張する「対抗力」をつけるという課題は，「ソーシャルキャピタルの醸成」と「地域ブランドの構築」という，きわめて「地域活性化論的アプローチ」の現代的課題に再び収斂していく，ということを後ほど論じ，6次産業化を議論する際には上記2つのアプローチの統合的視角が必要であることを強調したい。

　第3の「産業連関論的アプローチ」では，6次産業化の展開に伴い，おもにその「第3次部門」として確立しつつある「農産物直売施設」や「都市農村交流」「地産地消」（学校給食等への食材供給）といった具体的取組みの経済波及効果に関する計量経済分析が主要な課題となる[6]。おもに産業連関分析手法が用いられ，漠然と語られていた「付加価値の増加」や「生産者へのメリット」を数量的に把握することが可能となり，政策対象としての「6次産業化」の効果を具体的に把握する上でも有効なアプローチである。

(3)「農業・農村の6次産業化」の課題

　以上のような背景と諸論調に基づいて「農業・農村の6次産業化」を総合的にとらえた場合，筆者はその枢要を以下のように定義づけたい。すなわち，全世界的な農業・食料をめぐる社会的分業の深化（グローバル経済の進行）に伴い，国際的な競争構造へ巻き込まれていく過程で進行するわが国農山漁村の疲弊への対処として，行きすぎた社会的分業のあり方を修正すべく，可能な限りの分業体制を農山漁村地域内に再構築し，地域農業・農村に経済的活力と賑わいを取り戻そうとする実践的な理論と運動である（地域活性化論アプローチ的視点）。そこでは，社会的分業の深化の過程で大きく低下した農業生産・農山

漁村サイドの付加価値を取り戻すべく，農業・農村サイドが主導して「地域内社会的分業」を創り出すことにより，新たな価値の農山漁村への帰属手段を効率的に創り出していくための取組みである（産業連関論アプローチ的視点）と同時に，社会的分業の深化とともに圧倒的な市場占有力をもったナショナルブランド食品といかに差異化を図り，市場対抗力を備えていくか，という課題が重要となる（フードシステム論アプローチ的視点）。

　外からのイニシアティブによる「外来型開発」ではなく，地域が主導的に，地域内の諸資源や人材等を用いて複雑な経済的連関を創り出すことにより地域経済を活性化すべきである，という議論に関しては，地域経済学分野でおもに議論されている「内発的発展論」によって理論的・実証的にも深められている。ただし，多くの「内発的発展論」が取り上げている事例は国内中小地方都市や諸外国の都市における発展に関するものであり，地域外需要に大きく依存し，移出超過的経済であるといった特徴をもつ農山漁村の「内発的発展」を扱っている研究はわずかである。地域経済学の都市の内発的発展の事例にも学びつつ，一層強化されている地域間分業＝「中核―周辺」地域間関係のもとで複雑・多様化しているフードシステムやそれに関わる様々な主体間の関係について考察しつつ，わが国農山漁村の今後の発展について検討を深めることが重要であると考えている。

　ここで，農山漁村のたどってきた歴史と今後の展開を議論する際に注意しておかなければならないこととして，農山漁村の「成長」と「発展」を十分に区別することが重要であることを指摘しておきたい。

　安東誠一は，『地方の経済学』（日本経済新聞社，1986年）の中で，高度成長期以降の地方経済の中央経済依存の実態を「発展なき成長」であると喝破した。この文言を筆者なりに解釈すれば，開発主義や近代化論が標榜しているような，所得水準の向上に代表される量的な意味での経済「成長」の追求は，後に述べる「発展」の概念とは似て非なるものであるし，今後はそのような「成長」はもはや望むことはできないであろう。ここでいう「発展」とは，その地域における開発利益の分配問題に規定される概念であり，地域の自律的・持続

的な展開を担保する再投資への分配をいかなる形でおこなっていくか，という関与主体間の合意形成に裏打ちされる質的な概念ということができる。地域における開発利益をできるだけ地域に循環させ，価値の再生産のために継続的に再投資することができれば，新しい分業体制が地域内に生まれ，新たな就業の場を創出することができるし，それを通じた地域住民の所得向上も期待できる。それは，とどめることが不可能な社会的分業の深化に対して不毛な闘いを挑むということではなく，新しい価値観や創造性に基づいた「仕事」（＝分業体制）を，「仕事」に関わる様々な主体による合意形成に基づいた上で，地域内に創出していく運動といってもよいであろう。そうした概念整理に基づけば，地域開発はすべて「内発的」であることにこだわることではなく，①地域資源を可能な限り活用し，地域住民が主体的に関わることができる「仕事」の創出の実現，と同時に，②開発利益に関与する主体間の，地域経済への再分配の合意形成，が重要な柱であるという結論が導き出される。とりわけ，地域内需要に乏しい農山漁村における「発展」の姿として，内部主体のみに依拠した「発展」は絵空事にすぎないであろう。地域資源を積極的に活用しつつも，同時にそれを需要し，地域の維持発展に関する意識を共有しうる外部の主体とも積極的に連携することが重要なのである。

　具体的にいえば，大資本が主体となったリゾート開発などの「地域開発」に伴う利益が，どの程度地域に還元されたのか，という問題である。これまでのリゾート開発等をみるにつけ，地方への開発利益の帰属は，せいぜい安価な土地代金と開発業者の下請けとしての分け前，そして雇用者への賃金支払い程度でしかなかったのではなかろうか。多くの農山漁村地域への工場誘致政策も同様に，地域住民への不安定かつ流動的な雇用機会の提供の枠を出るものではなく，地域からは女性パート労働を中心とした低賃金労働力を供給することにしかならなかった。それはいうまでもなく，地域住民主導ではなく，誘致企業主導による利潤配分であったからである。以上の考察より，単なる経済的「成長」と「発展」の分水嶺は，地域維持発展・地域住民主導の開発利益の再分配がなされ，それを元手とした地域循環的な経済活動の塊（＝地域内社会的分業）が

地域内に構築されているか否かである，ということができるだろう．

加えて，地域の「発展」といった場合，それは経済的視点に偏った「成長」が含意していない，地域の民主的な合意形成のあり方や後に触れる「集落福祉」（私的相互扶助）を基礎とした住民生活発展という生活視点をも有することに注意を向けるべきである．

これは「農業・農村の6次産業化」を考える際にも重要な概念である．これまでの農業・農村施策の中心を占めていた，生産の場におけるアグリミニマムを整備しさえすれば産業としての農業の成長が実現できる，という「生産基盤整備」発想から，いかにして地域のニーズの実現のために，地域住民自身による合意形成に基づく主体性を発揮できるような条件を整えていくか，そのことへの支援という「社会関係資本醸成」発想への切り替えが大切である．そのような条件整備のもとで，できるだけ地域内で価値を循環させる経済システムを構築するためにはどうしたらよいか，という創意工夫と合意形成が，地域の発展のための6次産業化を実現する上で不可欠の検討課題であることを，まず指摘しておきたい．

この議論を敷衍すれば，昨今，6次産業化の優良事例と目され，政策的にも推進されているところの，いわゆる「農商工連携」をどうみるのか，という論点が浮かび上がってくる．紹介されている「農商工連携」の多くの事例は，単にある一定の範域内で農業生産者（1次産業）と加工業者（2次産業），流通業およびサービス提供者（3次産業）が，特定の商品流通を通じて連結されているだけの事例が多いように見受けられる．そうした実態における農業生産者の役割は，単なる商品としての原料供給者としての枠を超えるものではなく，いわば「川下からの農業生産部門のインテグレーション（系列化）」の進行ととらえることもできるだろう．これは，食品関連産業や流通・小売業による農業参入と地域農業との関係性にも観察される実態であり，周辺農家を参入企業への原料供給者として組織化している事例として散見される．中には，参入企業が生産資材や種苗を無料で提供し，インテグレートを図っている事例もある．このような実態は，農業・農村サイドの主導的な取組みであるとは当然いえな

いだろう。

　農業・農村サイドの主導的な取組みを実現するためには，地域内で創意工夫を凝らして新たに得られた付加価値を，いかに分配し事業継続のために再投資をおこなっていくかという合意形成を自らおこなう主体と，再投資をおこなうべき経済循環の場としての「仕事」が，地域内にセットで存在していることが不可欠なのである。

　さらに「農業・農村における多様な主体の共生・連携」という新しい可能性を農業・農村による主導的・自律的な取組みとして展開していくためには，農業・農村サイドが生産技術のみならず，加工技術に関するノウハウや，地域外主体に対するマーケティング・交渉能力等を兼ね備えなければならない。そして，農業・農村サイドが自主性を発揮して原料生産から加工・販売事業までを展開し，その収益を事業の発展のために再投資する「川上からのインテグレーション」こそが必要である。それは「共生・連携」の名のもとに，農業・農村サイドが「川下」にインテグレートされていくような「農商工連携」とは大きく異なるのであり，「6次産業化」とは単なる「異業種の連携」といった形態を表す概念ではない，という点を改めて強調しておきたい。

2. 6次産業化の現段階——類型化と事例

　上記したように，「農業・農村の6次産業化」とは，農業や食料に関して複雑・深化した社会的分業の可能な限りの部分を，農業・農村サイドが取り込み（「川上からのインテグレーション」），付加価値を得ることがその枢要であり，目的となる。この目的を達成する方法としては，大きく分けて「垂直型」と「水平型」の2つの展開方向に類型化することができる。それぞれの展開方向について，事例に沿って検討をおこなってみよう。

(1) 垂直的な6次産業化

　「垂直的な6次産業化」とは，おもに個別農業経営や農家グループの多角的経

営展開の実態を指している。すなわち，生産した農産物を JA や卸売市場に出荷したり，契約生産で流通業に販売したりするだけでなく，その農産物を自らの手で加工し，直接消費者に販売したり，さらには農家民宿等サービスの提供まで多角化する取組みのことである。1 次産品の生産から生鮮品・加工品の販売までを包含した経営体は，農や食をサービスとして提供する農企業ということができるだろう。このような企業的経営展開は，生産から販売までの工程を加工業者や流通・販売業者，さらには農協出荷も含めて，できるだけ外部依存せずに，自身の経営内部に取り込むことを重視している。これらの過程を個別経営あるいはグループ内に内部化することにより，原料生産過程で得られる利潤以外の付加価値が得られるとともに，加工業者や販売業者等とのリンケージコスト（取引費用）を低減することが可能となるのである。このような経営展開方向は，わが国農業の主要な農業経営形態である家族経営の展開における一局面である。

　昨今の生産・加工・販売に主体的に取り組む家族農業経営の増加傾向は，統計的にも確認しうる。「農業センサス」で 2000 年と 05 年を比較すると，わずか 5 年の間に農産物の加工や直接販売といった「農業生産関連産業」に取り組む販売農家の割合が 10.8％から 17.5％へと急速に増加し，とくに「店や消費者に直接販売」をおこなっている販売農家数が 4 倍近くにも増加していることがわかる（表 3-1）。農家が新たに農産加工・販売部門に取り組み，経営多角化を図っていることの証左である。

　このような実態は，家族経営が家族労働力や雇用労働力の周年稼働可能な部門を創出すること（＝労働生産性の向上）を主たる目的としているが，このような取組みを進める中で，多品目生産に伴う土地利用率の向上や輪作体系の構築，あるいは有機農業等の新たな農法の確立など，従来目指していた労働生産性の向上のみならず，土地生産性の向上にも寄与している点が重要である。すなわち，このような経営展開は，労働生産性と土地生産性の「2 つの生産性」の両輪を同時に発展させ，新しい農法の確立により地域農業へ新しい可能性を提示し，地域の活性化に大きな役割を果たしているのである。いわば「農業の

表3-1　農業生産関連産業に取り組む販売農家数　　　　　　　（単位：戸，％）

	取り組んでいる実農家数	農産物の加工	店や消費者に直接販売	観光農園	取り組んでいる農家割合（対販売農家）
2000年	253,425	20,271	83,705	7,588	10.8
2005年	345,184	22,359	324,467	7,115	17.5

資料：「農(林)業センサス」各年版より作成。

　総合生産性の向上」も，垂直的な6次産業化を進めている家族農業経営発展の取組みに端を発していることは重要である。

　農家女性グループが中心となって地場農産物を加工し，販売展開を図っている事例は，従来から典型的な「6次産業化」として紹介されてきたが，本稿の分類でいうならば「垂直的な6次産業化」の一環として，すなわち家族農業経営の枠組みを基礎とした土地と労働力利用の多角化の一環として位置づけなおすことができる。グループメンバーの個々の農業経営を起点としつつ，季節性がある農業生産労働の制約性に対して，規格外品を有効活用することにより雇用機会を創出し，さらに新作物や新製品開発・販売を展開する取組みであり，農家の労働生産性の向上と付加価値の獲得に資する自主的な取組みだからである。そのような取組みの典型として，岐阜県郡上市の「株式会社明宝レディース」を取り上げたい。

　郡上市明宝地区（旧明宝村）は，地域活性化の基本として，1980年代後半より第三セクターによる新産業おこしに取り組んできた。これは，先述の「村ぐるみ第三セクター」を打ち出した1990年9月「新しい山村振興対策について」のモデル的な先行的取組みでもある。地区内に5つ存在する第三セクターのうち，昭和30年代より活動を続けている旧明宝村内の各地域にあった生活改善グループの農産加工活動を基礎に，役員・従業員のすべてが女性として92年に設立された会社が，株式会社明宝レディースである。農山漁村再生のための第三セクターというと，農協の農産加工部門の会社化や，地域活性化施設の運営管理主体がおもな形態であるが，地域内の自主的活動，とりわけ自家農業や

家事等に束縛され自由な活動が制限されがちな農村女性の取組みを企業化したところに，この会社のもつ内発的性格の強さと同時に，新しい家族農業経営のあり方，地域農業・農村の発展の可能性を見出すことができる。自家農業労働のほかに，家事・育児や高齢者介護といった多様な労働に携わる若い農村女性が，「愉しみ」として1日数時間でも自主的に働ける機会をつくること，また高齢女性が自家農業から引退後も働ける場をつくることが，「いえ」に縛られ，周辺的・補助的な性格をもつ女性労働力の自信と自律へとつながっている。会社が地域に十分認知された今でも，地域内の理解を促進するために男性を交えての年に数回の懇親会は欠かさない。

　明宝レディースの取組みは，地域特産の夏秋トマト（完熟生食用）の規格外品を使った手づくりトマトケチャップの製造・販売（「明宝トマトケチャップ」として年間23万本販売）をはじめ，地元原料と伝統的手法にこだわった特産品製造販売，また道の駅や地元スキー場，温泉施設において直売施設や直営レストランを設置し，消費者との対面販売を通じて売れ筋の商品開発を実施している。デイサービスセンターでの食事等の供給も，専門の管理栄養士を雇用して開始した。同じく第三セクターの「明宝特産物加工株式会社」が製造する「明宝ハム」商品群も含めて，明宝産の農産加工品は大手百貨店などでもギフト商品として好評を博しており，明宝レディースは年商1億5000万円（2009年5月現在）を実現している。

　以上のような「垂直的な6次産業化」（家族農業経営多角化の取組み）において重要なことは，このような取組みが単なる個々の農業経営の革新に終わるのではなく，雇用の創出や原料生産の拡大，地域の伝統を再認識するとともに，それをもとにした新製品開発といった地域社会へのインパクトを生んでいることである。上記の事例においても，農法（生産技術），加工技術，販売戦略・管理，情報発信など，企業が垂直的な経営展開を図るために不可欠な革新を成し遂げていると同時に，これまで社会的には低評価で補助的であった女性や高齢者労働力の「主役」としての活用，また原料生産量の増加といった地域農業への波

及効果を生んでいる。

　産業クラスター論では，地域経済の核となり，地域内へイノベーション等の波及効果を及ぼす企業のことを「アンカー企業」と呼んでいる[7]。後ほど述べる「水平的な6次産業化」の展開に際してもそうだが，地域農業・農村の発展においては，地域に埋め込まれ，内発的な革新を遂げつつある「アンカー企業」として役割を果たす家族農業経営の発展型としての「垂直的な6次産業」経営の存在が不可欠なのである。もちろん，この役割は家族農業経営の発展型だけでなく，JAや集落営農法人，産直運営組織等といった組織経営も対象となりうるのであり，それぞれの立場で内発的なイノベーションを起こすべく奮闘しているアンカー企業群の密度が，今後の地域農業・農村の活性化を握っているといっても過言ではないであろう。そしてこの点が「垂直的6次産業化」経営と，外部からの誘致企業や一般企業の農業参入事例との決定的な差である。誘致企業や参入企業が「アンカー企業」として機能できるか否かが，地域農業・農村の目指すべき方向においても，また企業にとっても問われているのではないだろうか。農山漁村における個別主体の企業的な力量形成が，「垂直的6次産業化」の目指すべきところなのである。

(2) 水平的な6次産業化から「地域ブランド」の創造へ

　上記した家族農業経営の6次産業化（＝垂直的な多角的発展）に対して，地域農業を起点とし，1次産業から3次産業までを含む多様な主体が可能な限り継続的に連携して事業（ビジネス）を起こし，そこで生じた利潤をビジネスの継続・発展のために再投資するような経済循環を形成していく取組みのことを，「水平的6次産業化」と呼び，家族経営の垂直的多角化と区別したい。当然，上記の「垂直的6次産業化」的展開を図っている企業的経営がこの「水平的6次産業化」を構成する一主体となっている場合も多々ある。

　ここでは，その連携の主体が立地する範域が重要であるが，差し当たってはとくに厳密には区別せずに，一集落レベルから都道府県レベルまでの幅広い範域における連携を想定している。とりわけ，多くの主体が関わるビジネスの再

生産のために得られた利潤を配分していくことが理念化されていることを重視したいがためである。先に述べたように，利益の再分配問題は，その地域における経済の継続性のみならず，自律的な社会システムへの「発展」と大いに関係しており，地域社会におけるコミュニケーションや合意形成，そこで形成される互酬性や規範，相互扶助のあり方と密接に関係している。結論を先に述べれば，「地域社会の発展」とは，「ソーシャルキャピタル（社会関係資本）の醸成」と同義であり，後述する事例のような持続的なコミュニティビジネスの展開は，その地道な取組みが表出したものと考えることができるのである。ソーシャルキャピタルの醸成により，地域経済のパフォーマンスも向上し，また一層ソーシャルキャピタルの蓄積が促進されるという，累積的・循環的な因果関係が構築されるのである。

「水平的6次産業化」の主要な事例は，基本的には農業生産者，JA，地場の加工業者，流通業者，小売店等が連携し，地場農産物の加工・販売事業を端緒として展開しているものである。地域内における農家による原料生産（1次産業），農産加工施設（2次産業），直売所や農村レストラン（3次産業）による連携が典型的であるが，その後のステップアップによって地域内異業種の連携による「産業クラスター」形成や「農村版コミュニティビジネス」（相互扶助的な福祉活動，地域教育や都市農村交流，地域資源・環境保全等々）へと新たな展開が図られている事例も散見されるようになった。このような水平的な連携の取組みと発展を経て，「地域ブランドの創造」と呼びうる展開もみせている。

本稿では，業種を超えた様々な主体が連携し，生産から加工，流通まで可能な限り自地域内で水平的な分業体制を構築し，得られた利潤を事業継続のため，とりわけ，農業生産活動の再生産を保障すべく再投資するという，地域農業の6次産業化の鉄則を堅持するとともに，地域内住民の生活をより充実させる取組みにまで発展させることを「地域ブランドの創造」と呼びたい。すなわち，個々のオリジナル製品のみならず，地域全体を包含するイメージを「地域ブランド」として確立し，そのブランドイメージを商品開発や観光産業開発のベー

スとして発展させている取組みである。

　そのような「地域ブランド創出」として取り上げたい取組みは，岩手県葛巻町の地方公社（「第三セクター」）である「くずまき高原牧場」を核とした，農産加工・販売事業の展開による地域資源の活用の取組みを，都市農村交流や観光事業にまで発展させ，観光産業として展開している事例である。

　葛巻町は総世帯数（2733世帯）のうち，林家数が約4割（1091世帯）で，農家数は約3割（940世帯）という山林所有世帯が多い地域である。農業粗生産額は，約9割が酪農を中心とした畜産業（約44億円，平成17年生産農業所得統計）で占められている。そのため本町では，酪農と林業を基幹産業として位置づけ，地域資源である農林産物を活用した特色ある地域振興を図ってきた。まず，生産量が1日に約120tと最大の資源である牛乳は，「くずまきブランド」で首都圏をはじめ関東を中心に供給され，「くずまき高原牧場」で生産・販売するチーズやヨーグルト等とともに産地が見える乳製品として支持を得ている。また，高原野菜や雑穀類の生産，特用林産物利用による山ぶどうワイン等の加工販売事業も「くずまき高原牧場」で活発に取り組まれている。特産品である「ミルクとワイン」による地域づくりをスローガンに掲げている。

　葛巻町の農業の6次産業化の取組みは，3つの地方公社，いわゆる「第三セクター」が中心となり展開されている。まず，「仕事づくり」を担う公社としての「社団法人葛巻町畜産開発公社」は，畜産を中心とした地域農業振興，「地域ブランド」創出による産業おこしや雇用機会の形成を目的とした「くずまき高原牧場」の運営を担っている。さらに「外需」を開拓するために，「くずまきワイン工場」を運営する「葛巻高原食品加工株式会社」，あるいは宿泊研修施設を擁する「株式会社グリーンテージくずまき」といった3つの地方公社による地域経済振興の取組みは，農林業以外の産業展開が少ない地域における雇用創出と，地域外需要を積極的に創り出し，働きかける主体の両輪展開という点で特筆すべきものである。

　北上山系開発事業で整備された公共牧場の管理と，酪農の機能分担（哺育・育成，搾乳，採草），地域酪農経営の支援・振興の拠点としての役割を担

表 3-2 「(社)葛巻町畜産開発公社」の組織概要

設　立	1976(昭和 51)年 3 月 30 日
資本金	2 億 1,300 万円
面　積	総面積 1,774 ha（所有地 380 ha, 町有地 138 ha, 借地 1,256 ha）くずまき高原牧場, 袖山高原牧場, 上外川高原牧場, 玉山牧場, 大野牧場の 5 牧場で展開
家畜飼養頭数	合計 2,640 頭（2007 年 5 月現在）
役　員	理事長（葛巻町長）, 副理事長, 専務理事　他　11 名, 監事 3 名
運営委員	県, 町, 酪農家, 農家代表, 学識経験者　14 名
従業員数	109 名（研修生, パート含む）
総収入	約 12 億 2,400 万円（2005 年度）

資料：「葛巻町畜産開発公社」提供資料より作成。

うことを目的に，1976 年に町と農協による出資によって設立された社団法人葛巻町畜産開発公社は，現在借地を含む約 1700 ha（採草地 300 ha, 放牧地 1400 ha）を管理し，100 名を超える従業員を雇用する町内有数の企業へと発展した（表 3-2）。

　葛巻町畜産開発公社は表 3-3 にみるように，基幹的業務である酪農家の子牛を預かる哺育育成事業を主業として展開しつつも，チーズ・パン・乳製品加工販売，レストラン，宿泊施設，体験学習館などの事業をも多角的に展開しており，「くずまき高原牧場」と関連施設への来場者総数は年間 30 万人にのぼり，グリーンツーリズムや酪農教育ファームによる体験学習等に約 2 万人が参加している。

　葛巻町畜産開発公社は，1996 年に牛乳プラントを，2003 年にはチーズ工場を完成させた。商品開発の際には，寡占的メーカー品との製品差異化に心がけ，地元原料を有効活用するため過大投資を避ける戦略で着実に多角化経営を展開している。オリジナル製品は牧場と盛岡市内のアンテナショップ，および宅配という非常に限定された販路を確立している。牛乳の宅配は 1 L 330 円で販売し，中間流通業者を介さない販売を心がけている。また出荷している生乳 120 t のうち，70 t はタカナシ乳業，50 t は小岩井農場に仕向けている。自社

表3-3 「葛巻町畜産開発公社」の事業・施設概要

事業・施設名	概　　要
乳牛雌哺育育成事業	町内・関東方面の酪農家から仔牛を預かり，妊娠牛で返す事業
搾乳部門	常時80頭の乳牛から毎日約2,400kgの生乳を生産
肥育事業	肉用牛(黒毛和種50頭，その他50頭)と羊(サフォーク種70頭)を肥育し，精肉販売，レストランの食材として供給
くずまき交流館プラトー	7室27名収容可能な宿泊施設を経営，小宴会や仕出し，ミニ結婚式場としても利用されている。焼き肉ハウスも併設
シュクランハウス	木造2階建てで地元産唐松材を用いたバンガロー風宿泊施設。10人収容施設で5棟それぞれが造りが違い，1棟はバリアフリー設計
ミルクハウスくずまき	牧場内で搾乳された生乳を使って乳製品を製造し，宅配を主に販売
レストハウス袖山高原	袖山高原牧場内で焼き肉レストランを経営（60席）
チーズハウスくずまき	牧場内で搾乳された生乳を使ってモッツァレラ，クリームチーズなどを生産
パンハウスくずまき	牧場産の乳製品と町内産の雑穀を使用したパンを製造・販売
バイオガスプラント	牛の糞や尿を原料に熱や電気，有機堆肥を回収・有効利用できるリサイクルシステム
もく・木ドーム	町内産の唐松を使った体験学習や，各種スポーツをはじめ様々なイベントが可能な施設
材木町店	盛岡市材木町にオープンしたアンテナショップ。牧場特産品販売や軽食レストランも備えている

資料：「葛巻町畜産開発公社」提供資料より作成。

所有乳牛100頭のうち80頭分を利用し，乳製品加工全体で2億円の売上がある。

　また，95，96年には宿泊施設（ホテル）を立ち上げ，グリーンツーリズムや酪農教育ファームによる都市住民との交流の展開を開始した。牧場祭等のイベントも多数開催しており，売上は2億円で増加中である。修学旅行等も旅行業者を通さず，学校と独自に契約を結ぶことにより中間マージンを廃している。以前から取り組んでいるワイン加工も順調に伸びている。

　以上の展開は，それぞれの第三セクターを核とした取組みの徹底した磨き上げ（農業生産技術／農産物加工・販売技術／都市農村交流・観光技術）と，それらの取組みを「葛巻ブランド」として横断的に統一することにより，「地域

ブランド」としての確立が図られていることが重要である。先に述べた「垂直的6次産業化」による個別的・専門的技術の高度化と，その主体間の連携による「水平的6次産業化」によって「地域ブランド」が創造され，新しい価値が生み出されているとみることができるのではないだろうか。比喩的にいえば，縦（垂直的）と横（水平的）の6次産業化の展開が「地域ブランド」という新しい布(価値) を織りなしている，と表現できるだろう。以上の議論より，「地域ブランド」とは，新製品開発やグリーンツーリズムの際のコアコンセプトとなるものであり，いかに創出していくかが「6次産業化」の重要な課題であるということができよう。

3. 6次産業の新たな展開実態と性格

(1) 産業づくりから福祉・生活環境保全重視の「新産業」創造へ

　先に，地域開発による「地域の発展」とは，民主的な利益再配分のあり方の問題であると述べた。そして，真の「農業・農村の6次産業化」の目的とは，取組みによって生み出された利潤を，その起点たる農業の再生産およびそれが展開する場である農村地域社会の持続性のために再分配し，事業の継続性とともに，地域社会のコミュニケーションや互酬性，相互扶助規範などの「社会関係資本」（ソーシャルキャピタル）の醸成・蓄積のために資するものとすべきことを強調した。とすれば，現代の農村地域の今後の維持・発展において，「農業・農村の6次産業化」は欠くべからざるものであるということができよう。

　これまでの事例は，おもに地場農産加工・販売に端を発した「農業の6次産業化」の展開について述べてきたが，従来よりこれらの取組みは，産業・経済重視視点に偏重するきらいがあった。昨今，農山漁村が直面する経済的疲弊や雇用不安の打開が喫緊の課題となっていることを鑑みればやむを得ない側面もあるが，産業創造・経済発展を「社会関係資本」（互酬性に基づく信頼関係の規範やコミュニケーション）の醸成に結びつけ，地域住民にとって暮らしやす

い地域社会をつくるためにはいかなる方策が考えられるのか，という課題を併せて検討することが必要である。

その課題を検討する上で，地域住民の取組みに対する手上げ支援方式や「集落福祉」(8)（互酬性に基づく地域住民相互扶助）支援のための町独自の補助事業（福島県南会津町の「住民提案型まちづくり」の実践等）や，地縁型NPOによる環境保全・福祉活動を目的としたコミュニティビジネス創造（同県二本松市旧東和町「NPO法人ゆうきの里東和ふるさとづくり協議会」等）は示唆的な取組みである。紙幅の都合上詳細な取組みの内容は省くが，集落福祉や生活環境保全といった地域住民の自主的な暮らしやすい地域づくりの取組みへの支援が，新たなコミュニティビジネス展開の呼び水となっている点は，新しい動きとして注目されるべきであろう。

「農業・農村の6次産業化」が本来目指すべき「地域ブランド」創造も，住民生活の場としてのトータルな意味での地域をより充実させる取組みの延長に位置づけることができ，そこには「農産加工・販売」という産業重視視点偏重への生活・環境視点の挿入，さらにはそのビジネス化という発展をみることができよう。創造された「地域ブランド」は，新たな価値を生み出すかけがえのない経済・社会的基盤として，地域住民によって守り，育てられていく。

(2) 一般企業の農業参入による「農商工連携」の実態と課題

2008年末の世界同時金融危機を受けて，国内では今なお雇用不安が広がっている。とりわけ農村部では，誘致企業の雇用調整や工場撤退の影響により，都市部より厳しい雇用情勢を強いられている。例えば，08年末から09年度にかけての東北地域の雇用情勢は，全国平均よりも深刻であり，08年10月から12月にかけての完全失業率は，全国平均が3.9％であるのに比較して，東北地域が4.8％という高い水準である。また，表3-4の日本銀行福島支店「第139回全国企業短期経済観測調査（福島県分）」（08年12月15日発表）によれば，雇用人員が「過剰」と回答した福島県内の企業割合が，全国平均に比較しても割合が高く，急激に高まっていることがわかる。これは，今回の金融不況にと

表3-4 福島県の雇用過不足感の状況（雇用人員判断D.I.）

		2008年6月	2008年9月	2008年12月	前回予測	2009年3月（予測）
福島支店	製造業	9	10	19	-2	29
	非製造業	4	4	10	-4	4
全　国	製造業	-1	3	14	2	22
	非製造業	-7	-6	-3	-7	-1

資料：日本銀行福島支店「第139回全国企業短期経済観測調査（福島県分）」2008年12月15日発表。
注1：雇用人員判断D.I.＝「雇用人員が『過剰』とする企業の割合」-「『不足』とする企業の割合」。
　2：予測値は3か月後の予測。

どまることではなく，歴史的に繰り返されてきた事態であり，地域格差が常態となり固定化されている背景でもある。

　外需依存型輸出製品製造業にとっての安価な土地と労働力の提供者としての農村部の魅力は，過疎の進行とグローバリゼーションの一層の進展のもとですでに色あせており，工場撤退も農山漁村地域を中心に頻発している状況である。さらには農地法改正により一般企業による農業参入が事実上オープンとなったこともあり，農山漁村と資本との関係性は大きな転換期を迎えているといえよう。本稿はこの課題に正面から向き合うことを目的とはしないが，例えば，内需依存産業である食品関連企業を中心とした企業誘致を積極的に展開し，誘致企業の事業展開と地域農業の振興を結びつけた取組みを展開する新潟県妙高市や栃木県日光市の事例は示唆に富む。誘致企業側も，「国産原料使用だから安全・安心」を看板に掲げ，「妙高」や「日光」といった清涼さや歴史的伝統といった「地域ブランド」イメージを積極的に企業ブランドとして活用するなど，安価な土地や労働力以外の立地メリットを見出している。

　また，穀物商品取引を主業とする兵庫県の企業が岩手県遠野市において設立した農業生産法人は，借入農地における直接農業経営とともに，市内の集落営農法人と契約生産をおこなっている。参入企業にとっては，経営面積の規模拡大が思うように進まない中で，まとまった経営面積をコントロールできる集落営農法人との連携は，生産物品質の一定性を確保することができ，数多い生産

者と個別に契約を結ぶよりもメリットが大きい。また参入企業にとって「遠野」という「地域ブランド」イメージが活用できることも重要である。当然，原料生産者たる集落営農法人サイドも安定的な販路を確保することができる。このような動きの中から，地域農業が販売先を確保して安定的な農業経営を展開することは可能であろう。しかし問題は，農業・農村サイドが単なる原料提供者となるだけでなく，農業・農村がイニシアティブをとれる「農商工連携」の展開か否か，という点である。これまで述べてきた「農業・農村の6次産業化」の定義に従えば，地域農業が，農業への直接参入企業や加工メーカーへの単なる原料供給者としてしか機能していない実態を指す場合が多い「農商工連携」を，そう呼ぶことは到底できない。

　大手食品関連企業は，自社で直接農業に参入して原料を生産することによってより大きな採算を確保できると考えているわけではない。その目的の多くは，消費者が志向する「安全・安心」に応えているという姿勢の顕示や，地域経済振興という「社会貢献活動」への取組みを示すことによる企業のイメージアップであることは，筆者が多くの直接参入企業からのヒアリングで確認していることである。

　こうした性格を有する可能性のある一般企業と農業・農村サイドが向き合い，地域の発展のために資する付き合い方ができるかどうかは，その主体的力量の蓄積にかかっているといってよいだろう。

4．6次産業支援の課題——「地域ブランド」創造へ向けて

　前節の最後に触れたように，一般企業による農業経営への直接参入の全面化という事態に直面することにより，農業・農村は資本の展開といかに向き合うか，ということが，食品産業や流通業との関係も含めて今後の差し迫った重要な課題となっている。とくに，地域農業の発展のため6次産業化を展開するに当たっては，必ずしも棲み分けが完全におこなえるとはいい難く，かえって様々な「対抗」の場面が増加することが予想される。これまでも，農村地域内

部に力量をもつ農民や農協，自治体などの主体が存在し，自力で内発的発展を展開した地域は確かにあったし，今でもその可能性はないわけではない。

しかし，都市経済の発展のため多くの労働力を提供することによって人材の枯渇が進んだことに加えて，ますます多様化した消費者の嗜好に受け入れられる農産物選択や製品開発，いっそう細分化した農産物・農産加工品市場への対応に疲弊し，いよいよ苦境に立たされている地域に，さらに「自らの足で立て」と「自助」を煽り立てることは都市側の身勝手というものである。都市部に立地する企業や外部の人材にある局面では依存しつつも，最終的な付加価値の配分において地域への帰属度合いを高めるという「6次産業化」の枢要を外すことなく振る舞えるか否か，そういった側面における新しい主体的力量の形成がカギとなるだろう。農民を原料供給者のみならず，非自立的な農業労働者のようにも位置づけることが可能である大企業までもが直接農業生産へ参入する段階において，いかにして地域がそのような企業と「新しい連携関係」を模索することができるのだろうか。

第1は，南会津町の「住民提案型地域づくり」の実践のような，地域の主体的力量（＝ソーシャルキャピタル）を醸成し，地域住民が自らの地域社会を見直すことができ，それに基づいた取組みを実践しうるような支援の必要性である。取組みの「スターター」としてのこのような支援は，地域内にコミュニケーションを生み，地域内分業を構築することを通じて，コミュニティビジネスを創り出す。また，互酬性に基づく「集落福祉」の発展も促していく。加えて，自らの地域を客観視する学習活動の促進は，地域と外部とのつながりを意識する主体性の形成も促すであろう。端的にいえば，「連携はするが系列下にはおかれない，下請化されない地域」を，地域自らが判断して選び取っていく主体的力量の形成・蓄積への支援である。

第2は，「6次産業化」の枢要を外さない限りでの農外資本や地域外資本との「連携」の模索への支援である。少し古い数字ではあるが，2007年当時において，食品関連産業のおよそ1割は，すでに農業生産へ参入しているか，参入を予定しているというデータが得られている[9]。農業への参入動機は企業イ

メージアップなど戦略的な動機が主であるものの，地域との密接な関係性の構築抜きでは成り立たないという認識は，多くの参入企業がもっている。そのため，地域の農業者や流通業者とともに協議会を立ち上げたり，地域住民と継続的な勉強会・学習会を開催している事例も少なからずみられる。農業・農村サイドは，こうした場で意識的にイニシアティブを握るべきであろう。そのためには，地域住民でなければ決してできない「地域ブランド」づくりを意識的に追求し，そこへ農外・地域外資本も「協力者」として積極的に引き込むことである。

　本稿ではこれまでの考察の上に立ち，それぞれの地域固有の伝統やイメージを工夫して全面的に押し出し，流通サイドや消費者サイドの信頼を得るための「情報の交流」を主体的に創り出す試みを「地域ブランドの創造」としてとらえたい。そのように考えると，「地域ブランド」を創り出す取組みとは，まず地域住民によって自らの生活環境や地域資源が見直されることから開始される必要がある。自らの住む地域をよりよいものとする取組みがまず実践され，そこで培われた地域の魅力が内から外へと転化したもの，すなわち「私たちの地域をぜひ訪れて，見てほしい」と地域外の人びとに誇れる表象が，「地域ブランド」そのものといえるのではないだろうか。

　その表象のもとで形づくられた食品や工芸品などは，「地域ブランド」を信頼の証として「地域ブランド製品」として流通業者や消費者に受け入れられる。それらの商品の魅力を確認したければ，現地に赴き，その地域の生活に触れればよい。それがグリーンツーリズムへの発展の基本である。訪れて魅力的な地域が，必ずその地域の生活の魅力を形にした製品（=「地域ブランド製品」）をもっていることは，あえて説明する必要もないだろう。このようなモノづくりは，生活を起点とするコミュニティビジネスの展開へと発展する。「地域ブランド」の創造とは，自らの地域の生活を足元から見直し，地域住民の合意形成により，よりよい方向へと修正する取組みから始まるのである。

　「地域ブランド製品」も，地域で受け入れられる製品としての存立基盤が原点なのであり，決して最初から大消費地や全国市場を目指して製品開発が展開さ

れるものではない，という結論に行き着く．本来は地域社会生活に根ざし，生活をよりよく豊かにしていた製品が，他地域の人びとの生活をも潤す商品として受け入れられていくというストーリー展開である．ここに，大企業が莫大な研究開発費をかけて製品化したナショナルブランド商品群と「地域ブランド製品」との決定的な質的な違いが存在する．この原点に今一度立ち返り，地域の生活に深く根ざし，地域の生活を形づくっているピースを拾い集める作業から開始することが必要なのである．

その原動力は，一言でいえば「イノベーションの創発」である．そして肝心なことは，冒頭で触れたように，経済発展の原動力たるイノベーション（技術革新）がどの経済主体に帰属するのか，またそのイノベーション主体が，いかなる本源的生産要素（土地，貨幣，労働力）を用いて商品を生産するのか，そしてもたらされた便益が誰に帰すのか（価値分配問題），という根本的課題を十分に吟味しなければ，地域経済の真の意味での発展はあり得ない，ということである．

分けても，イノベーションがどのような目的でなされるのかによってその性格が大きく異なってくるだろう．地域の部外者に依存するのではなく，地域の内部から地域経済発展のためのイノベーションを創発していく，それこそが内発的発展のキモである．

ただし，すべてを地域内でまかなうことは現実的ではないし，そもそも外部と遮断された地域をつくり上げることは幻想にすぎない．地域外の経済主体とも連携・交流しつつ，地域内にとって有益なイノベーションを起こし，かつそこから得られる便益をいかに地域内経済活動に再投資していくかが重要である．そのためには，外部と積極的に交流し，さらには地域外の人材を積極的に地域に招き入れ，イノベーション創発の取組みに巻き込んでいくことが地域に求められているのである．また，イノベーション創発は決して製造現場に宿っている技術革新だけではない．広い意味でのイノベーションは，「技術革新」であると同時に，「経営革新」「生活・社会革新」「人材革新」等々を含むものである．地域経済・社会のありとあらゆるところにイノベーションの萌芽が宿るのであ

り，活用しうる資源が眠っている，という確信に地域住民自身が目覚めること，またそれを後押しする支援が求められているのである。

　以上のような支援に基づく地域住民の主体的力量の蓄積増進は，地域農林水産業と他産業，あるいは都市と農山漁村とのパワーバランスを適切に保つ上でも重要な課題であると同時に，そのバランスの振り子が過度に振れぬよう監視し規制する制度が必要であることも，最後に強調したい。

注

(1) 農商工連携と6次産業化との違いについて小林［5］は，「『地域』における地域内経済循環の基幹的産業として農業を位置づけ，地域内再投資力を高めることで地域経済を内発的に豊かにする。農業の6次産業化とは，いわば農村地域の活性化策であり，より踏み込んで農村活動の地域づくりである」(p.38)，「対して今日の農商工連携の取組は，一方で農業の他産業との連携による経営の高度化をはかりつつも，他方で農業経営の法人化と農業への企業参入を促進することを目的としている。（中略）こうした取組は，市場のグローバル化のもとでの企業経営体としては当然の経営戦略である。しかし，6次産業化の理論構築が農業生産者から出発した地域の視点であることとは大きく異なる」(p.39) と指摘している。

(2) 平松［2］p.43

(3) 高橋ほか［9］p.12

(4) 今村は，21世紀村づくり塾［7］で「『6次産業』というキーワードは，3年半余り前に提唱した私の造語である」としているため，今村による提唱は1994年くらいからとしてよいであろう。

(5) 21世紀村づくり塾［7］pp.1-2

(6) おもな業績として，香月ほか［4］，藤本［1］，霜浦ほか［8］，金田［3］等がある。

(7) 山﨑［11］(2005)では，「これまでの日本の製造業の強みは，関連産業のイノベーションが連鎖的に行われてきたことにあったといってよい。ただし，産業クラスターのコアとなる『産業』におけるイノベーション力が低下すれば，関連産業への波及効果も薄れることになる。産業クラスターの競争力は，コアとなる『産業』を構成する企業群（アンカー企業）のイノベーション力に依存している」とする。関連産業の地理的集積である産業クラスターの発展の方向性は，地域内の経済主体が連携する6次産業化の展開方向を検討する際にも示唆的である。

(8) 「集落福祉」の基本的な考え方については，横平［6］p.181を参照。

(9) 農林漁業金融公庫「食品産業からの農業参入に関する調査」2007年9月では，全国の食品製造業，卸売業，小売業，飲食店6924社へアンケートを配布し，2663社より回答を得ている（回答率38.5%）。これによれば，回答企業の7.7%がすでに農業参入をおこなっており，参入を計画中の企業（3.5%）も併せればおよそ1割の企業が農業へ参入・あるいは参入予定であるという結果となっている。

▶▶▶ 第4章

高齢者による「小さな経済」の効果とその条件 ——「小さな経済循環」形成の必要性

1. はじめに

（1）高齢者の3つの年齢と相互関係

　2008年4月に「後期高齢者医療制度」が当時の政権与党であった自民党の舛添厚生労働大臣から提起され，その名称や制度・仕組みが国民の議論となったことは記憶に新しい。おそらくその大枠は，老人医療無料化という従来の社会保障制度が，少子高齢化現象を背景として，高齢者全体の医療費が膨脹する一方，その費用を負担する高齢者以外の世代が減少したため，運用面での限界に直面したと整理できるであろう。しかし筆者は，今回の一連の騒動が別の論点をも提起しているように感じている。それは，今後も増加し続けていく高齢者を，日本社会全体でどのようにとらえ，位置づけていくかという問題である。

　宮武［6］は人間の年齢を，①健康面での「肉体年齢」，②生き方，考え方などの「精神年齢」，そして，③社会が慣習や制度で一律的に年齢を決めつける「社会年齢」の3種類に分類している。本来，高齢者は自らの肉体年齢（①）と精神年齢（②）は自覚できるが，社会年齢（③）は高齢者以外の周囲の人びとが高齢者の意識や行動をみた上で，社会的に位置づけるという関係にある（①・②→③）。しかしこの関係は逆転することも多く，周囲や社会の目が，高齢者の意識や行動をよくも悪くも刺激するのである（①・②←③）。

　「後期高齢者医療制度」は，従来，年齢や所得や健康状態が異なるため健康保険への加入方法も様々であった高齢者を，「後期高齢者」や「長寿」と名づけ

97

て「特別」扱いして，一律に新たな制度へと引越しさせた。これは，自身が98歳を超えても大活躍している日野原[2]が，75歳以上の健やかな老人を「新老人」と名づけていることとはきわめて対照的である。日野原は，「新老人」に対し，若い世代の庇護を受ける立場から脱却し，精神的・身体的な自立を遂げ，さらには社会的に役立つ力を発揮しようと勇気をもって訴えかけている。どちらの見方が高齢者の意識・行動をより積極的な方向に誘導するかは一目瞭然である。また視点を変えれば，現代の日本では，平均寿命が世界一となっているが，「寝たきり」や「長期入院」になる割合も高く，健康寿命を延ばしていくことが重要になっている。高齢化社会を考え直す時期にきていることは間違いない（追記も参照）。

(2) 農村社会の現状と高齢者

ところで，農村地域においては，都市以上に過疎化・高齢化が進行する程度は著しいとともに，地域経済や社会全体の維持が困難になってきている。そのため農村地域では，従来，地域政策・社会政策やその立案者・実施者としての公的セクター（国や，市町村などの地方自治体）の役割が大きかった。しかし，平成の大合併は，農村地域における公的セクターの役割を縮小させる方向に向かわせた。広域合併した大型市町村においては，従来の農村地域が周辺地域化し，行政の目が行き届かなくなる傾向にある。一方，合併しなかった単独市町村においては，財政基盤が悪化することで，従来どおりの地域住民との関係が維持できなくなってきているのである。このように農村社会や高齢者を取り巻く環境は大きく変動しているが，こうした状況変化の中で地域に住む人びとの生活に対応するニーズを充足させるために，堀内ほか[3]が提唱するように，自助・公助に加え，地域の住民が自らの意志と能力で協働する共助（互助）を組み合わせた，「自助・共助・公助の共同政策（ポリシーミックス）」の実現が求められてきたのであろう。本書の第1章で小田切が提唱している「手づくり自治区」も，この流れを受けている。

そうした流れの中で，農村地域の現場レベルでは，今村[4]が提唱するよ

うに，高齢者を社会保障の対象とみるのではなく，地域社会の中でこれまで蓄積してきた知識，経験に再び目を向けて「高齢技能者」として位置づけなおし，高齢技能者を中心とした地域社会の維持や地域活性化を図る道筋を探す取組みが模索され，各地で先進事例が増加している。しかし筆者は研究者として違和感を覚える部分が大きい。確かに高齢者問題と地域問題の関連は密接であり，2つの課題を組み合わせることで，一石二鳥に同時に解決しようとするこの主張は，「総論的」には反対する余地が少ない。しかしこれまではその構想や先進事例の効果の大きさのみが強調されてきたのではないか。そもそも，それぞれの問題1つをとっても解決のための課題が少なくないという現実があるのに，それを軽視し，具体的な実現方法の検討が遅れてきた印象を受けている。誤解を恐れずにいってしまえば，筆者も含めた研究者の多くが「総論的」な賛成に満足し，それ以上の具体的な議論・研究まで進もうとしない傾向にあったのではないだろうか。

　そうした点からいえば，当然，未だ議論されていない数多くの問題点があるだろうが，差し当たり，筆者が感じる疑問点を2点例示した。

　1)高齢者の肉体年齢や精神年齢には，全体的に衰えがみられるとともに，それ以上に個人差が著しく，活動の意欲や可能性も人によって様々なのではないか。

　2)高齢者の知識や経験は確かに豊富で未活用のものも多いだろうが，地域性や時代性の影響も受けやすく，必ずしもそのまま，地域社会の維持や地域活性化という現在の喫緊の問題解決に生かせるとは限らないのではないか。

　さらに2つの疑問点を掘り下げながら，高齢者を中心とした地域活性化の具体的な実現条件を，①〜⑤として整理してみた。

　①肉体年齢・精神年齢や蓄積している知識・技術に個人差が大きい高齢者に対して，各人に合わせた条件を提示しながら，できるだけ多くの人の，できる範囲の参加を引き出す。

　②引き出した個人レベルの参加を内部調整しながら，集団・地域として集約化する。

　③内部調整だけでなく，地域住民や都市住民などの外部との調整も同時に進

行する必要がある。

　④地域内部の調整や地域外部との調整をおこなう主体を誰にするのか。可能性としては多様な主体が考えられるが，目的が公益（高齢者対策・地域対策）であることや農村地域経済の現況を考慮すれば，営利目的の民間セクターよりも，公的セクター（地方自治体や，公社など）のほうが向いていると一般的にはいわれているが，実際にはどうなのか。

　⑤公的セクターが調整主体をおこなうとしても，財政状況が厳しくなっている状況を考慮すれば，公益のためであっても，原資を補助金に完全に依存するのではなく，採算の取れる事業と組み合わせながら実施していくことが必要となる。

　本稿では，高齢者を中心とした地域社会の維持や地域活性化のための実現条件（①～⑤）を現場ではどのように解決してきたのかを，先進事例（福島県鮫川村「まめで達者なむらづくり事業」）の分析を通じて，考察したい。具体的には，様々な条件を解決していった過程について整理することを通じて，高齢者問題と地域問題を併せて考えることの意義・効果と現実性について検討する。とくに本稿では，対象事例における中核を担う，農産物を軸とした「小さな生産」「小さな加工」「小さな販売」の実行と，その組み合わせによる「小さな経済」の条件について中心に論じたい[1]。

2. 福島県鮫川村と「まめで達者なむらづくり事業」

　詳しい分析に入る前に，まずは（1）対象事例の成果，（2）対象地域の概要と対象事例の経緯について概観する[2]。

（1）対象事例の成果

　福島県鮫川村の「まめで達者なむらづくり事業」（以下では，「まめ達事業」と略記）では村役場が調整主体となって，60歳以上の高齢者（以下では，高齢生産者と略記）を対象に，大豆，エゴマ，小豆の生産を奨励し，安定した価

格で買い支えている。買い取った原料は全量を村内で製品化し，販売することで付加価値を獲得し，「まめ達事業」の原資に組み込んでいる。

詳しい数値は後述するが，大豆部門の成果を概観すると，高齢生産者数は，2004年は102戸，05年は135戸，06年は170戸と推移しているように，参加の輪が着実に拡大している。また，直売所における大豆加工製品の販売額は，05年度の565万円から，06年度は2348万円，07年度は3187万円と増加し，「まめ達事業」の安定的な原資となっていることがみてとれる。

さらに特徴的なことだが，「まめ達事業」によって高齢生産者の村内の役割が見直されるとともに，仕事が新たに生み出されたことが，働きがい，生きがいへとつながり，医療費が軽減する効果ももたらしている。詳しくは後述するが，高齢生産者(大豆，エゴマ，小豆)が増加し(07年時点で336人)，元気になったことで医療費が軽減し（1人当たり約23万8800円），村全体で8022万円の医療費の削減につながったと推測されている。同年の村全体の総医療費が5億1954万円であったことを考慮すれば，「まめ達事業」がなかった場合と比較して13.3%の医療費が削減されていると推測でき，きわめて大きな効果があったと評価できる。

(2) 福島県鮫川村と「まめで達者なむらづくり事業」に至る経緯

図4-1に示したように，福島県鮫川村は福島県の南端，阿武隈山系南部の頂上部に位置する，典型的な中山間地域である（標高は約400〜700m，総面積の76％が山林）。かつては水稲，畜産，工芸作物が盛んな地域であったが，減反政策や輸入自由化等の影響により縮小し，農業産出額は1984年の22億円をピークとして，2004

図4-1 鮫川村の位置

年度には 12 億円まで減少している。その結果，過疎化・高齢化も深刻化した。ピーク時の総人口は 55 年の 8256 人であったが，60 年代以降に急減し 75 年には 5700 人となった。その後，減少速度は落ち着いたものの，95 年 4957 人，08 年 4289 人という状況である。ちなみに 08 年の高齢者人口は 1300 人であり，高齢化率は 30.3% である。また，農業部門でも，農業就業者の高齢化や農地の荒廃化などが進行している。

このような鮫川村で「まめ達事業」が始まったのは，03 年以降のことである[3]。「平成の大合併」が進められていく中で，鮫川村でも隣接 2 町村（棚倉町，塙町）との合併の話が浮上したが，03 年 7 月の住民投票で 71% に及ぶ強い反対の結果，単独市町村としての道を選択することになった。そして新村長のもと「自立する村づくり」が志向され，その第一手として，役場内の部署横断的な組織「里山大豆特産品開発プロジェクトチーム」（以下では，豆プロと略記）が結成され，「まめ達事業」が開始したのである。まず 04 年度に大豆とエゴマの生産奨励が開始された。次に，その製品化や農産物直売の拠点となる「手・まめ・館」（以下では，「手まめ館」と略記）を，幼稚園の廃校校舎を整備し，05 年 11 月に開設した。これ以降，生産を振興するとともに，加工・販売拠点を揃えたことを契機に，「まめ達事業」が本格化していくのである。ちなみに豆プロのメンバーは，「まめ達事業」開始当初は，企画調整課，農林課，住民福祉課が中心であったが，その後，「手まめ館」，給食センターなどの関連施設も加わっている。

3. 福島県鮫川村「まめで達者なむらづくり事業」の仕組みと内実——大豆の生産・加工・販売を中心に

（1）小さな生産の集積的拡大

まず，表 4-1 により，鮫川村の高齢者による大豆の生産の推移をみておこう[4]。2004 年の生産奨励の開始以降，高齢生産者数が順調に拡大するとともに

表4-1 鮫川村の高齢者による大豆生産の推移

		2004年	2005年	2006年	2007年	2008年
村全体	高齢生産者数（戸）	102	135	170	166	165
	栽培面積　　（ha）	5.5	10.3	14.2	16.3	21.2
	買い上げ収量（t）	7.2	16.4	15.7	21.2	18.4
1戸当たり	栽培面積　　（a）	5.4	7.6	8.4	9.8	12.8
	買い上げ収量（kg）	70.6	121.5	92.4	127.7	111.5

資料：鮫川村の内部資料より筆者作成。

に，村全体の栽培面積も増加している。また1戸当たり平均栽培面積は若干拡大しているものの，08年度でも依然として12.8aと零細規模である。つまり，鮫川村の大豆生産の拡大は高齢者による「小さな生産」を，数多く集積する形で実現されてきたのである。この実現条件は，1）高齢者でも参加しやすい品目選択と作業面でのサポート体制の構築，2）安定的な買い取り保証システムである。

1) 高齢者でも参加しやすい品目選択と作業面でのサポート体制

「まめ達事業」の実施前の鮫川村では，大豆栽培面積が年々減少傾向にあった。ただし自家製味噌をつくる農家が多く，販売用栽培は縮小しても自給の栽培は継続していた。豆プロはここに注目し，2004年度から高齢者を対象に大豆の生産奨励を開始した。

このとき選択された「大豆」は，高齢者に適した特徴を多く保有していた。第1に，高齢者の経験や技能を生かしやすい。高齢者は体力的に衰えがみられ力仕事が困難ではあるが，知識や経験が豊富なため，技術や精神力を生かしやすい作業は得意である。大豆が新規導入品目ではなく，かつ，農業が盛んであった1980年代からの実践経験者が多いことがとくに好都合であった。そして第2に，作物の生理的条件や自然条件よりも，生産者の気力や気分を優先した栽培計画・作業計画を組みやすい。例えば収穫作業に注目すると，ほかの作物では収穫可能時期が短いことにより収穫作業をおこなう時期が限定される傾向にある。エゴマの場合は，風の影響を受けやすく収穫可能時期が4, 5日間に制限されてしまい，気象条件の変化に合わせて作業を遂行する必要があ

る。しかし大豆は収穫可能時期に 15〜20 日くらいの幅があり，作業計画を柔軟に組むことができる。また収穫時期以外の作業は 1 日当たり平均 3〜4 時間程度で済むことが多く，1 日中仕事が集中する時期も少ない。作業者からみれば，体力的にも精神的にも負担が少なく済むため，適度の運動という気分で作業をおこなうことができるのである。

とはいえ，細かくみれば，大豆の作業においても重労働となる部分は残っている。鮫川村における大豆生産は，小規模で機械化が進めづらいことも影響し，手作業を中心におこなわれている。とくに脱粒と選別は，品質を左右する重要な作業であるが，重労働である[5]。そこでこれらの 2 つの作業を自分では行えない高齢生産者の負担を減らすために，役場が調整主体となって，作業受託システムが整備されている。

脱粒については，「まめ達事業」1 年目の 2004 年に村が自走式の脱粒機を購入し，作業を受託している。具体的には，農林課が高齢生産者からの申し込みを集め，作業スケジュールを作成し，機械のオペレーターとして農林課職員 1 名とシルバー人材センターなどの臨雇による補助員を張りつけながら，高齢生産者の圃場を巡回して作業している。作業料金は機械の稼働時間で 30 分当たり（収穫面積だと 5 a 当たり）500 円に設定されている。

また，選別に関していえば，高齢生産者は集荷場への出荷形態として，（ⅰ）自ら手選別をおこなった上で出荷，（ⅱ）手選別をおこなわずに出荷し集荷場にある選別機を利用，という 2 つの状態を選択できる。ただし，等級づけは選別機に入れる前におこなわれているため，（ⅱ）の場合のほうが（ⅰ）の場合よりも優等比率が低下し，販売価格が低下する。つまり，手選別をおこなわない場合は，作業の手間を減らす代わりに，販売価格の低下という形で「手数料」を支払うことになる。

「まめ達事業」の開始当初は手作業を自分でおこなう高齢生産者の割合が高かったが，その割合は減少傾向にある。ちなみに 08 年度の脱粒機の稼働時間は 164 時間（面積換算で 16.4 ha）であり，これは村全体の大豆栽培面積 21.2 ha の 77.4％に相当する。高齢生産者の数自体が増えていることも合わ

せて考慮すれば，重労働に対する村のサポート体制が整備されていることで，「すべての作業は負いきれないが，自分の体力，気力に応じた部分的な範囲で構わないなら参加したい」という高齢者にも参加できる道を開いた結果とみることができる。

2) 安定的な買い取り保証システム

大豆の買い取りと高齢生産者への料金の支払いは，「手まめ館」を運営する協議会が実施している。ここでは，①くず豆も含めた全量買い取り，②等級別の価格差の設定，③全般的な価格水準の高さ，の3点が特徴といえる。

第1に，協議会では高齢生産者から持ち込まれた大豆を全部，買い取っている。この原則は，出荷量の大小や品質とは無関係に，くず豆を含めて全量が買い取られている。

第2に，2008年度における等級別の基本価格は，1等が400円，2等が350円，3等が250円，4等が40円という状況にあった（すべて1kg当たり）。なお表4-2に，08年度の等級別集荷数量を示しておく。こうした等級づけは，もともと米の集荷業者であり穀類検査員の資格を保有する村長の手によっておこなわれている。その条件は，手選別の実施状況，夾雑物の混入具合など，見た目に関する2つを基準とし，それに各年の個別事情も考慮されている。

第3に，等級づけと各単価を総合した平均買い取り価格は1kg当たり340

表4-2 大豆（ふくいぶき）の等級別集荷数量（2008年度産）

		1等	2等	3等	4等	合計
数量	(kg)	8,861	5,886	3,477	250	18,474
割合	(%)	48.0	31.9	18.8	1.4	100.0
金額	(千円)	4,381	2,627	1,050	10.9	8,069
割合	(%)	54.3	32.6	13.0	0.1	100.0
単価	(円/kg)	494.4	446.3	301.9	43.6	436.8

資料：鮫川村の内部資料より筆者作成。
注：2008年度は，例年の基本価格をベースとして，「長寿祝い金」が加算された後の金額，単価を示している（1・2等は100円，3等は40円の加算）。その原資は，総務省「頑張る地方応援プログラム」に採択されたことによる特別地方交付金によって賄われている。

〜400円であり，これは市場価格の約3〜4倍という高水準である。さらに水田で大豆栽培をおこなっている場合，産地づくり交付金（10a当たり3万円）が上乗せされる。08年時点で村全体の産地づくり交付金の対象面積（大豆）は11.7haであるが，これは村全体の大豆栽培面積の55.2%をカバーしており，高齢生産者にとって大豆はきわめて有利な条件にあるといえよう。

　整理すれば，高齢生産者にとっては売り先を探す手間や不安がない上に，加工ロットや品質とは無関係に少量からでも全量を，安定的かつ高水準の価格で買い取ってもらえるのである。こうした仕組みは，専門の流通業者や加工業者を取引相手とした一般市場とは大きく異なっており，高齢生産者それぞれのやる気を少しずつだが確実に底上げする効果をもたらしている。その結果，聞き取り調査でも「わずかに空いた土地でもがんばって植えようと思うようになった」という結果を得た。こうしたことが積み重なって，高齢者自身の働きがい，生きがいが刺激されているとともに，耕作放棄地発生の抑制にもつながっていると考えられる。

(2)「まめ達事業」の原資を確保する「小さな加工」「小さな販売」

　村内の高齢生産者の小さな生産による大豆原料は，その後，全量が村内で大豆加工品として商品化され，またその大豆加工品も村内を中心として販売されている。この販売収入が「まめ達事業」の原資として組み込まれるだけでなく，地域経済，地域社会に対しても大きな影響を与えている。このための実現条件は，1）小さな加工と小さな生産の連結，2）小さな販売の拠点となる「手まめ館」の意義と役割にある。

1) 小さな加工と小さな生産の連結

「手まめ館」では買い取った大豆の全量を，豆のサイズによって製品用途を変えながら，手づくりを中心とした加工作業によって商品化している（表4-3）。その結果，村内産の大豆が未加工の状態で村外に流出することはない。

「手まめ館」で使用する大豆は1〜3等のものであり，2008年度の総原料購入量は18.2tであった[6]。「手まめ館」では購入した大豆を，サイズを重視し

表4-3 「手・まめ・館」における大豆の規格と製品加工の関係（2008年度計画）

使用する規格	加工品	製造頻度	1回当たり取扱量	大豆の年間使用量
大（＋中の一部）	豆腐	1日4～7回	豆腐30丁	9.0 t 49.5%
中（＋小の一部）	味噌	1週間に1回	大豆120 kg	4.2 t 23.1%
小	きな粉，納豆，豆菓子，豆乳			5.0 t 27.4%

資料：聞き取り調査より筆者作成。
注：大豆の年間使用量における％表示は，2008年度の総原料購入量18.2 t（1～3等）に占める割合を示している。

て「大」「中」「小」に再選別した後，規格ごとに異なった商品に加工している。なお，この再選別作業のためには，専従職員1人とシルバー人材センターなどの臨時雇用3～4人の配置と2か月を要している。

製品加工については，まず「大」をもとに，豆腐（主として木綿豆腐）を製造している。大豆の年間使用量は9tであり，総原料購入量の49.5％を占める主力商品である。1回当たりの製造量は30丁であり，1日当たり4～7回の製造と販売を実施している。次に，「中」をもとに，味噌を製造している。大豆の年間使用量は4.2 t（総原料購入量の23.1％）であり，豆腐に次ぐ使用量である。1週間に1回程度のペースで，120 kgの大豆を仕込んでおり，1年間では約35回実施している。そして，「小」を用いて，きな粉，納豆，豆菓子，豆乳を製造している。

以上のように，加工作業1回当たりの原料使用量からみても製造加工の規模は小さく，また技術レベルも手づくりが中心の「小さな加工」によっておこなわれているのである。これは機械・設備の初期費用や維持費をそれほどかけられないことが原因ではある。しかし，その反面，原料の生産量の変動や品質のズレを調整する柔軟性を発揮することにもつながっている。表4-3の「使用する規格」欄が，「大（＋中の一部）」「中（＋小の一部）」という表記になっているのは，このことを示している。製造工程を外部委託するのではなく，自らでおこなうことによって，用途を内部調整できるからこそ，高齢生産者の大豆を安定的に買い支えられており，小さな加工と小さな生産が連結できているのである。

2) 小さな販売の拠点となる「手・まめ・館」の意義と役割

　実は，「手まめ館」で加工され，販売されている１つ１つの商品に目を向ければ，収益性が大きいわけではない。なぜなら，販売小売価格と高齢生産者への支払い額を含んだ製造・販売経費との間にあまり差を設定していないからである。例をあげれば，豆腐の販売価格は「まめ達事業」の開始当初から継続して150円である。この価格は，国産大豆を使用した他地域の豆腐と比較するとかなり低い。「手まめ館」での聞き取り調査によれば，実際の製造・販売経費に加えて利潤を確保することを考慮するならば最低180円はほしいそうだが，それでも「手まめ館」では販売価格の値上げは考えていない。なぜなら，そもそもの150円という販売価格の設定基準に，「村内に多い年金生活者が購入できないような製品では意味がない」という村長の意向が反映されているからである。実際の販売促進行動をみても，村外への販売にはあまり積極的ではない。イベントや福島県全体の物産展などがおこなわれる際に出品するなどは多少あるが，平常時は「手まめ館」を軸に据えながら，村内の生活者向けの販売を重視する「小さな販売」が基本となっている。

　図4-2は，大豆加工品（豆腐，味噌，きな粉，その他）を中心とした「手まめ館」の直営部門の売上金額の推移を示したものであるが，売上金額は順調に増大している。この間の小売価格の改定はほとんどないので，売上個数が着実に増加し，この「まめ達事業」が確実に広まってきていることがわかる。

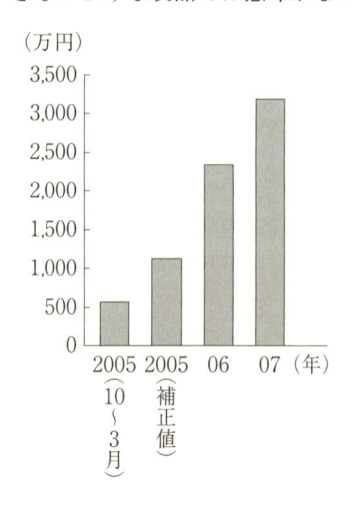

図4-2 「手・まめ・館」直営部門（加工品など）の売上金額の推移
資料：「手・まめ・館」の内部資料により筆者作成。
注：2005（補正値）とは，オープンが10月であり，営業日が半年間しかないことを考慮し，他年度と比較するために補正した数値。

(3) 調整主体としての村の役割

「まめ達事業」においては，調整主体として村が果たしている役割がきわめて大きい。具体的には，1）目の行き届いた生産奨励と高齢者との関係強化，2）事業を下支えする適切な財政負担をおこなっている。

1）目の行き届いた生産奨励と高齢者との関係強化

まず，大豆の生産奨励は役場の管理のもとで計画的におこなわれている。その一例が品種の更新と種子配布である。大豆の生産奨励を開始する直前には，地域の在来種を各農家が栽培していたが，「まめ達事業」を開始した際に村は，2002年に県の奨励品種として採用されたばかりの新品種「ふくいぶき」を選択し，種子を高齢生産者に配布することにしたのである。

この品種更新は，栽培面，加工・販売面をにらんで実施された。栽培面では在来種の連作障害の回避や病害虫耐性の向上が期待された。また加工・販売面では，①豆腐などに商品化する際の加工適性の高さと，②抗ガン作用や更年期障害対策などに有効な「イソフラボン」の含量の高さ（従来品種の1.5倍）に注目した[7]。

また実際の種子の配布については，希望者に対し無制限に種子を提供するのではない。まず高齢生産者が各年度の初めに希望栽培面積を計画書として村役場に提出する。その後，計画書に基づき，栽培面積10a当たり種子4kgという基準で種子を配布している。具体的には，大豆の種子配布の時期（例年，5月下旬から6月）に，農林課職員が各集落（7集落）の公民館を巡回し，高齢生産者に直接配布しているのである。ちなみに種子の定価は1kg当たり500円であるが，高齢生産者の負担額は100円に抑えられており，その差額は村が補助している。

このように目の行き届いた，計画的な大豆の生産奨励がおこなわれているわけだが，さらには，大豆の生産奨励を通じて，役場と高齢者が接する機会が増えている点も見逃せない。特徴的なのは，毎年7月末に村の公民館で開催される栽培者研修会であり，毎年100名の参加希望者があり，村役場がバスによ

る送迎もおこなっている。村全体の高齢生産者（大豆，エゴマ，小豆）が203戸（2006年時点）であることを考慮すれば，参加率はきわめて高いといえよう。研修会では当然，栽培技術研修として，県の農林事務所から普及員を招き，栽培の仕方や農薬の撒き方などの現地指導がおこなわれているが，その後，村長の講話や歌手を呼んでの民謡と演歌の歌謡ショー，お楽しみ会，参加者が持ち寄った大豆料理の振る舞い会など，多彩なイベントが併せて開催されている。多くの参加者が集まるのは，研修会が単なる栽培技術指導の場だけでなく憩いの場ともなっているためであると考えられるが，さらには，普段の村役場の活動を通じて高齢者との関係が強化されていることも影響しているであろう。

2）事業を下支えする適切な財政負担

大豆の高齢生産者への支払い額の対象者数と支払い額を詳細にみれば，2004年は102戸・228万円，05年は135戸・397万円，06年は170戸・607万円，07年度は166戸・799万円と推移している。また，4年間を総合すると，延べ573戸に対し，2031万円が支払われたことになる。事業全体としてみれば非常に大きな金額の支払いがなされてきたわけだが，これらの費用の負担については，「手まめ館」と村が分担する形をとっている。

まず「手まめ館」は一般市場の大豆の原料価格を負担している。当然，高齢生産者への支払い額よりも低くなってしまうが，その差額については村の一般財源から補助がなされているのである。例えば，07年度の大豆の集荷量は21.2tで，買い取り価格は平均377円/kgであり，高齢生産者には総額799.2万円が支払われた。このときには，「手まめ館」は市場価格水準の105円/kg，総額で222.6万円（27.9％）を負担し，村の一般財源からは差額分272円/kg，総額で576.6万円（72.1％）の補助がなされた。こうした費用負担の形態や割合は，両者にとって合理的な形となっている。

まず「手まめ館」では，持続性を考えるのであれば少なくとも赤字は出さない水準以上に加工・販売事業の採算性を維持することが求められる。原料価格の負担が大きすぎる場合には，原料調達段階での不利が影響し採算性の確保が困難になる。一方，負担が小さすぎる場合は，加工・販売事業の採算性という

点では問題がないかもしれないが，加工・販売面での努力をおこなう余地が生まれにくい。現行のように一定の下支えがあり，原料価格の負担が市場水準並で落ち着くのであれば，自らが担当する加工・販売過程での工夫を重ねることに集中できる。

　一方，村にしてみれば，直接，補助金を支払う形ではなく，「手まめ館」を経由することによって，高齢生産者に対する支払い額が1.4倍に増加しているのである。ただし効果のみで判断するのは早計である。重要になるのは，①効果と負担金額を比較して判断することであり，また，②負担金額と比較する効果をどのように設定するかであろう。こうした点からいえば，「まめ達事業」は農産加工部門だけでなく，高齢者対策も併せて総合的に判断する必要がある。厳密な計算は難しい分野ではあるが，本稿では鮫川村企画調整課による試算結果を引用しながら考えてみたい。

「2.(1)対象事例の成果」でも概観したが，2007年の高齢生産者(大豆，エゴマ，小豆) 336人の医療費が，一般的な高齢者より1人当たり約23万8800円低く収まっているため，村全体では8022万円の医療費の削減につながっていると推計されている。さらにより深く考えてみると，村の財政に影響するのは医療費の削減金額そのものではなく，それによる一般会計繰入金の変化である。同年の村全体の医療費と一般会計繰入金の比率は8.2%であるため，高齢生産者の医療費の削減分によって一般会計繰入金は653.7万円減少する。この節約効果は，大豆の高齢生産者への支払い金額の中の村の負担金額（576.6万円）を上回っており，高齢医療費の軽減によって村財政の節約が達成されているのである。

　以上のように，原料価格を，完全独立性でなく補助金依存でもない，中間領域の形で分担する鮫川村の手法の長所が現れているのである。

4. 高齢者による「小さな経済」の効果とその条件
　　　——「小さな経済循環」形成の必要性

(1) 大豆の高齢生産者への効果

　大豆の高齢生産者に対して総額でみれば大きな金額が支払われてきたことは本稿で何度も繰り返してきたところであるが，実は，1戸当たりの年間受取額を単純計算すると約3.5万円となり，それほど大きな効果があったようにはみえない。より深い分析のためには，受取金額規模別の分布状況（表4-4）に注目することが重要になる。

　「まめ達事業」の開始年である2004年の最頻層は，栽培はしてみたものの販売には結びつかなかった「なし」の32戸・32.7%であり，次いで「1～2.5万円」が25戸・25.5%であり，2つの層で58.2%を占めていた。しかし08年の最頻層は「5～10万円」の38人・22.2%であり，規模の拡大がみられるとともに，04年にみられたような特定階層への偏りが薄れてきており，一口に高齢生産者といっても，かなり幅広い生産者を含んでいることがわかる。また，受取金額規模（表4-4）とは別の視点からも，参加者の性格について考察する。申請者の年齢に注目すると，09年度の申請者160戸のうち，60代は42戸(26.3%)，70代が71戸（44.4%），80代が28戸（17.5%），記入漏れのため不明が19戸である。また世帯主1人だけでなく配偶者なども含めた2人で大豆栽培に従事している高齢生産者は90戸（56.3%）である[8]。さらに，09年度からの新規参加者も11戸存在している（60代3戸，70代2戸，80代2戸，記入漏れのため不明4戸）。

　以上のデータから推測すると，「まめ達事業」の初期段階では，自立を目指す村の一大プロジェクトの中核的な担い手として役場から名指しで頼りにされた，充実感とやる気に満ち，元気に奮い立った参加者が多かったと推測できる。開始当初は規模が小さかったものの，社会年齢の評価から精神年齢，肉体年齢

表4-4 受取金額規模別の高齢生産者の分布状況

1戸当たり受取金額	実数（戸）2004年	実数（戸）2006年	実数（戸）2008年	構成比（%）2004年	構成比（%）2006年	構成比（%）2008年
なし	32	38	26	32.7	22.8	15.2
0〜0.5万円	5	5	3	5.1	3.0	1.8
0.5〜1万円	11	7	8	11.2	4.2	4.7
1〜2.5万円	25	34	33	25.5	20.4	19.3
2.5〜5万円	8	41	34	8.2	24.6	19.9
5〜10万円	11	29	38	11.2	17.4	22.2
10万円以上	6	13	29	6.1	7.8	17.0
総計	98	167	171	100.0	100.0	100.0

資料：鮫川村農林課の内部資料をもとに筆者作成。
注：受取金額「なし」は，6月に種子は購入したが，10月の大豆の出荷量が0であった参加者を指す。

への好影響がもたらされたとともに，役場のサポート体制の充実もあいまって，その後順調に規模を拡大していく。また，途中から「まめ達事業」に加わった新たな参加者は，充実したサポート体制や大豆生産を通じた役場との接点の拡大をみた上で，自らの体力や気力に適した規模を基本に参加していったのであろう。

(2)「小さな経済」とその実現条件

これまでみてきたように，鮫川村では大豆を主軸に据えながら，「小さな生産」「小さな加工」「小さな販売」が実施されている。特筆すべきことは以下の3点である。

第1に，生産者であり生活者でもある高齢者を主役とするために，一般市場とは異なる「小さな」生産，加工，販売がそれぞれ実施されていた。

第2に，それぞれが単独ではなく連結し支え合っているからこそ成立していた。そこでは調整主体として村が果たしている役割が大きかった。

そして第3に，生産と加工と販売を村内で一貫させることで，総合的な優位性が発揮され，一般市場とは別の「小さな経済」が生み出されていた。素材的な視点（財，サービスの流れ）から注目すると，大豆を農産物として地域外に

出荷するのでなく，大豆の原料から製品までを地域内で循環させることが強く意識され，実現している。また，資金循環の視点（貨幣の流れ）に注目すると，「手まめ館」で大豆加工品として付加価値を増やして販売した収入が，高齢生産者への大豆の支払いに充てられており，また高齢生産者は村内での数少ない商店でもある「手まめ館」で買物をする機会が多いため，地域内での資金循環の構造も構築されている。このような素材面や資金面での地域内循環構造の構築は，岡田［10］の「地域内再投資力論」も指摘するように，地域社会の維持や地域活性化において重要視される項目である。さらにそれに加えて，本事例では，これまでは「農産物加工・販売」とは別の次元として考えられてきた「村の財政」（高齢者医療費）も合わせて，地域内の資金循環（貨幣の流れ）が再編成されていたのである。

（3）大豆の高齢生産者以外への効果

さらに，高齢者による「まめ達事業」の副次的効果も生まれている。本項では，大豆の高齢生産者以外の主体に対する波及効果とその意義について整理する。

「手まめ館」では，自ら加工した大豆製品の販売をおこなう直営部門だけでなく，地域の生産者（登録農家）が出品する農産物直売部門や食堂部門も併設している。まず，売上金額合計に注目すれば（表4-5），2005年度から07年度にかけて4.9倍になっているが，とくに来客者数の増加の影響が大きい（同期間の1人当たり単価は1.3倍，来客者数は3.6倍）。「手まめ館」での聞き取り調査では，07年度の来客者数のうち約6割が村外客という情報を得ているが，これをもとに考えれば，人口4000人強の村に，村外から延べ約3万6700人が「手まめ館」を訪れた計算になる。利用者の性格について伊藤ほか［5］は，鮫川村以外も含めた来客者を対象にしたアンケート調査結果をもとに，村外利用者に対しては手づくり製品に対する愛好心・共感を呼びおこし，リピーターが定着していること，村内利用者に対しても生活との密着性を保持していること，を指摘している。地域密着性と外部からの継続的な集客の両立を可能にしたの

表 4-5 「手・まめ・館」における部門別の売上金額の推移

	直営 (円)	農産物直売 (円)	食堂 (円)	合計 (円)	来客者数 (人)	1人当たり平均 単価 (円)
2005年度	5,650,510	8,020,114	1,704,653	15,375,277	16,915	909
2006年度	23,475,706	26,767,197	4,949,997	55,192,900	50,816	1,086
2007年度	31,866,135	35,587,849	7,301,272	74,755,256	61,195	1,222
総 計	60,992,351	70,375,160	13,955,922	145,323,433	128,926	1,127

資料:「手・まめ・館」の内部資料をもとに筆者作成。
注:2005年度の営業日を150日, 06・07年度の営業日を360日として計算した。

は, 大豆やエゴマを軸とした「まめ達事業」の着実な歩みの成果であろう。

こうした「手まめ館」の集客効果が, 大豆以外の生産者にも好影響を与えている。売上金額の部門別の増加率に注目すると, 直営部門の伸びに牽引されて, 他部門の売上金額も増加しているのである (直営部門5.6倍, 農産物直売部門4.4倍, 食堂部門4.3倍)。

例えば, 農産物直売部門の売上金額の総額 (05～07年の2年半) は7038万円であり, そのうち約10%の販売手数料を引いた6349万円が直売所に出品した生産者に支払われている。1年間に限定しても, 3559万円の農産物販売額のうち, 3218万円が生産者の手取りとなっている (07年度)。立地条件が厳しい鮫川村において, これだけの市場を生産者が自ら開拓することは困難であり,「手まめ館」の果たした役割は大きい。そして大豆以外の生産者の変化を整理すれば, 直売所の生産者登録数は, 開設当初の05年は45名であったが, 年々増加し, 08年5月時点では, 個人80名, グループが6組織となっている。そのほかにも, エコファーマーが96人, 特別栽培農家の認定者が9人誕生している。さらに近年は,「手まめ館」の直営部門以外に農産物の加工, 販売をおこなうグループも誕生しており, 参加者の人数と種類が豊富になってきている。

さらには「手まめ館」に, 生産者も参加する「学校給食部会」ができ, 07年から学校給食の炊飯は「手まめ館」が請け負っている。また, 学校給食に使う野菜の必要量を生産者に提案する動きもみられ, 給食の使用量の多いニンジン, ジャガイモ, タマネギの生産量が増加している。

(4)「小さな経済循環」形成の必要性

　以上みてきたように，鮫川村では高齢者を対象に大豆の生産振興という村内での新たな役割（社会年齢）を提供することによって，高齢者の生きがい・働きがい（精神年齢）が刺激された結果，高齢医療費の削減（肉体年齢）がもたらされていた。その背景には，最初から安易に高齢者の健康促進を直接的に実施する方法をとらなかったこと，そして，多くの高齢者の多様なレベルでの参加を引き出せる仕組みを構築してきたことが特徴であった。参加者の満足度の向上と参加者数の増加に，大豆の効能の発揮もあいまって，高齢者の精神・肉体が活性化され，村全体でみれば大きな効果につながったと考えられる。

　また，「まめ達事業」は高齢者の自己実現だけで終わらせることなく，生産された大豆を加工・販売と連結させることによって，素材（財，サービス）と資金（貨幣）の流れを再編成し，地域内に循環構造を構築していた。本稿ではその意義と効果に注目し，「小さな経済循環」と名づけたい。この「小さな経済循環」があったからこそ，高齢生産者への支払いの原資が確保できたことは前述した。さらにいえばこのような「小さな経済循環」には，経済的な側面以外にも，精神面，社会面にも大きな意義があることも見逃せない。具体的には，高齢生産者にとっては自らが生産し出荷した大豆が，製品化されている姿，そしてそれが地域住民や村外からの来客者に購入されている場面を目にすることは，労働・努力の成果を肌で実感することにつながるし，また同時に地域社会とのつながりを強化することになる。こうして，高齢生産者の生きがい・働きがいがさらに増進されていくのである。

　そして，一つの「小さな経済循環」が安定的に再生産されることが，大豆の高齢生産者以外の主体による新しい「小さな経済循環」を芽生えさせる連鎖反応も生じていた。その結果，一つひとつの歩みは小さいかもしれないが，着実に地域全体の活性化にもつながり始めている。

　ところで小田切［9］は，農村で実際に必要とされる追加所得が月5万円以下程度とそれほど大きくないことに注目し，それを「小さな経済」と名づけ，

それを満たす産業を興すことは，現在でも大きな困難とはいえないと指摘し，従来の地域産業政策の視点が大きすぎたことを問いただしている[9]。筆者もこの「小さな経済」の意義に関しては同意するが，その実現方法については少し疑問がある。求められている「小さな経済」を確かに金額面だけみれば，実現可能な手段や選択肢は数多くあるようにみえるが，それが今まで満たされてこなかったことは，個人の努力だけではその手段を構築し，安定化させることがたやすくないことも同時に暗示しているのではないか。

筆者は本稿の分析を通じて，「小さな経済」は素材・資金の循環範囲の基本を地域に据えた「小さな経済循環」によってはじめて実現でき，安定化させることが可能な項目であると考えた。さらには「小さな経済循環」は，誰にとっても参加しやすいという入り口の広さとともに，身近なところで努力の成果・評価を目の当たりにできるという特徴も兼ね備えた仕組みを構築できる可能性を秘めていると考える。こうした点からいえば，農村社会のみならず，現代社会全体に対しても与える示唆は非常に大きいといえるのではないだろうか。

注

(1) 高木[11]は，現代の食品製造業者による製品と農村における農産加工食品を比較し，品質面（機械に頼らない手づくりのよさなど）や地域の中で果たす役割（付加価値，交流，雇用の創造など）など，「小さな加工」の現代的な意義を指摘している。本稿はここからヒントを得て，「小さな生産」「小さな加工」「小さな販売」の実行とその組み合わせによる「小さな経済」の意義・効果とその条件について考察する。

(2) 福島県鮫川村の事例を扱った先行研究として，安藤[1]，中田[8]，山形[12]などがあげられるが，事業の概要説明と効果の指摘のみに偏った事例紹介の域を出ない傾向にある。とくに，事業の全体像や，その背景にある仕組み，関連主体の相互関係についての分析は，未だ乏しい段階にある。

(3) ただし，福島県鮫川村における地域活性化の動きが，2003年に突如始まったわけではない。「新全総」時代に整備された後の状況が思わしくなかった村内の公共牧場の新たな活用方法の模索のために，ふるさと振興協議会が1980年代に立ち上げられ，都市との交流，産直，特産品開発などに取り組んでいた。この時期における活動や経験などが，本稿で取り上げた活動につながっていることは間違いない。なお，80年代

の鮫川村における地域活性化の取組みについては，守友［7］を参照。
(4) エゴマも「まめ達事業」の中心的な存在ではあるが，本稿では紙幅の制約上，大豆に限定して考察する。エゴマの場合，買いつけと製品加工の実施者は鮫川村商工会であり，大豆の場合と若干異なっているが，基本的な仕組みは共通する部分が多い。
(5) 脱粒は手で叩くほうが大豆のひび割れは少なくなる。また選別に関しては，機械作業の場合，基準が粒の大きさのみに偏り，色や表面の傷など外見的な要素を反映できず，また夾雑物の混入割合も高くなるのに対し，手選別の場合は目視により以上の問題を改善できる。しかし，大豆は小粒であり，数も多いために，手選別の負担はきわめて大きい（とくに精神的な負担）。
(6) 4等のくず豆（250 kg）も「手まめ館」の運営協議会が買い取っているが，「手まめ館」で大豆加工品として製品化するわけではなく，飼料などとして利用されているため，本稿の分析からは除外した。
(7) 「ふくいぶき」の詳細については，東北農業研究センター「耐病虫性・多収でイソフラボン含量が高い大豆新品種『ふくいぶき』」を参照。(http://www.omg.affrc.go.jp/daizu/hp.htm)
(8) 申請書の中で，配偶者の有無（大豆生産を2人でやっているかどうか）についての記入欄ができたのは2009年度以降であり，それ以前の状況は確認できなかった。
(9) 小田切［9］pp.18-45「農山村再生の実践——新しいコミュニティと地域産業づくり」

［追記］
　本稿を入稿した以降に，「所在不明」の高齢者が全国で数多く発見され，問題となった。その発端は，東京都内の男性最高齢111歳とされていた男性がミイラ化した遺体で発見され，死後，約30年間が経過していたことが判明した2010年7月末の事件であった。この事件を受けて各地で自治体を中心とした調査がおこなわれたが，その結果によって，この問題は決して局地的なものではなく，潜在的に蔓延していることが判明した。法務省が2010年9月に実施した調査によれば，戸籍が存在しているのに現住所が確認できない100歳以上の高齢者は全国に23万4000人存在し，そのうち120歳以上が7万7118人，150歳以上は884人に上るようである。
　これらは，戸籍と住民登録の接合不備などの行政システムの現状や，遺族の年金不正受給などのモラル低下を問い直すものであった。しかし，より根本的には，現代社会における高齢者の社会年齢や社会的位置づけが不当であることばかりでなく，高齢者の尊厳や居場所すら失われつつあることを象徴した問題なのではないだろうか。

▶▶▶ 第5章

「交流産業」の形成条件

1. 本章の課題と方法

　本章では，農山村において新たに展開する「交流産業」の形成条件を，都市と農山村の接点に位置する「中間組織」の機能に着目して検討する。先進地域での実態分析から，「中間組織」がいかなる機能を発揮して交流産業化を実現しているのかを明らかにすることが本章の課題である。

　農山村における交流産業とは，都市住民との交流活動の中で地域資源を商品化（資源化）することによって生み出される産業を指している。これは一方ではグリーンツーリズムや都市農村交流といった取組みの産業的側面に光を当てた言葉であり，他方では従来の観光業と区別するカテゴリーとして意識的に生み出された言葉でもある[1]。本章では，この中で近年国の政策としても注目されている「子ども農山村交流」の先進地域での取組みから交流産業の可能性を検討する。

　最初に，子ども農山村交流が展開する背景について都市の教育側と受け入れ農山村側の双方から整理しよう。子ども農山村交流とは，子どもの宿泊体験学習を通した都市と農山村の交流活動である。農業や農山村を子どもの教育環境としてとらえる動きは，高度経済成長期における急激な都市化を背景に教育環境が悪化した都市部の教育関係者の中で生まれ，1970年代以降に山村留学や自然体験学習などの形で具体的に展開した[2]。学校教育においては学習指導要領の「ゆとり教育」への転換を受け，とくに「総合的な学習の時間」の導入以降に自然や農業を学習の教材とした取組みとして急速に普及した。この中で

2008年の学習指導要領改訂を受け，農林水産省・文部科学省・総務省の3省連携事業として導入されたのが「子ども農山漁村交流プロジェクト」（子どもプロジェクト）であった[3]。

　他方で，受け入れ農山村において子ども農山村交流は，都市農村交流やグリーンツーリズムの一形態として展開した。地域資源を農業・農山村体験として商品化（資源化）し，都市住民に提供する子ども農村交流は，「都市住民を対象とした農村資源の活用策」[4] であり，企業誘致や公共事業に依存しない地域産業の育成が課題とされる農山村における新たな地域産業として期待された。

　以上のような子ども農山村交流による交流産業化を実現するためには，都市側のニーズに応え得るプログラムを地域として提供する体制の整備が求められる。そこで重要なのが，それを担う「中間組織」の存在である。子ども農山村交流事業では，都市側においては学校，教育行政，旅行社，農山村側においては受け入れ組織，農家など多様な主体が事業に参加している。そのため子ども農山村交流事業による交流産業化を目指す上では，地域内の事業主体を組織化する「内向き」の機能と都市側の事業主体の窓口となる「外向き」の機能を有している「中間組織」の存在が不可欠と考えられる[5]。そのため交流産業の形成条件を考える際には，「中間組織」がこのような2つの機能をいかに発揮して交流産業を展開しているのかを明らかにする必要がある。なお，本章では交流産業化において農家と外の社会（都市側）との間を調整する主体を「中間組織」という。

　一方で，子ども農山村交流事業の先進事例をみると交流産業化の出発点は一様ではなく，交流産業のタイプによる議論が必要となる。そこで本章では，交流産業の出発点の違いから交流産業の展開を以下の2つのタイプに類型化した。その上で両タイプの先進地域での実態から「中間組織」が「内向き」と「外向き」の機能をいかに発揮し，交流産業化を実現しているのかを検討する[6]。交流産業の2つのタイプとは，具体的には地域づくりの一環として交流事業を導入し，それを交流産業へ展開している「地域づくり型」と，スキー観光業の停滞を背景にスキー民宿の閑散期対策として交流事業を開始し，そこから交流産

業への展開を図っている「地域産業型」である。「地域づくり型」における「中間組織」の課題は，地域づくりの一環である交流イベントの持続性をいかに担保し交流産業へ転換するのかにある。一方で「地域産業型」における「中間組織」の課題は，交流産業化においてこれまでのスキー観光業とは異なる体制をどのように整備していくかにある。すなわち，「地域づくり型」において問題とされるのは「交流の産業化」であり，「地域産業型」において問題とされるのは「産業の交流化」である。本章では「交流の産業化」と「産業の交流化」の両者を合わせて交流産業とする。

本章では，「地域づくり型」交流産業の事例として長野県飯田市を，「地域産業型」交流産業の事例として長野県飯山市を取り上げる。両地域は，国の子どもプロジェクトの受け入れモデル地域にも指定されている子ども農山村交流事業の先進地域である[7]。それぞれは，飯田市の南信州観光公社，飯山市の戸狩観光協会を中心に1990年代から体験型の教育旅行の受け入れを継続している。

本章の構成は次のとおりである。続く2節と3節では，飯田市の「地域づくり型」交流産業と飯山市の「地域産業型」交流産業の展開過程を整理し，「中間組織」が交流産業化の中心に位置づいていることを確認する。それをふまえ4節では，両地域の「中間組織」が「内向き」と「外向き」の2つの機能をそれぞれ発揮しながら交流産業を展開してきたことを明らかにする。最後に，5節で本章の議論を総括し，「中間組織」が今後交流産業を展開する上での課題を述べる。

2.「地域づくり型」交流産業の展開——長野県飯田市

（1）地域づくり政策としての子ども農山村交流事業

以下では，「地域づくり型」交流産業の事例として長野県飯田市の体験教育旅行事業の展開をみていく。ここでは飯田市において「中間組織」が地域づくりの一環として始まった交流イベントをいかに交流産業へ展開しているのか，

すなわち「交流の産業化」を検討する。

　長野県最南部伊那谷の中心に位置する飯田市は，人口10万8600人の南信州の中心都市である。同市では天竜川の東側に位置する農山村部（竜東地区）を中心に人口減少，高齢化の進行が著しい。竜東地区の2005年の高齢化率は33.8％で，同市の25.9％と比べ高い。同市では農山村振興策の1つとして子ども農山村交流事業や援農ボランティアなどの体験交流事業を導入した。このうち体験型の教育旅行を誘致する体験教育旅行事業は，南信州観光公社を窓口に2005年現在，年間109校，1万7000人の受け入れがある。さらに近年飯田市では一般客を対象とした体験型観光の受け入れにも積極的であり，年間200団体，6000人を受け入れている。

　飯田市の体験交流事業に関する政策の流れを整理すると，その端緒として1988年の農業地域マネージメント事業をあげることができる。この事業では「個性あるむらづくりの推進」の課題の1つとして，「集落づくり活動」「農業構造の改善」「農山村の環境保全」とともに「農村と都市の交流」と「村と町場の交流」が位置づけられた。そこでは70年代から取り組まれている地区公民館での住民の学習活動（市民セミナー）と共通した手法，すなわち「地域の課題を地域のなかから掘り起こし，住民みずからのちからで地域課題を導き出し解決する」という手法がとられていることに特徴がある[8]。都市農村交流事業は，その後96年に策定された「飯田市農政プラン・農とともに新しい豊かさの創造」において「魅力ある農業・農村づくり」を実現するための重要な戦略とされた。

　一方で，体験交流事業は観光政策においても注目された。とくにバブル経済崩壊以降の旅行ニーズの変化を受け観光客数が大きく伸び悩んでいた飯田市の観光業においては，体験型観光に対する要請が大きかったのである。こうして95年には飯田市商業観光課は，野外教育団体の代表者や民間のコンサルタントとの共同事業として野外教育プロジェクトを開始した。ここでは地域資源を発掘しそれを体験プログラム化する作業がおこなわれ，その指導者として地域づくりグループ，女性グループ，伝統工芸の職人などが「市民インストラク

ター」として登録された。そして都市部の学校や市町村，旅行会社などへの営業活動を経て，96年には横浜市の高校を皮切りに体験教育旅行事業を開始した。飯田市は「農林業体験」「スポーツ体験」「味覚体験」「原生活体験・野外活動」「伝統工芸クラフト体験」「自然体験・環境学習」など，約200種類のプログラムを提供できる体制にある。「市民インストラクター」の登録者数は，現在南信州全域で500人にのぼる。

　農家での少人数の分宿プログラムである「農家民泊」が開始されたのは，2年後の98年のことである。当初は体験と宿泊は別の場所であったが，学校側の「体験だけではなく，農家に泊まりたい」という要望を受け，農家での宿泊が導入された。飯田市では農家民泊の期間を1泊2日とし，農家民泊を利用する場合は同時に地元（南信州）の宿泊施設を利用することを原則としている。これは一方では受け入れ農家に過度の負担をかけないこと，他方では既存の宿泊施設との競合を避けることを目的とした仕組みである。農家民泊を利用する学校は年々拡大しており，現在では体験教育旅行事業全体の約半数に当たる52校，7500人の利用がある（2006年）。さらに飯田市では都市農村交流事業による「地域振興施策の一層の推進を図る」ことを目的に，03年には構造改革特区「南信州グリーンツーリズム特区」を導入した。農家民泊の受け入れ農家は，現在飯田・下伊那全域の1市12町村27地区の約450戸に拡大した。このうち飯田市内にある約330戸は，特区を利用し旅館業法の簡易宿所営業許可を取得した農家である[9]。

(2)「中間組織」としての南信州観光公社

　以上のような体験教育旅行事業の受け入れ規模の拡大を受け，飯田市では2001年に「体験型観光による広域地域振興」を目的として近隣町村との共同出資による第三セクターの株式会社である南信州観光公社を設立した。南信州観光公社の常勤職員は3名で，これに飯田市からの出向職員2名と，みなみ信州農業協同組合からの出向職員1名，下伊那町村会からの出向職員1名の合計7名で運営している。代表取締役は初代が飯田市長，現在2代目は元信南交

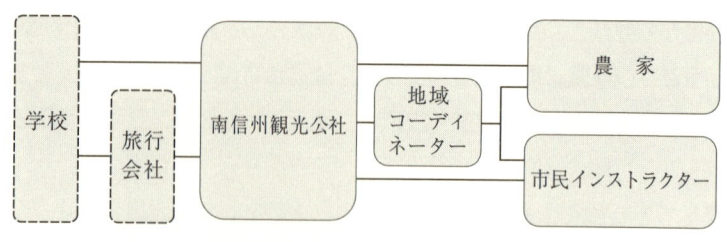

図 5-1　飯田市における子ども農山村交流事業の体制
資料：飯田市での聞き取り調査および資料より作成．
注：破線は都市側の事業主体を示す．

通株式会社の相談役である．大手旅行代理店で教育旅行を担当していた取締役は，南信州観光公社の設立準備期間から運営に携わっており実質的な代表者となっている．南信州観光公社の主たる収入源は，プログラムの売り上げ手数料 10％と宿泊手数料 5％である．一方，支出の中心は常勤職員 3 名の給与や施設借り上げ料などで，現在，収支は拮抗している．

図 5-1 から飯田市の体験教育旅行事業における受け入れ体制をみると，学校や旅行会社などの都市側の事業主体に対応する飯田市側の窓口は南信州観光公社であることがわかる．南信州観光公社では，学校や旅行会社からの受付，精算関連事務，旅行会社や学校への営業活動，農家やインストラクターの手配などの子ども農山村交流事業に関わる一切の業務を担っている．農家民泊や体験の受け入れは基本的には地区単位での対応となるため，南信州観光公社では多くの場合「地域コーディネーター」と呼ばれる各地区の自治会や農業生産組合などを経由して，農家やインストラクターを手配している．

次に，事業開始初年度の 1996 年から体験教育旅行事業に参加している飯田市千代地区を事例に，地区での体験教育旅行事業への実際の対応を検討しよう．

千代地区は竜東地区に属する中山間地で，飯田市内で唯一の山村振興指定地域である．2005 年の人口は 2076 人，世帯数は 646 で，人口と世帯数はともに戦後一貫して減少している．また高齢化率 36.3％は市内で 2 番目に高い．

このような人口減少と高齢化を背景に，千代地区自治協議会では，これまで様々な地域活性化のための取組みをおこなってきた．体験教育旅行事業の受け

入れもその一環であり，06年現在地区全体で年間16校の農家民泊に対応している。その窓口となっているのは，千代地区グリーンツーリズム推進委員会である。これは農産物の直販活動や市の事業を活用した農業体験イベントなどに取り組んできた農家を中心に，千代地区自治協議会，商工会，集落代表者，地域づくりグループの代表者などを構成員として96年に発足した。委員長は千代地区自治協議会の会長が兼任し，事務局は市役所千代支所内においている。グリーンツーリズム推進委員会事務局での農家民泊への具体的な対応は以下のとおりである。

　事務局は南信州観光公社から学校数と生徒数の連絡を受けると，地区内の全世帯に参加要請のための通知を出す。南信州観光公社では農家民泊の参加農家を必ずしも「農家」に限定しているわけではないが，参加者のほとんどが農家である。これに対し，参加を希望する農家は受け入れが可能な日程とともに家族構成や体験させる作業内容，男子生徒・女子生徒の希望などを事務局に提出する。それらをふまえ事務局が受け入れ農家を確定する。事務局の農家民泊への対応はここまでである。その後の学校からの連絡事項の伝達や参加農家に対する説明会の開催などについては，南信州観光公社が農家と直接やりとりをする。毎年，地区ごとに開催される説明会での議題の中心は，子どもへの接し方や食事内容，衛生面などについてである。説明会は参加農家間の情報交換の場でもあり，初めて参加する農家にとっては受け入れに対する不安を解消する場となっている。また，千代地区では受け入れ終了後に反省会を開いており，そこで出た意見は南信州観光公社を通して学校に伝えられる。

(3) 農家の参加の仕方と交流収入

　千代地区ではこれまでに，地区の総農家戸数の約4分の1に相当する71戸が農家民泊に参加してきた。参加率は集落によってばらつきがあるものの，参加農家は12集落すべてに分布している。ただし，このうち実際に参加する農家は30戸程度で，参加農家は毎年入れ替わりがある。

　当初，千代地区では農家が他人を自宅へ宿泊させることや食事や体験の提供

に対する不安や抵抗感が大きかったため，受け入れ農家はなかなか拡大しなかった。これに対し飯田市や南信州観光公社では，農家民泊を希望する学校側とともに地元の会議に出席するなどして，地区の役職経験者や市の交流事業に関わりのあった農家を中心に受け入れ農家の裾野を徐々に広げていったのである。現在は，例えば勤務先の定年退職を機に自ら手をあげて参加する農家なども出てきている。しかし，その一方で病気や介護，孫の世話などにより受け入れを休止する農家も多い。

　1泊2日の体験内容は基本的に各農家に任せられており，多くの農家ではその時々の農作業のほかに周辺散策などを取り入れている。このうち布団の上げ下ろしや食事の準備・片づけなどの生活体験も学校側から期待される重要なプログラムの1つである。

　収入面では，農家民泊の1回の受け入れで各農家には1人当たり宿泊料金5000円と体験料金1500円（半日）が支払われる。各農家では1校当たり平均4～5人を受け入れるため，1回の受け入れで約3万円の収入になる。千代地区では農家1戸当たり年間5～10校を受け入れており，農家民泊は参加農家に年間15～30万円の現金収入をもたらしている。各農家ではこれを孫への小づかいや旅行などに使っており，貴重な「臨時収入」として受け止めている。

　注目されるのは，千代地区ではこのような農家民泊の受け入れから交流施設や農家民宿を開業する動きが出てきていることである。その動きを整理すると，2001年には地区内の3農家が中心となって地元の農産物を利用した料理の提供，体験プログラムの企画・運営，宿泊を提供する千代地区総合交流促進施設（通称，ごんべえ邑）が開業した。そこでは山村振興等農林漁業特別対策事業が活用された。ごんべえ邑には現在年間1700人の利用者があり，売上は400～500万円にのぼる。また02年には（学生だけではなく）一般客を対象とした農家民宿が1軒開業した[10]。現在，宿泊客140人，日帰り客400人の利用者があり，農家民泊も含めた農家民宿による「交流収入」は農家収入全体の約17％に相当する年間150万円にのぼる。これらの農家はいずれも千代地区グリーンツーリズム推進委員会の発足に関わった農家であり，地区で農家民泊

を普及した立場の農家である。

　以上の千代地区での各農家の農家民泊への参加の仕方と交流収入との関係を整理すると，交流事業を普及する一部の農家とそのほかの大部分の農家に大別される。前者は行政とも関わりをもちながら積極的に交流事業をおこなってきた農家であり，地区内でリーダー的な立場にある農家である。これらの農家では，農家民泊の受け入れを契機に農家民宿や交流施設を開業・運営し，現在ではこれらによる交流部門が農家経営の一部門として確立しつつある。一方で，後者のタイプは地区の役職経験世帯が中心で，近年ではその他の一般世帯にも広がっている。これらの農家は限られた時期に可能な範囲で農家民泊に参加し，それによる収入をその時々に得ているタイプの農家である。

(4)「地域づくり型」交流産業化の特徴

　ここまでみてきたように長野県飯田市の体験教育旅行事業では，「農家民泊」を中心に現在では年間 100 校，1 万 5000 人以上の受け入れを実現している。地域づくりを目的とした交流イベントから出発し交流産業を展開した「地域づくり型」の飯田市において交流産業化を主導したのは，「交流の産業化」を担う組織として飯田市が新設した南信州観光公社であった。飯田市では，南信州観光公社が子ども農山村交流事業に関わる一切を担っている。

　飯田市において子ども農山村交流事業が導入された政策的背景をみると，一方では農山村部における人口減少と高齢化を背景とした農政における要請があり，他方では滞在型観光化を推進する観光政策における要請があった。これらは飯田市において 1970 年代から取り組まれている地域づくり政策の延長に展開していた。

　その際，飯田市では子ども農山村交流事業による交流産業化を担う組織として周辺町村との共同出資により南信州観光公社を設立した。そしてそこが学校や旅行会社などの窓口となり，同時に地域コーディネーターと呼ばれる地域組織や地域リーダーを仲介させることで，農家民宿の前史のない飯田市において繁忙期においても受け入れ農家をそろえることを可能とした。さらに飯田市で

は，特区を活用することによって結果的により短期間のうちに農家民泊の参加層の拡大に成功したのであった。

農家からみれば子ども農山村交流事業への参加は地域活動の延長であり，多くの農家は部分的に事業に参加していた。その中で地域リーダー層において，農家民泊から農家民宿の開業などによる農家経営の多角化を図る動きも出始めている。しかし，農家民泊への参加は農家のライフサイクル（例えば出産，定年，介護など）による影響を受けやすく，不安定といえる。

3. 「地域産業型」交流産業の展開——長野県飯山市

（1）通年観光化政策としての子ども農山村交流事業

次に「地域産業型」の交流産業の事例として，長野県飯山市の自然体験教室事業を取り上げる。ここでは飯山市における「中間組織」の課題，すなわちスキー観光業から交流産業をいかに展開しているのか，「産業の交流化」を検討する。

飯山市は人口2万6400人の長野県の最北端に位置する豪雪地帯である。同市では，近年基幹産業であるスキー観光業が停滞傾向にある。市内の6か所のスキー観光地の利用者数は最盛期の1993年には年間144万人を数えたが，現在はピーク時の約4分の1に落ち込んでいる。同時に近年では市内の宿泊施設数の減少も著しい[11]。

飯山市ではこのような冬期中心の観光の限界から，子ども農山村交流事業を中心とした通年観光化政策を推進している。その具体的な動きを整理すると，第1に，飯山市は93年に農林水産省の「農山漁村でゆとりある休暇を」推進事業のモデル地域に指定され，その受け入れ組織として既存の観光協会を中心に飯山市グリーンツーリズム推進協議会を発足した。第2に，農村資源活用農業構造改善事業の補助事業により，体験型観光に関わる4つの施設を建設した。第3に，「農林漁業体験民宿」の登録を推奨し，登録制度の初年度に当た

る95年度には市内の約70軒の民宿が登録された。これは全国の市町村で最多であった。そして第4に,同市における通年観光化政策において中心的な役割を果たしているのが94年に開始されたのが自然体験教室事業である。飯山市観光協会,戸狩観光協会,信濃平観光協会の各観光協会では,JA北信州みゆきと合同で体験プログラムを開発し,学校や旅行会社への営業活動や先進地への視察がおこなわれた。そして現在戸狩と信濃平,斑尾高原の3地区では,各観光協会を窓口に年間58校,7381人を受け入れている(2007年)。

(2)「中間組織」としての観光協会

図5-2から飯山市の自然体験教室事業の受け入れ体制をみると,飯山市側の主体としては飯山市観光協会,斑尾高原観光協会,戸狩観光協会と受け入れグループ,信濃平観光協会,宿泊施設(ペンション,ホテル,民宿)がある。このうち飯山市観光協会は宣伝・営業活動や学校の誘致,視察などで戸狩観光協会や信濃平観光協会などの地区の観光協会を先導し,地区の観光協会は学校や旅行会社の窓口となっている(12)。また各地区では宿泊施設や提供されるプログラムに違いがみられる。戸狩地区と信濃平地区では民宿に宿泊し農業体験

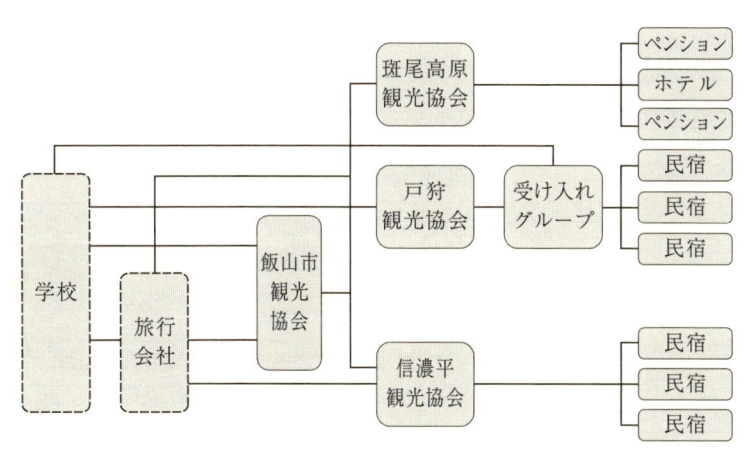

図5-2 飯山市における子ども農山村交流事業の体制
資料:飯山市での聞き取り調査および資料より作成。
注:破線は都市側の事業主体を示す。

を中心としたプログラムが提供されるのに対して，斑尾高原ではペンションやホテルに宿泊しアウトドア体験を中心としたプログラムが提供される[13]。

　以下では，このうち自然体験教室事業の受け入れ規模が最大であり，農家を構成員とする戸狩観光協会を事例に「中間組織」における自然体験教室事業への対応を検討する。戸狩地区は飯山市の北部に位置する旧太田村に当たる地域である。戸狩地区では1950年代末から農家が冬期の副業として民宿を開業し，57年には地域内の有志41名を構成員として民宿組合である戸狩観光協会（当時の太田観光協会）が発足した。60年にはこれとは別に農家が主導してスキーリフトを運営する株式会社を設立し，現在はスキーリフト会社の職員が戸狩観光協会の事務局を兼務している。その後の高度経済成長期にはスキー場の入込客数は大きく増加し，92年には55万5700人を数えた。しかしその後のスキー客の大幅な減少を受け，戸狩観光協会では91年にこれまで閑散期であった「グリーンシーズン」の取組みを観光協会の最重要課題と位置づける通年観光化策を打ち出した。そして94年に自然体験教室事業による学校の受け入れを開始したのであった。現在，戸狩観光協会では年間42校，5425人を受け入れている。これは飯山市全体の7割に相当する。受け入れ時期は春と秋が中心で，期間は2～3泊を中心に，中には1週間程度の学校もある。

　戸狩観光協会でのプログラムをみると，「ふれあい」を全面に出した受け入れ方に特徴がある。宿泊は民宿1軒当たりに10人前後が宿泊する「分宿」を希望する学校がほとんどであり，各民宿では日中の体験の指導から民宿での食事や入浴などの生活指導まで，経営主夫婦が「お父さん・お母さん」として原則的に24時間体制で対応する。各学校に対して戸狩観光協会では事前に民宿を紹介するビデオレターや手紙を送っている。これは，事業が始まった当初に学校側からの要望を受け始まったものである。また各民宿は事前に必ず児童・生徒の名前を覚えるようにしている。これらは少人数分宿に対する児童・生徒や保護者の不安解消に寄与している。

　戸狩地区で提供される体験プログラムは，農作業体験，自然体験，食体験，生活文化体験，漁業体験，名所見学，学習など多様であるが，学校から人気の

あるプログラムは田植え体験と稲刈り体験である。これらのプログラムは学校側の希望により，学校全体で実施される場合と民宿単位で実施される場合，これらを組み合わせて実施される場合がある。食事の献立についてもこれと同様である。

　現在，自然体験教室事業に参加している民宿は，戸狩観光協会の7支部79軒の約半数に当たる5支部43軒ある。戸狩観光協会が学校を受けつけ，それを民宿へ振り分けている。各学校を実際に受け入れるのは戸狩観光協会の支部単位で組織された受け入れグループである。各学校のプログラムや献立については，戸狩観光協会の事務局が大枠を作成し，詳細については各グループが学校側と直接やりとりをしながらつくり上げていく。とくに田植え体験など学校全体で共通したプログラムや食事の献立に対する希望がある場合には，圃場の確保や作業の手順などの打ち合わせと同時に学校側との連絡調整が必要となる。これに対して各グループでは学校との連絡・調整役となる民宿を決め対応する。また，1～2か月に1度の割合で開催されるグループの代表者による会議では，学校の誘致や学校を受け入れる際のルールづくりなどについての話し合いがおこなわれている。宿泊や体験の料金についても代表者会議で決定される。

　戸狩観光協会では，協会員を対象に年に2～3回の頻度で体験プログラムの講習会を開催している。講師には地元の高齢者や民宿のメンバーを中心に飯山市内の交流施設のスタッフを招いたこともある。また，受け入れグループ単位で新しいプログラムの開発や学習会，受け入れマニュアルづくりなどに取り組むケースも増えてきている。このほかにも，戸狩観光協会の女性部の有志により発足された「おかみの会」などでは，体験プログラムや料理に関する学習がおこなわれている。

　精算事務については，戸狩観光協会の事務局が一括している。自然体験教室の料金は，宿泊が1泊1人当たり5500円，体験が1日1人当たり1700円で，このうち1人当たり1泊450円の「負担金」を差し引いた金額が事務局を通して各グループの所有する銀行口座に支払われる。

　宣伝・営業活動についてみると，戸狩観光協会では毎年自然体験教室の受け

入れ後には，受け入れグループの代表者とともに各学校へ「お礼参り」に出かけている。同様に毎年おこなわれる旅行会社や学校への営業活動については，飯山市観光協会が戸狩観光協会などの地区の観光協会を主導する。

(3) 民宿収入の変化と交流収入

次に，自然体験教室事業を受け入れている民宿の経済的側面について検討しよう。ここでは A 体験グループの 6 軒の民宿を事例に取り上げる。

A 体験グループのある A 集落は総戸数 47 戸，農家戸数 39 戸（「2000 年農業センサス」）の集落で，戸狩観光協会の設立やスキー場の開設にも関わってきた集落である。最盛期には約 20 軒の民宿が営業されていたが，現在は 8 軒まで減少している。このうち 6 軒の民宿が A 体験グループを組織し，1998 年に自然体験教室事業に参加した。A 体験グループでは現在毎年 10 校程度を受け入れている。

6 軒の民宿の多くは 60 年前後に現在の経営主の親が開業した民宿である（1 軒のみ 72 年に開業された）。現在の経営主は 50 代が中心で，6 軒のうち 3 軒の世帯主が農外勤務に従事している。これら 3 軒の民宿では，自然体験教室を受け入れる際には世帯主が有給休暇を取り夫婦で対応する。各世帯の農業生産の現状をみると，米と野菜の生産が中心で，6 軒のうち 4 軒が販売農家である。また民宿の規模をみると，収容人数は 30 人から 90 人と幅があるが，いずれの民宿においても 70 年代以降には世帯収入の中心を占めていた民宿収入は，90 年代前半を頂点にその後は半分から 4 分の 1 程度まで落ち込んでいる。各民宿の現在の自然体験教室事業による収入（交流収入）は年間 160 万円程度である。これはスキー客の減少による民宿収入の減少分の 13% 程度に相当する。このように交流収入は民宿収入の減少分を現状では補てんできていないことがわかる。こうした現状を受け，とくに専業的な民宿の中では自然体験教室のほかにも生協や農協，飯山市観光協会が企画する一般客を対象とした体験型ツアーなどを積極的に受け入れる動きも出始めている。

（4）「地域産業型」交流産業の特徴

　以上でみたように長野県飯山市の自然体験教室事業では，農家民宿での少人数分宿プログラムの提供によって，スキー観光の閑散期であった春と秋を中心に年間7000人以上の利用者を創出している。このようにスキー観光業から出発して交流産業を展開した「地域産業型」の飯山市において「産業の交流化」を主導したのは，スキー民宿組合である戸狩観光協会であった。

　具体的には，飯山市では1990年代以降のスキー客の大幅な減少を受け，通年観光化政策の一環として観光協会を中心に子ども農山村交流事業を導入した。その際，実際に学校を受け入れる窓口となったのは各地区の観光協会であった。事例で取り上げた戸狩地区では，民宿組合として50年代に設立した戸狩観光協会が学校の受付や振り分け，各学校のプログラムの作成，さらに体験技術の普及などを担っていた。

　農家レベルでみれば，交流産業を実現する上で従来のスキー客とは異なる対応が求められた。これに対して各農家では，戸狩観光協会や受け入れグループ単位で体験プログラムの指導技術を習得し，農家の「お父さん・お母さん」としての振る舞いを身につけることで事業に応じてきた。その結果，現在各農家は安定的に交流事業の受け入れを継続している。しかし交流収入はスキー客の減少分を補うにはまだ足りない現状にある。民宿収入全体が減少する戸狩観光協会の各民宿において安定的に民宿を経営するためには，これまで以上に交流産業に依存せざるを得ないだろう。だが子ども農山村交流事業の受け入れ規模の拡大には以下のような様々な制約がある。

　第1に，子ども農山村交流事業は，従来のスキー客と比べ手間も体力も必要であり，地域全体が高齢化する中で対応が可能な民宿は増えない。第2に，民宿経営からみれば子ども農山村交流事業の受け入れは効率がよくない。それは収容人数よりも極端に少ない10人前後の貸し切りが求められるからである。第3に，学校側の事情も関係している。子ども農山村交流事業は学校行事の一環であるが故に年間スケジュールの縛りから限られた時期に集中してしまう。

また学校が希望する体験プログラムには偏り（例えば農業体験といえば田植えや稲刈りに集中してしまうこと）がある。その結果，受け入れが可能な時期は限られてしまうのである。

4. 交流産業化における「中間組織」の役割

(1)「中間組織」の2つの機能

　以上の飯田市と飯山市における子ども農山村交流事業の事例から，「地域づくり型」と「地域産業型」の交流産業化の特徴を検討した。前者では「交流の産業化」が課題であり，後者では「産業の交流化」が課題であった。このように両地域では交流産業化の入り口は異なってはいるものの，ともに受け入れ規模を拡大し，安定的に事業を展開している。

　以上の交流産業化の過程で重要な役割を果たしていたのが，飯田市の南信州観光公社や飯山市の戸狩観光協会といった「中間組織」である。これらは都市側の事業主体と地域内の事業主体の間に立ち，受け入れ側の中心組織として双方の事業主体に対応していた。つまり，両地域の「中間組織」は，学校や旅行会社などの都市側の事業主体に対応する「外向き」の機能と，農家などの受け入れ側の事業主体に対応する「内向き」の機能を発揮しながら交流産業を展開しているのである。しかし，現実にはこれら2つの機能の現れ方は地域によって異なっている。交流イベントから交流産業を展開する上で求められる「中間組織」の機能と，スキー観光業から交流産業を展開する上で求められる機能は同様ではないだろう。本章で議論している「地域づくり型」と「地域産業型」という出発点の異なる2つのタイプの交流産業化の問題を考える上で，両地域の「中間組織」がいかにこれらの機能を発揮し，交流産業を展開しているのかを議論していく必要がある。

　そこで，以下ではそれぞれの「中間組織」における具体的な取組みの実態から，交流産業の2つのタイプと「中間組織」の2つの機能の現れ方との関係を

表5-1 「中間組織」におけるの2つの機能

機能	業務内容	飯田市・南信州観光公社	飯山市・戸狩観光協会
内向き（農家との関係）	農家の手配	・自治会などを経由	・受け入れグループに割りふり
	事前説明会	・地区ごとに開催	・受け入れグループが対応
	体験プログラムの開発	・地域組織と連携	・農協と連携，受け入れグループが対応
	体験プログラムの技術指導・普及	・なし	・講習会の開催，受け入れグループが対応
外向き（学校などとの関係）	学校の受付	・南信州観光公社が対応	・戸狩観光協会が対応 ・飯山市観光協会を経由
	各学校のプログラム作成	・南信州観光公社が対応	・戸狩観光協会，受け入れグループが対応
	精算関連事務	・南信州観光公社が対応	・戸狩観光協会が対応
	宣伝・営業活動，視察	・南信州観光公社が対応	・飯山市観光協会が対応

検討していく。

　表5-1は，飯田市と飯山市の子ども農山村交流事業における業務内容を，「内向き」の機能に相当するものと「外向き」の機能に相当するものとに分け，両地域での対応の仕方を比較したものである。「内向き」の機能が発揮されると考えられる業務内容としては「農家の手配」「事前説明会」「体験プログラムの開発」「体験プログラムの技術指導・普及」の4項目を，「外向き」の機能が発揮されると考えられる業務内容としては「学校の受付」「各学校のプログラム作成」「精算関連事務」「宣伝・営業活動，視察」の4項目を，それぞれあげている。

　最初に，両地域での「内向き」の機能に関わる業務内容についてみる。第1に，農家の手配の仕方をみると，飯田市の南信州観光公社では地区の自治会などを経由して受け入れ農家やインストラクターの手配をしている。一方で，飯山市の戸狩観光協会では観光協会内部の受け入れグループに各学校をふり分ける。第2に，学校の受け入れに当たっての事前説明会については，飯田市では毎年南信州観光公社が地区ごとに受け入れ農家を対象とした説明会を開催しているのに対して，飯山市の戸狩観光協会では受け入れグループ単位で打ち合わ

せがおこなわれている。第3に，体験プログラムの開発についてみると，飯田市の南信州観光公社では既存の地域づくりグループや女性グループなどの活動を体験プログラム化した。一方で飯山市の戸狩観光協会では，当初その他の観光協会や農協と連携して，民宿で取組みが可能なプログラムを集約した。また現在では，受け入れグループや女性部単位で新たなプログラム開発に取り組んでいる。第4に，体験プログラムの技術指導や普及の仕方をみると，飯山市の戸狩観光協会では講習会を主催し，同時に受け入れグループでも学習会などに取り組んでいる。一方で飯田市の南信州観光公社では，そのような取組みはおこなわれていない。

　次に，両地域における「外向き」の機能に関わる業務内容をみていこう。第1に，学校の受付については，両地域ともに南信州観光公社と戸狩観光協会が一括している。ただし飯山市では，市の観光協会を経由する場合もある。第2に，各学校のプログラム作成の担い手は両地域で異なっている。飯田市では南信州観光公社が学校とのプログラム作成に関するやりとりを一括しているのに対して，飯山市では戸狩観光協会の事務局だけではなく受け入れグループが学校と直接やりとりをする。第3に，精算関連事務については，飯田市では南信州観光公社が，飯山市では戸狩観光協会が一括している。ただし，飯田市では南信州観光公社から直接農家に宿泊・体験料金が振り込まれるのに対して，飯山市の戸狩観光協会では各受け入れグループが所有する銀行口座を経由して各民宿に分配されるという違いがある。第4に，学校や旅行会社への宣伝・営業活動また視察への対応については，飯田市では南信州観光公社が一括しておこなっているのに対して，飯山市では宣伝・営業活動については飯山市観光協会の主導のもと実施され，受け入れ後の学校訪問については戸狩観光協会の受け入れグループ単位で対応している。

　以上のように，「内向き」と「外向き」に関わる業務への対応は，両組織で異なっている。つまり交流産業化において「中間組織」の有する2つの機能の発現のされ方は「地域づくり型」と「地域産業型」という出発点の違いにより異なっているのである。以下では，両組織が2つの機能をどのように発揮し地

域資源をプログラム化（商品化）しているのか検討する。

（2）地域資源の商品化における「内向き」の機能

最初に，地域資源の商品化における「内向き」の機能について検討するため，「中間組織」と地域との関係を振り返ってみよう。

飯田市の南信州観光公社では当初担当者が南信州全域を歩き，地域の女性グループや職人，農家がもつ技術を体験プログラム化する作業が進められた。その際，地域の組織やリーダーを仲介させることで，プログラムを担う市民インストラクターや農家民泊に参加する農家を普及・拡大した。南信州観光公社は，南信州全体の地域振興を目的に地域内の諸組織とは別の組織として新設されたため，農家との接点はなかった。そのため南信州観光公社では地域の諸組織を介して地域との接点をもったことではじめて地域資源の動員を可能としたのであった。

また，農家民宿の前史がない飯田市においては，料金を受け取って自宅に人を宿泊させること，つまり接客や衛生面などの宿泊業についての最低限の知識や技能を参加農家に教育，普及することが求められた。これに対して南信州観光公社では地区ごとに毎年参加農家を対象とした説明会を開催することで対応した。説明会は先輩農家の経験を初心農家と共有する場となり，それは初心農家を技術面だけでなく受け入れに対する「心構え」といった精神面でサポートしている。このように説明会という場は，参加農家の拡大，意識の向上という面で重要な役割を果たしているのである。

一方で，スキー民宿での宿泊業の経験がある戸狩観光協会の各民宿では，スキー観光業から交流産業化を展開する際に，何よりもまずこれまでのスキー客への対応には必要とされなかった体験プログラムを指導する技術を新たに身につけることが求められた。これに対して戸狩観光協会では，体験プログラムの講習会などを開催することで地域住民がもつ技術を集約し，体験プログラム化を先導した。現在では，受け入れグループ単位でプログラムを開発したり，受け入れマニュアルを作成したりする動きもみられる。

農家の副業として出発した民宿組合である戸狩観光協会は，その設立経緯において地域住民との関係は深かった。しかし，戸狩地区がスキー観光地として発展・拡大していく中で，戸狩観光協会とスキー観光業者間の関係が強まる一方，地域との関わりはしだいに薄れていった[14]。しかし，スキー観光業から交流産業化を展開する過程で地域に内在している地域資源をプログラム化する必然性が生まれたのであった。ここで戸狩観光協会は地域との接点を再びもったことで，プログラムとして提供可能な地域資源を集約することができたのである。

以上のように，両組織ではプログラムに必要な地域資源を動員する上で，それぞれの方法で地域との接点をもったことがわかる。

(3) 地域資源の商品化における「外向き」の機能

次に，「中間組織」が都市側の事業主体とどのように接点をもちながら交流産業を展開しているのかという「外向き」の機能について検討する。

飯田市では，南信州観光公社を設立する際に教育旅行を専門とする職員を採用し，南信州観光公社が学校や旅行会社からのプログラムのニーズの汲み上げや情報発信の一元化する仕組みをつくり上げていた。

他方で飯山市では，戸狩観光協会を窓口の中心としながらも，学校訪問や各学校のプログラム作成については受け入れグループが対応し，宣伝・営業活動には飯山市観光協会が対応するなどの機能分担がなされている。

以上のように両地域では，「中間組織」が学校側からのプログラムに対するニーズを集約する体制を整えている。しかし，その体制は両者において異なっている。まず，都市側の事業主体からみれば，南信州観光公社が学校とのやりとりを一括している飯田市では窓口は統一しているのに対して，飯山市では窓口が複数あることを意味している。また，職員の専門性という面では，飯田市の南信州観光公社では専門職員が教育旅行に従事しているのに対して，飯山市の戸狩観光協会ではスキーリフト会社の職員が交流事業に関する業務を担っている[15]。ここから，情報の一元化や職員の専門性という面からみると，飯山

市よりも飯田市のほうが相対的に「外向き」の機能が発揮されやすい体制づくりがなされているといえる[16]。

(4) 交流産業の類型と「中間組織」の2つの機能

　以上のように，交流産業化の出発点が異なる両組織では，必要に応じて異なる方法で2つの機能を発揮しながら交流産業を展開した。「地域づくり型」の飯田市では，交流イベントから交流産業化を図る上で，行政が主導して「交流の産業化」を担う組織として南信州観光公社を設立した。そこでは，既存の組織を活用することで受け入れ体制を整えていった。他方スキー観光業を出発点に交流産業を展開した「地域産業型」の飯山市では，＜飯山市観光協会―戸狩観光協会―支部（受け入れグループ）―民宿＞というスキー観光業における組織体制を応用した。その中で，民宿組合としての戸狩観光協会の性格が変化した。とくに，スキー観光業においては戸狩観光協会の下部機関の一部にすぎなかった支部組織（受け入れグループ）は，「産業の交流化」が展開する中でその機能を強めてきたのであった。

　以上のように，両地域では「中間組織」が地域資源を束ね（内向きの機能），都市の学校側の多様なニーズを集約し（外向きの機能），それらをつき合わせ地域資源を組み替えることで，地域資源を商品化する体制を地域として整えていることがわかる。ここで重要なのは交流産業化の過程で，地域資源が体験プログラムという形で有用な資源として顕在化していることである。というのも，両地域においてプログラムの核となっている少人数での分宿形態は，農家での生活体験や農作業体験を児童・生徒に体験させたいという学校側からの要請を受けて導入されたものであり，それは当初受け入れ側にとっては想定外であった。これに対して両地域の「中間組織」は，参加農家に求められる技能や態度の教育，普及を通して農家の参加を後押しすることで，プログラムに対する受け入れ体制を整えていったのである。そして，事業を継続する中で参加農家は，農作業や農村生活の営み，さらに自らの「お父さん」「お母さん」「○○を教えてくれる先生」としての振る舞いを体得した。つまり，いずれのタイプの交流

産業化においても,「中間組織」は「内向き」と「外向き」の2つの機能を発揮することで,地域資源の顕在化を促す役割を果たしているのである(17)。

5. 総括と今後の課題

本章では,子ども農山村交流の先進地域での取組みを交流産業化の出発点の違いから「地域づくり型」と「地域産業型」とに分け,とくに「中間組織」に着目しながら交流産業の形成条件について検討した。以下では,これまでの議論を総括し,両地域の「中間組織」が交流産業を展開する上での課題を述べたい。

第1に,本章では出発点の異なる2つの交流産業化の存在を確認した。事例で取り上げた長野県飯田市と飯山市では,ともに子ども農山村交流事業を安定的に展開していた。それぞれの交流産業化の経緯をみると,交流イベントから出発した飯田市の「地域づくり型」の課題は「交流の産業化」であり,飯山市の「地域産業型」の課題は「産業の交流化」であった。

第2に,このような交流産業化を展開する上で「中間組織」には次のような2つの機能が必要とされた。それは,地域内の事業主体を組織化する「内向き」の機能と学校や旅行会社などの都市側のニーズに対応する「外向き」の機能である。そして,両地域の「中間組織」では,交流産業化の過程でそれぞれの方法で地域との接点をもつことで地域資源を動員する「内向き」の機能を発揮した。同時に,プログラムに関するニーズを集約し,それを地域内に伝達し,必要な技術を普及することで「外向き」の機能を発揮したのであった。以上のように「中間組織」は,都市側と農山村側の双方の事業主体と接点をもちながら「内向き」と「外向き」の2つの機能を同時に発揮することによって,都市側の多様なニーズに対応しうる多様なプログラムを提供する体制を地域として整えていったのである。このように「中間組織」は都市側との交流を促進することで地域資源の商品化を可能とした。逆にいえば,商品化される地域資源は交流の中から見出されるものといえる(18)。

しかし，第3に，両地域では交流産業化の出発点が交流イベント，スキー観光業と異なっていても交流産業化の過程でいずれも限界にぶつかっている。「地域づくり型」の飯田市では，入り口が交流イベントであり多くの参加者は部分的に事業に関与できることから参加者の裾野は比較的広い。しかし，その一方で参加の自由度が高く担い手の不安定性がつねにつきまとっている。それに対してスキー観光業を出発点としてそこから交流産業化が目指された「地域産業型」の飯山市では，地域資源のプログラム化の過程において地域資源との接点は個人的な人脈に限られている現状があった。どちらの入り口から出発してもそれぞれが限界に直面している以上の事例は，いずれのタイプの交流産業もその構造は同一であることを示唆している。

　第4に，今後両地域において交流産業を強化していくためには，「地域づくり型」の飯田市では，農家レベルでの担い手層の強化・育成が求められよう。農家が部分的に交流事業に参加する交流イベントの段階から「交流の産業化」の担い手として成長・発展することは，その推進役である南信州観光公社の事業体としての強化に直結するだろう。一方で，「地域産業型」の飯山市においては，今後は「中間組織」と地域との関わりの強化が目指されるべきであろう。農家主導の組織として発足した飯山市の戸狩観光協会では，本来は強みであるはずの地域との関わり（内向きの機能）が部分的にしか発揮されていない現状がある。その1つの方向性として，戸狩観光協会と地域組織との連携があげられる。それらは「産業の交流化」を支える地域基盤となろう。

　最後に，以上の事例はいずれのタイプの交流産業化においても，地域総動員での資源供給体制の整備が不可欠であることを示している。交流産業において商品の素材となる地域資源は地域住民の健全な働きかけによって維持されるものであり，当然のことながら交流産業化の前提には地域社会の存続がある。しかし，両地域においても人口減少と高齢化により地域資源の枯渇が予想される。そのような中で交流産業化を考えるならば，地域社会の持続性を前提に進められる必要があろう[19]。

注

(1) 小田切［9］を参照。
(2) 七戸ほか［16］を参照。
(3) これに関して 2008 年 1 月に公表された中央教育審議会の答申「幼稚園，小学校，中学校，高等学校及び特別支援学校の学習指導要領等の改善について」では，「自然の中での集団宿泊活動」などの体験学習を「学期中や長期休業期間中に一定期間（例えば，1 週間〈5 日間〉程度）にわたって行うことにより，一層意義が深まるとともに，高い教育効果が期待される」とし，「受け入れ先の確保，宿泊等に要する費用などについて，国や教育委員会等の支援・援助の充実を図る必要がある」と言及している。
(4) 大内［13］p.105 を参照。
(5) ここでいう内向きの機能と外向きの機能とは，それぞれロバート・D・パットナム［14］のいう「橋渡し型」(bridging) と「結束型」(bonding) という 2 つの社会関係資本の形態に対応するだろう。パットナムは，後者の「結束型の社会関係資本は特定の互酬性を安定させ，連携を動かしていくのに都合がよ」く，一方で前者の橋渡し型の社会関係資本は「外部資源との連繋や，情報伝播において優れている」(pp.19-20) としている。
(6) 交流産業の 2 類型は，交流産業を支える農家民宿の 2 類型に対応する。筆者は，佐藤［15］で子ども農山村交流事業の中心的な受け入れ主体である農家民宿について全国を対象とした統計分析をおこなった。その結果，農家民宿は分布の仕方から「点」として分布する個別対応型と「面」として分布する地域対応型に分けられ，後者はさらに「新規開業型」と「スキー民宿転換型」に大別された。これは，それぞれ本章で分析対象とする「地域づくり型」と「地域産業型」に対応する。このように交流産業の 2 類型は農家民宿の 2 類型に規定されるものであり，交流産業は農家民宿のタイプと分けて議論できないと考える。本章はこの交流産業の 2 類型について「中間組織」という視点から分析する。なお本章で取り上げた事例農家の詳細については佐藤［15］を参照されたい。
(7) 長野県飯山市と飯田市では，近隣町村と連携し子どもプロジェクトの受け入れ組織を発足した。飯山市では隣接する木島平村，野沢温泉村，栄村とともに「北信州みゆき野子ども交流推進協議会」を，飯田市では南信州の全 15 市町村で「南信州セカンドスクール研究会」をそれぞれ立ち上げた。
(8) 「市民セミナー」を強化する動きとして飯田市では，1982 年に「10 万都市構想」の中で「ムトス飯田」が提言された。「んとす」を引用した「ムトス」とは「〜しようとする」の意で，飯田市の地域づくり運動の原動力となっている。飯田市では，現在

も旧村単位の20地区それぞれに公民館が設置されており，住民が独自に運営する分館が97存在している。姉崎ほか [1] および村山 [6] を参照。
(9) 2003年に認定された南信州グリーンツーリズム特区では，飯田市全域を対象に①農家民宿の開設，②企業などの農業経営の参入，③市民農園の開設，④どぶろく製造の4種類の特例措置が講じられた。この中で「農家民泊」における消防法の要件が緩和された。同時に飯田市では関連事業として旅館業法許可申請に対する助成などを実施した。
(10) 一般客も対象とした農家民宿とは，ここでは旅館業法の営業許可と同時に食品衛生法の許可を取得した民宿を指している。
(11) 飯山市内の宿泊施設数は，近年大きく減少している。各地区での最盛期と現在の宿泊施設数を比較すると，戸狩地区では150軒から97軒に，信濃平地区では50軒から12軒に，斑尾高原では130軒から85軒に，北竜湖では10軒から3〜4軒にそれぞれ減少した。飯山市での聞き取り調査（2006年8月）より。
(12) 飯山市では，1960年に各地区の観光協会が独自におこなってきた宣伝活動の効率化を図ることを目的に，飯山旅館組合，太田観光協会（現戸狩観光協会），黒岩山観光協会（現信濃平観光協会）などの5団体2組織をまとめて飯山市観光協会が発足した（飯山市誌編纂専門委員会編 [2] を参照）。構成員は，各地区の観光協会と飯山旅館組合のほか，スキーリフト運営会社，農協，商工会議所，金融機関や交通機関などである。事務局は飯山市役所商工観光課内におかれている。
(13) 飯山市では，このほかにも宿泊交流施設「森の家」や東京の学校法人が運営する宿泊施設でも，自然体験教室事業の受け入れ体制を整えている。しかし，両施設ともに自然体験教室事業としての受け入れ規模は小さい。
(14) 戸狩観光協会は，スキー観光業の発展に伴って宿泊客をあっせんする仲介業者（エージェント）との関係を強めていった（戸狩観光協会での聞き取り調査〈2006年8月〉を参照）。その点からすれば，戸狩地区における交流産業の展開は，「スキーバブル」期において薄れていった戸狩観光協会と地域との距離を再び縮める動きであるととらえることができる。
(15) これについて飯山市観光協会では，以前は市役所の職員が観光協会の業務を担っていたが，2004年に全国公募により新たに専任職員を3名採用した。また2007年4月には法人格（有限責任中間法人）を取得し，同年6月には旅行業登録（第3種旅行業事務所登録）された。これによって飯山市観光協会での現地集合・解散ツアー企画の募集・実施や自然体験教室事業の精算機能の一元化などが可能となった。
(16) もちろん，専門能力の高さだけで職員の能力を判断することはできない。専門性以外の資質が交流事業を進める上でいかに発揮されているのかについては，今後の検

討課題である。
(17) 受け入れ側の態度の変化についての事例を取り上げよう。事業が開始された当初，飯山市の戸狩観光協会と東京都武蔵野市の小学校の栄養士との間では，食事内容について以下のようなやりとりが交わされた。食事の最後に「デザートをつけなくていいのか」という民宿側に対して，学校側は「そこでとれる自然のものを，極端な話，おやつはいらない。おなかがすいた，そこでご飯を食べるおいしさを味わってほしい」と返したという。ここから民宿側と学校側の食事内容に対する認識のズレがうかがえる。しかし，自然体験教室事業をきっかけに武蔵野市の学校給食に飯山市の郷土料理を出す「共通給食の日」を設けるなど，食に対する交流を深める中で，現在は民宿側にも地元の食材や郷土料理を積極的に献立に取り入れる動きがみられる（武蔵野市立小学校長からの聞き取り調査〈2007年11月〉より）。
(18) ただし，ここでプログラムとして成り立つものは学校側が教育的意義を見出したものに限られる。プログラムは学校側の農業・農山村観に左右される面をもっているのである。しかし，こうした学校側の農業・農山村観もまた交流による影響を受けている。この点については佐藤［15］でも議論した。
(19)「むらとは環境資源を直接的に利用することによって成立する地域社会」（大内［13］p.105）ととらえることができる。このように考えると，交流産業化における地域資源に対する働きかけは，むらをむらたらしめる行為，すなわちむらづくりであるといえる。したがって，本来はむらづくりと交流産業の形成は，地域社会の維持・発展にとって両輪であるはずだろう。

▶▶ 第6章

新しい地域産業の形成プロセス
――何から始め，どのようにステップアップすべきか

1. はじめに

　今日，地域社会のあり方が鋭く問われている。地方分権化の推進が叫ばれる中で，地域間格差が拡大している。とくに農山村では地域の存続に関わる多くの課題が顕在化している。農山村の地域再生は，この国のあり方と関わって，重要な政策課題となっている。同時に，農山村の主要産業である第1次産業を取り巻く環境はきわめて厳しい。高度経済成長期からの国全体の経済構造の転換を契機として，農山村の労働力は都市・沿岸部に流出し，過疎化と高齢化の二重の課題に直面している。加えて，市場のグローバル化は農林水畜産物の過度な価格競争をもたらし，地域の第1次産業の存立を揺るがしている。

　他方で，地域に目を向けると多様な草の根的な地域再生への取組みがみられる。地域産業構造の構築では，第1次産業を基礎産業とした著名な事例がみられる。例えば，高知県馬路村の柚子加工の取組み（小田切［8］）など，地域資源を活用した6次産業化である。また，群馬県の甘楽富岡農業協同組合（増田［4］）や，愛媛県内子町の「からり」（野田［7］）など，アンテナショップや農産物直売市での少量多品目生産と重層的な商品化構造を組み合わせた取組みも著名である。

　こうした地域産業構造の構築自体は，必ずしも現段階に特有な今日的取組みではない。これらの地域産業構造の構築は，歴史的にみると「まちづくり」「むらづくり」として明治期，昭和初期，第2次世界大戦後，昭和50年代，平成初期など対外関係の矛盾が拡大した時期に注目を得ている。昭和50年代以降

では，外来型開発手法への反省から内発的発展論が提起された。その上で，農山村の地域産業構造の構築に向けて，内発的発展論と主体的な地域農業論を統一して考えるといった到達点をみた（守友 [5]）。

では，今日の地域産業構造の構築はいかなる様態と形成プロセスを有するのか。そして，その発展方向はいかにあるべきだろうか。農山村の地域再生が鋭く問われている今日だからこそ，こうした現段階の取組みの可能性と発展形態を含めて，改めて整理する必要が迫られていると考えられる。そこで，本稿では今日の農山村における地域産業構造の構築を新しい地域産業ととらえ，その様態と形成プロセスの分析をおこなう。その上で，新しい地域産業の発展方向まで踏み込んで検討をおこなうことを目的とする。

以上の課題を明らかにするために，本章では，島根県柿木村（現吉賀町），愛媛県今治市，広島県世羅町を事例として分析し，事例に共通する新しい地域産業構造の構築とその形成プロセスについて検討する。そして，新しい地域産業構造の構築の今日的特徴と課題を整理した上で，新しい地域産業の発展方向として地域で広がりつつある「暮らしの事業化」について検討する。

2. 農山村地域における新しい地域産業の取組み

（1）島根県柿木村の取組み
　　　　　——「仕組みづくり」「出口づくり」「拠点づくり」

島根県柿木村は，島根県南西部に位置する山村である。総面積 336.29 km^2 のうち，林野率は 92.2%，耕地面積は 167 ha である。総人口は 1848 人，637 戸で，高齢化率は 38.2% である。2005 年 10 月に，隣接する六日市町と合併し吉賀町となった（以下，旧村名で表記する）。

柿木村の農業の歴史をみていこう。柿木村の主要な産物は，戦前から高度経済成長期まで，薪炭・山葵であった。水田＋里山＋山という地目結合のもと，林産物を中心に換金経済が発達しており，地域は比較的に裕福であった。高度

経済成長期に入り，主要産物は薪炭からしいたけへと転換する。豊富な雑木林の森林資源を背景にしいたけ生産は拡大し，1960年代には島根県内シェアの約10％を占め，東京・大阪への出荷がおこなわれた。

　急激な変化の契機は，1973年のオイルショックであった。原油価格高騰は輸送費と乾燥燃料費の著しい上昇を招き，しいたけ生産は急激に衰退する。こうした中，地域の青年農業者は15人前後のグループ「農業改良青年会議」を結成した。「農業改良青年会議」は，大分県の下郷農業協同組合の「自分で値段をつけて，消費者に直接届ける」取組みに感銘し，特定の換金作物に依存せずに，自給を基盤とした余剰農産物の自主販売に活路を見出す。

　1975年，山口県岩国市の消費者グループとの交流が始まり，都市の消費者が安全な農産物を求めていることを知った。そこで，若さと体力に自信がある青年農業者グループと，野菜生産の豊富な知識を有する女性グループが手を結び，80年「柿木村有機農業研究会」が設立された。「柿木村有機農業研究会」では近隣の岩国市，徳山市などの都市の消費者と直接契約を結び，さらにグリーンコープや広島市内の飲食店などと契約して有機農産物を生産販売している。

　1991年，柿木村は「健康と有機農業の里」構想を立て，有機農業を中心とした地域づくりを進めた。93年，第3セクター形式で「株式会社エポックかきのきむら」（以下，エポックと略記）を設立した（図6-1）。

　エポックは，①道の駅の直売所運営，②広島県内のアンテナショップ運営，③農産加工施設運営，④菌床しいたけの培地生産と共選共販の機能をもつ。①と②は，柿木村の自給農産物の余剰や加工品の販売拠点，かつ情報発信の機能をもつ。とくに人気の高い商品が③でつくられる手づくり味噌である。手づくり味噌は，加工する女性のそれぞれの名前で個別に商品化される。④は，農家の所得向上を目的として設置された。1人当たり年4000～2万2000玉規模の菌床しいたけ生産は，比較的に軽労働で，高齢女性でも十分に現金収入を得ることができる。参加する24農家の年間売上高は，約140～770万円で，所得率は約30％前後である。中心的な農家群は，小規模複合経営のしいたけ年間売

(株)エポックかきのきむら	
資本金 1,570万円	村850万円, 農協300万円, 森林組合200万円, きのこ生産組合100万円, 商工会50万円, 社員70万円
株主 314株	村170株, 農協60株, 森林組合40株, きのこ生産組合20株, 商工会10株, 社員14株

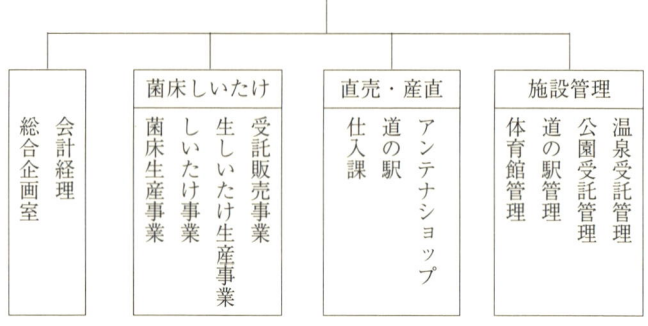

- 総合企画室／会計経理
- 菌床しいたけ：菌床生産事業／しいたけ生産事業／受託販売事業生しいたけ生産事業
- 直売・産直：アンテナショップ／道の駅仕入課
- 施設管理：体育館管理／道の駅管理／公園受託管理／温泉受託管理

図6-1 「(株)エポックかきのきむら」の組織図
資料：聞き取り調査（2008年）より作成。

上高200万円層で，しいたけ生産の年間所得は約60〜80万円程度である（高[3]）。エポックは，培地の生産・販売，農家で生産される菌床しいたけの受託販売を担っている。

　柿木村の取組みの特徴は次の3点に集約される。第1に地域の基幹作目の衰退を契機として，無理のない自給を基盤とした少量多品目生産を，(当時の)青年層と女性層の協業によって育んでいる点である。第2に不特定多数の消費者を対象とするのではなく，相互に「顔が見える」範囲で，直接交流できる消費者グループを対象とした商品化構造を基本としている点である。柿木村では，こうした商品化構造を「お裾分け」と称している。第3に農産物直売市，加工施設，菌床しいたけ生産拠点など，地域産業を支える拠点（エポック）を結節点としている点である。

　以上の3点の特徴は，協業による地域農業の「仕組みづくり」（地域資源を活かした少量多品目産地化と生産者の組織化），農産物および農産加工品の「出口づくり」（お裾分けを基本とした顔の見える商品化構造），結節点としての「拠

点づくり」(生産・加工・販売・交流の拠点) と言い換えることができる。

(2) 愛媛県今治市の取組み
——食農教育と地産地消にみる地域の合意形成

　愛媛県今治市では1980年代に，学校給食センター化に反対する保護者層と地域の有機農業生産者の連携，自校方式学校給食を公約とする市長の登場から，食農教育と地産地消の取組みが始まった。その後，2006年に「今治市食と農のまちづくり条例」が制定され，市行政主導の取組みが進められている。

　今治市の取組みの歴史は，①80年代の学校給食の取組み，②90～2000年代の学校給食の地産地消推進と地域農業振興，③2000年代の地産地消運動の地域への広がりの3区分に整理される (表6-1)。

　①80年代の学校給食の取組みは，81年の学校給食センター建て替え問題に端を発する。小学校児童の保護者たちは学校給食センター見学の際に，食材の画一性，工業的な調理の「貧しさ」に唖然としたという。保護者たちの問題意識は今治市の有機農業生産者と共有され，地場産農産物を利用した自校方式導入に向けた運動が始まる。82年，保護者たちの支持を受けた自校方式導入を公約とする市長が当選すると，自校方式学校給食が広がる。2007年現在，今治市内小学校30校の学校給食は24調理場 (単独自校方式10，共同調理場13，センター方式1) で賄われている。

　②90年代に入り，自校方式学校給食と地場産農産物の優先利用は，地域農業に大きな影響を与えた。立花地区 (3調理場・5校分，1700食) では立花地区産の有機農産物が積極的に利用され，重量ベースで約50%の利用となった。09年現在，今治市全体の学校給食で利用される農産物の産地別割合は市内産39.9%，愛媛県産19.8%，県外産40.3%である。99年に米飯給食を全量，今治市内産の特別栽培米 (約117t，栽培面積25ha) に転換した。01年にパン用小麦の今治産小麦利用，02年に学校給食豆腐用大豆とうどん用小麦も今治産を導入し，今治市内の小麦生産面積は15ha (うち給食用11ha) へと拡大した。08年現在，学校給食への地場産農産物利用に対する補助は米1kg当た

表6-1 今治市の地産地消の取組み

	年	取組み
①	1979	今治市などの有機農業者が中心となって「愛媛有機農産センター」(現ゆうき生協) 設立
	1982	市長選挙 (争点として学校給食センター化問題), 自校調理場方式推進派が当選
		「立花地区有機農業研究会結成」(事務局今治立花農協)
		鳥生小学校調理場単独学校給食開始
	1983	今治青果事業協同組合の協力により地場産農産物の優先使用開始
		学校給食に有機農産物導入開始
②	1988	「食料の安全性と安定供給体勢を確立する都市宣言」議決
	1999	「今治市地域農業振興会」設置
		「今治市実践農業講座」開始
③	2000	「いまばり市民農園」(有機農業) 開設
		「さいさいきて屋」(JAおちいまばり) 直売所開設
	2001	地元産小麦を利用したパン給食開始
	2002	地元産大豆を利用した給食用豆腐開始
	2003	市農林振興課内に「地産地消推進室」設置
		「いまばり地産地消推進会議」設置
	2004	食育授業カリキュラム開発
	2005	今治市合併
		「食料の安全性と安定供給体制を確立する都市宣言」議決
	2006	「今治市食と農のまちづくり条例」制定
	2007	「さいさいきて屋」(JAおちいまばり) 新直売所開設
		「今治市食と農のまちづくり委員会」発足
	2008	「今治市有機農業振興計画」策定

資料：日本有機農業学会公開フォーラム資料，聞き取り調査より作成。

り44円加算，小麦はグルテン添加に関して直接製パン業者に補助，大豆は外国産との差額を全額補助している。

　③2000年代には，学校給食を中心とした地産地消の取組みが，地域全体に波及していく。2000年，越智今治農業協同組合は農産物直売施設を開設した。その後，07年には売り場面積562坪 (駐車場270台) の大型農産物直売施設「さいさいきて屋」を開設，出荷会員数1358名，農産物直売部門販売高8億円，

表6-2 今治市の地産地消の学校給食の効果

①調査対象　今治市在住の26歳のすべての者
②調査方法　アンケート調査
③調査期間　2003年2月1日〜2月15日
④回収率　配布1,525　回収421　回収率27.6%
⑤属性

グループ	合計	男	女
Aグループ（立花地区で有機の給食を食べたグループ）	53人	21人	32人
Bグループ（立花以外の市内の給食を食べたグループ）	265人	89人	176人
Cグループ（今治市以外の給食を食べたグループ）	103人	36人	67人

⑥調査結果
　食材を選ぶときに注意していること　　　　　　　　　　　　　　（複数回答可）

項　目	Aグループ	Bグループ	Cグループ
有機，無農薬栽培であることを重視	9.4	16.9	8.7
産地や生産者が確かであることを重視	49.1	47.5	36.9
食品添加物に注意している	22.6	22.6	16.5
賞味期限を確かめる	92.5	86.6	77.7
なるべく地元産であることを重視	24.5	21.8	12.6
包装などのゴミが出にくいことを重視	11.3	9.6	7.8
値段が安いことを重視	60.4	54.8	62.1
見た目がきれいで調理に手間がかからない	7.5	6.9	11.7
特に何も気にしていない	1.9	1.5	3.9

資料：今治市資料より転載。原典は，安井孝「地産地消の学校教育に食育効果はあるのか」日本有機農業学会編『有機農業研究年報』，第4巻，コモンズ，2004年，pp.63-175

食堂部門売上高3億円，水畜産物販売高1.5億円，加工食品販売高7億円，計年間約20億円の販売高を誇っている。また，学校給食を通じた食農教育も広がりをみせ，今治市独自の食農教育プログラムの作成・利用や，市民農園・児童学習農園なども取り組まれている。

　以上の今治市の取組みは，次の2つの特徴を有している。第1は，生産者と消費者の地域における連携と相互承認の積み重ねによる合意形成である。この特徴は，今治市が2003年におこなった食生活と購買行動に関するアンケートに表れている（表6-2）。

　このアンケートは，03年当時26歳の今治市民を対象としておこなわれた。

アンケート結果には，今治市内の学校給食を食べて育った市民は，今治市以外の学校給食を食べて育った市民と比較して「できるだけ地元産農産物を購入」「有機・無農薬栽培，食品添加物の使用などを重視して購入」するといった購買行動に特徴が表れている（安井［14］）。
　これは，学校給食の取組みを通じて，地産地消に対する消費者の理解が図られた結果であると考えられる。この購買行動の特徴は，今日の農産物直売施設の販売高の高さにも表れている。こうした連携と相互承認は，生産者視点もしくは消費者視点からの販売戦略という一方的な取組みではなく，生産者と消費者の地域における合意形成に基づいた双方向性を有した産地形成につながっている。
　第2は，市行政が地域の農業と食を結びつけることで，地域農業の発展を中心的に担っている点にある。市行政は，1988年の市議会議員発議による「食料の安全性と安定供給体制を確立する都市宣言」に始まり，99年今治市農林水産課外局としての「今治市地域農業振興会」の設置，2003年「地産地消推進室」の設置へと展開した。05年1月に12市町村が合併して（新）今治市になると，「今治市食と農のまちづくり条例」を制定した。この条例は，地産地消の推進，食育の推進，有機農業の推進を3つの柱としている。条例の特徴は，縦割り化された食と農に関わる制度設計を一元化し，有機農業の推進を明言した上で，地域農業の担い手概念を幅広くとらえて施策対象としている点にある。

（3）広島県世羅町の取組み——地域づくりのネットワーク化と拠点化

　2004年10月に3町が合併した広島県世羅町は，広島県東部の中央，世羅台地に位置する。世羅台地は標高300～500mのなだらかな丘陵台地で，冷涼な気候である。世羅町は兼業化が進んだ地域であり，地域農業は兼業農家による零細規模稲作とその組織化，そして開拓地における果樹・花卉を中心とする観光農園の併進に特徴がある。
　世羅町農業の展開は，①1960～70年代の開拓事業から観光農園への展開，②80年代の農協主導による野菜産地化と女性加工グループの活性化，③90年

代の農産物直売市の展開，④98年以降の地域農業のネットワーク化の4区分に整理される（表6-3）。

①63年に世羅台地東部地域開拓事業が始まると，入植者を中心に葉タバコなど工芸作物や，梨など果樹栽培が盛んになった。とくに63年に開園した世羅幸水農園の成功は協業経営のモデルとなった。その後，果樹栽培は果樹と花の観光農園化が進んだ。

②80年代に入ると，転作対応として大都市消費地向け野菜生産が系統農協中心に進められた。野菜産地化はおもに開拓地以外の地域住民によって進められたが，その小規模性から産地間競争の激化のもとで90年代以降衰退していった。80年代の注目すべき取組みが，女性加工グループの活性化である。83年に始まった「ひろしまふるさと一品運動」を契機に，生活研究グループを基盤とした農家女性の加工グループが数多く設立された。

③89年に旧甲山町にテント形式の農産物直売市が開設する。その後，96年に常設の農産物直売施設として加工場・レストラン併設の「甲山いきいき村」が，97年には「大見ふれあい市場」「四季園にしおおた」が相次いで設立された。この農産物直売施設の設置は，系統農協主導の野菜産地化の衰退と時期が重なる。単作の規格品は市場出荷へ，少量多品目生産は農産物直売施設へという重層的な商品化構造への転換点である。

④多様な地域農業の展開がみられた世羅地域の農業だが，課題も蓄積しつつあった。観光農園は96年をピークに来園者の減少が始まった。女性加工グループの取組みも交流・販売施設が限られ，構成員の高齢化と併せて行き詰まりつつあった。農産物直売施設では，商品不足や種類の偏りなどから満足のいく売上高を得ることができなくなった。こうした多くの課題に対応して，広島県尾三地域事務所地域営農課を中心に「世羅夢高原6次産業ネットワーク」（以下，6次産業ネットワークと略記）が設立された。その後，2000年以降，集落型農業生産法人設立の推進や，大資本が参加した企業的法人経営の増加，県農業公園の設立など多様な展開がみられる。

世羅町農業の展開にみる特徴は，第1に地域産業のネットワーク組織として

表6-3 世羅町の取組みの経緯

	年	開拓事業の展開	観光農園の展開	女性グループの活動
①	1945	緊急開拓事業		
	1963	開拓パイロット事業	「世羅幸水農園」開設	
			「世羅つくし園」が果樹観光を始める	
	1973	県営世羅中部地区農用地開拓事業	「世羅幸水農園」が花観光農園を開設	
	1978	国営広島中部台地農用地開発事業		
②	1983		観光果樹農園の増加と花観光農園化	「ひろしまふるさと一品運動」
	1984			「せらにしふれあいの会」誕生
③	1989			
	1990			「せらにし特産品センターかめりあ」完成
	1996		「世羅高原フラワービレッジ」設立	
	1997	開拓地入植者を新たに全国的募集		
④	1998			世羅夢高原6次産業 「せら高原郷土料理研究会」発足
	1999		世羅幸水農園直売所「ビルネラーデン」開設	
	2001	農地造成負担金の返済開始		
	2004			
	2006			「せら農業公

資料：世羅町資料，広島県尾三地域事務所資料，聞き取り調査より作成。

の6次産業ネットワーク，第2に経済的・社会的結節点としての甲山いきいき村にある。

　まず，6次産業ネットワークをみていこう。6次産業ネットワークは，個別に展開してきた多様な取組みを，有機的に連結する（ネットワーク化）ことを

地域農業の変化	農産物直売市の展開
ピーマンの指定産地化	
アスパラガスなどの導入（転作）	
地域農業集団設立と圃場整備開始	
	「まごころ市」開設
高齢化と農協共販の後退	「甲山いきいき村」開設
	「大見ふれあい市場」「四季園にしおおた」開設
ネットワーク発足	
集落型農業生産法人の設立増加	
ぶどう栽培開始	
	「かもフレッシュ市場」開設
園」開設	

目的としている。

　6次産業ネットワークは，43グループのネットワーク会員から構成される。品目ごとの研究会を新たに創設し，会員グループ相互の連携を図っている。例えば，果樹研究会やフラワービレッジ会議では，観光農園の集客力向上に向け

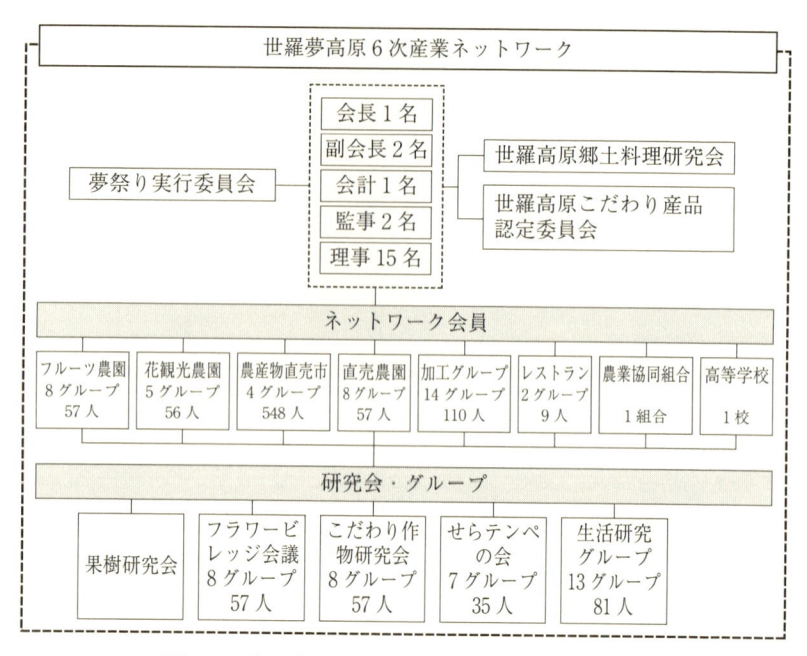

図6-2 世羅夢高原6次産業ネットワークの組織図
資料：6次産業ネットワーク資料（広島県尾三地域事務所農林旭地域営農課作成），聞き取り調査より作成。

た連携が図られる。こだわり作物研究会・せらテンペの会・生活研究グループでは，新たな地域産品の開発が進められている。県，町などの行政が支援をおこなっているが，その主体は地域住民であり，とくに女性を中心とした活動が活発化している。そして6次産業ネットワークを通じて多様な農産物加工品が生み出されており，まさに1次産業×2次産業×3次産業＝6次産業化が進められている。このように，6次産業ネットワークは，多様な協業がネットワーク化によって新たな有機的な結合関係を得て，さらなる発展を図ろうとする取組みである（図6-2）。

次に，甲山いきいき村をみていこう。1996年に開設された甲山いきいき村は，旧甲山町出資（3億6000万円）で設立された農産物直売施設で，2008年現在，会員数432名，年間売上高3億8584万円である（表6-4）。甲山いきい

表6-4 「甲山いきいき村」年度別販売実績

年度	売上高 (千円)	前年比 (%)	レジ通過者数 (人)	出荷会員数 (人)
1996	22,098		23,745	142
1997	78,781	356.5	73,600	165
1998	98,477	125.0	93,540	194
1999	134,636	136.7	129,277	210
2000	157,412	116.9	143,251	244
2001	194,545	123.6	144,221	263
2002	225,279	115.8	155,288	254
2003	251,397	111.6	156,478	291
2004	321,335	127.8	190,521	319
2005	321,423	100.0	186,974	350
2006	333,718	103.8	182,752	405
2007	358,233	107.3	186,370	402
2008	385,846	107.7	186,934	432

資料:「協同組合甲山いきいき村」資料より作成.

き村は,農産物直売施設＋インショップ展開＋学校給食への食材供給（販売事業），独自の有機農産物認定制度や土づくりの指導（営農指導），堆肥供給による耕畜連携（購買事業）などを含めて,実態としてミニ農協的な機能を有している.甲山いきいき村は単なる販売拠点に限らず,地域農業の結節機能・拠点機能を有しているといえるだろう.加えて甲山いきいき村がもつ重要な機能は,地域外の住民と世羅地域の生産者の結節機能を有している点である.甲山いきいき村の来客者は約7割が地域外の住民であり,世羅地域への窓口,かつ都市消費者と世羅地域の生産者の交流の場としての社会的結節機能を果たしているのである（田中 [12]）.

なお,甲山いきいき村は05年4月に事業協同組合として法人化し,「協同組合甲山いきいき村」となった.その後,06年4月に県立農業公園に「夢高原市場」を出店,インショップ展開を計5店舗に広げるなどの取組みの拡大を進めている.

3. 農山漁村地域における新しい地域産業構造への道筋

(1) 共通する新しい地域産業の形成プロセス

ここまでの3事例を整理して、新しい地域産業の形成プロセスを検討しよう。

島根県柿木村の事例では、基幹作目の衰退を契機として青年グループと女性グループの組織化と協業が進められた。そして、都市的消費者との交流を通じて、地域資源を活用した有機農業を中心とする複合経営を目指した。その上で、「お裾分け」という少量多品目型の商品化構造を構築し、その拠点としてエポックを設立した。

愛媛県今治市の事例では、学校給食での保護者たちと地域の生産者の連携から、行政主導の学校給食を通じた地域農業振興が図られた。地域の農産物は、農産物直売施設を通じて少量多品目型の地場消費が進んだ。こうした今治市の取組みの背景には、生産者と消費者の地域における連携と合意形成がある。

広島県世羅町の事例では、個々に発展した観光農園、野菜産地化、女性加工グループなど多様な協業を、「6次産業ネットワーク」で新たに有機的な結合をしている。そして、農産物直売施設が地域農業の拠点化(ミニ農協的な機能)と、都市消費者との経済的・社会的結節機能を果たしている。

3事例に共通する新しい地域産業の形成プロセスは、①課題の発現を契機として、②地域農業(産業)のビジョンを明らかにした上で、③生産者が協業・組織化し、④新たな商品化構造を形成し、⑤その運動・事業の核となる拠点化を果たし、⑥こうした取組みを重層化・ネットワーク化することで、地域産業構造の豊富化を図っていると整理できるのではないだろうか。そして、新しい地域産業の形成プロセスは、⑦生産者と消費者、農村住民と都市住民の相互承認に基づく社会的な合意形成を基盤としている (表6-5)。

柿木村の事例に引きつけて整理すると、①~③の過程は「仕組みづくり」、④の過程は「出口づくり」、⑤の過程は「拠点づくり」といえる。その上で⑥

表6-5 事例の取組みにおける地域産業の形成プロセス

		柿木村（島根県）	今治市（愛媛県）	世羅町（広島県）
基礎的プロセス	①課題の発現	オイルショック しいたけ生産の衰退	学校給食のセンター化	来園者の減少 高齢化 直売の行き詰まり
	②ビジョンづくり	自給を基盤とした余剰農産物の自主販売	地域農産物を利用した自校方式学校給食	6次産業ネットワーク化
	③組織づくり（協業・組織化）	青年農業者のグループ化＋女性グループ	有機農業者＋市行政を中心とした産地づくり	品目ごとの研究会
	④販路づくり（商品化構造）	道の駅・アンテナショップ・農産物加工	学校給食食材＋農産物直売	農産物直売＋インショップ＋学校給食＋観光
発展的プロセス	⑤拠点づくり	「エポックかきのきむら」	「さいさいきて屋」（JA）	「甲山いきいき村」（ミニ農協化）
	⑥重層化・ネットワーク化	菌床しいたけ生産（換金作目の導入）	給食取扱品目の拡大＋農産物直売施設の多角化	（取組み自体が、ネットワーク化）
	⑦合意形成	都市消費者へのお裾分け＋都市飲食店契約	消費者（親）＋生産者	経済的・社会的結節点としての農産物直売市

資料：聞き取り調査より作成。

農産物加工などの労賃	労賃	
菌床しいたけの販売代金	換金作目	
農産物加工品の販売代金	農産物加工	・豊富な現金収入
米の販売代金（飯米含む）	米	・多様な「小さな経済」の積み重ね
有機野菜の販売代金	有機野菜	
アンテナショップでの農産物の販売代金	自給野菜	
道の駅での農産物の販売代金		
兼業収入・年金収入など		

図6-3 小さな経済の積み重ね（柿木村）

資料：聞き取り調査より作成。

こうした取組みを歴史的に，かつ多様に積み重ねることで，地域経済の豊富化を図っている。具体的には，飯米＋少量多品目型の有機農業＋換金作目としての菌床しいたけ栽培という柿木村にみる小規模複合経営である。各品目の収益は小規模だが，こうした「小さな経済」を積み重ねることで（年金や兼業収入と併せて），農家経済を豊富化している。そして，⑦こうした一連の形成プロセスが，岩国市などの都市的地域住民などとの相互承認と合意形成のもとで展開しているのである（図6-3）。

(2) 新しい地域産業の形成プロセスの基礎的な要素

もう少し踏み込んで，新しい地域産業の形成プロセスの各段階についてみていこう。前述の地域産業の形成プロセスは，基礎的な地域産業の形成プロセスとしての①～④の過程と，地域産業の形成プロセスの発展方向とその要因としての⑤～⑦の過程に分解できると考えられる。そこで，まず①～④の過程に着目してみよう（図6-4）。

①課題の発現から②ビジョンづくりのプロセスで重要な点は，地域住民が地域資源を見直す過程である。市場をみて「売れる商品づくり」に走るモノづくりではなく，自らの地域資源を見直して，無理のない範囲での地域資源の利用から，地域産業のビジョンづくりがおこなわれている。

事例で選択された地域産業の構築は，自給的な少量多品目野菜を中心とした産地形成である。加えて，農家経済を豊富化させる換金作目の複

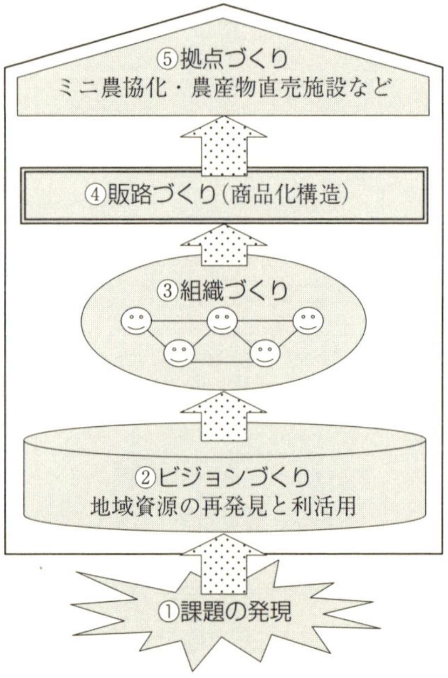

図6-4 地域産業の形成プロセス
資料：聞き取り調査より作成。

合化や，農産物加工労働による労賃収入もみられた。換金作目は軽労働の軽量品目が選択されることが多い（しいたけ，軟弱野菜，アスパラガスなど）。農産物加工労働も，あくまで自家消費の延長線上である。こうした自給的性格が強く，無理のない範囲での取組みの選択が，地域資源を利活用した地域産業の形成というビジョンに表れている。

　③生産者の協業・組織化，すなわち組織づくりでは，3つの重要な論点を有する。第1は，生産者が多様な階層にわたっている点である。第2は，個別経営体の展開ではなく多様な生産者が協業している点である。第3は，水平的な参画の機会と主体形成の場としての組織づくりである。

　従来，集落組織・生産組織の多くが戸主連合であったが，今日の新しい地域産業構築の担い手は女性や高齢者，新規就農者など幅広い。例えば，世羅町の6次産業ネットワークの参加者の多くは入植者である次男・三男層，女性，高齢者である。歴史的に土地利用型農業では，地権者である戸主を中心とする土地所有に規定された協業が一般的で，経営的発展に乏しかった。特徴的には稲作を中心とする集団的対応である。稲作を中心とする集団的対応は，稲作の労働力軽減（機械共同利用など）や生産調整政策対応，今日では経営所得安定対策への対応や農地維持が目的とされる。他方で，集団的対応は時の農業政策に対応する点でその柔軟性をみせるが，経営的発展に乏しいため「作っては壊れ」[1]が続く。こうした土地所有に規定された協業・組織化に対して，今日の新しい地域産業構築にみられる協業は労働に規定された協業・組織化といえる。すなわち，豊かな技術を有する多様な（女性や高齢者などを含めて）労働力による，背丈に合った範囲（自給的な少量多品目生産）での労働に規定された協業・組織化といえよう。

　加えて組織づくりはコーディネーター機能としてのリーダーが必要とされるが，主人公はあくまで多様な地域住民である。事例にみた形成プロセスは，多様な地域住民を主人公とした主体形成と，その協業による学習と発展に基づく取組みである。カギは地域の変革主体としての地域住民自らの学習による主体形成の連続性にある。このため，組織づくりでは水平的な参画を可能とする労

働参加形態と協業の仕組みを用意することが重要である。
　④商品化構造，すなわち販路づくりの今日的特徴は，農産物直売市・農産物直売施設の展開と，少量多品目型の商品化構造にある。加えて，農産物直売施設などによる少量多品目型の販路づくりを多数用意することで，地域の生産者は多様な出荷先を確保し，少額の販売額を積み重ねることで農家経済を豊富化している。例えば，広島県三次市の農産物直売施設向け出荷者は，平均2～3か所の農産物直売市の出荷会員である。
　また，少量多品目型の商品化構造は1次産品のみの販売にとどまることなく，自家消費的性格が強かった加工品の販売も可能とする。農産物生産＝1次産業を基礎として，農産物加工＝2次産業化を進め，販売＝3次産業化するといった，まさに1次×2次×3次＝6次産業化が進められている。こうした6次産業化という商品化構造は，付加価値と雇用を農山村に取り戻す新しい地域産業の形成における重要な取組みである。以上の商品化構造の形成は，農産物直売市を中心として，インショップ・アンテナショップ，農家レストランなど，多様な販売チャネルが広がる中で形成される。

（3）新しい地域産業の形成プロセスの　　今日的特徴としての拠点づくり

　⑤拠点づくりと⑥重層化・ネットワーク化，⑦相互承認に基づく社会的な合意形成は，以上の①～④の形成プロセスの発展方向とその要因であり，この過程にこそ新しい地域産業の形成プロセスにおける今日的特徴があると考えられる。
　ここでは，⑤拠点づくりについてみていこう。拠点づくりでは，柿木村と世羅町の事例でみたように農産物直売施設などが，地域農業の拠点化＝ミニ農協的な機能をもち，さらに生産者と消費者の交流の接点となっていることが見逃せない。今治市の事例にあるJAの農産物直売施設「さいさいきて屋」は，直売施設に加えて農家レストラン，児童向け農業体験圃場，食農教育・料理施設などを併設し，地域農業と交流の拠点となっている。ただし，拠点化は「ハコ

表6-6　拠点化の機能

	地域住民	都市住民
経済的結節機能	地域農業の拠点（ミニ農協化） 販路づくり＝現金収入の重層化 購入	購入＝消費行動の豊富化
社会的結節機能	地域住民との交流 都市住民との交流	農村住民との交流

資料：聞き取り調査より作成。

モノ」を建設する取組みではない。「ハコモノ」自体は多くの遊休資産の再活用などで賄える課題であり，多額の設備投資をおこなうべきものではない。むしろ重要な点は，容器ではなく機能としての拠点化が必要という点である。

　拠点づくりにおける注目すべき機能は，多様な取組みを結びつける結節機能ではないだろうか。こうした結節機能は，例えばミニ農協的な機能＝農村地域の多様な主体による協業の結節機能や農山村と都市の交流拠点，すなわち経済的・社会的結節機能である。

　表6-6は，新しい地域産業の形成プロセスにおける拠点化の機能を整理したものである。拠点化の機能を，経済的結節機能と社会的結節機能に分類し，その主体を地域住民と都市住民から整理した。

　経済的結節機能は，地域住民＝生産者にとっては販売拠点であり，消費者にとっては購買拠点となる。その主たる結節機能は商品交換関係の場としての経済的結節機能であるが，ここでは地域農業の拠点としてのミニ農協的な機能に注目したい。とくに，農産物直売施設は販売拠点であり，かつ資材の購買拠点としての機能をもつ。加えて柿木村の事例では，新たな品目（菌床しいたけ）の生産振興の拠点としての機能，また世羅町の事例では，堆肥供給による耕畜連携の拠点や営農技術指導などを含めて，地域農業発展の拠点となっている。以上のように新しい地域産業の形成プロセスにみられる拠点機能は，販売・購買拠点であると同時に，地域農業振興の拠点としての経済的結節機能（ミニ農協的な機能）を有している特徴がある。こうしたミニ農協的な機能は，既存の農業協同組合などに求められる結節機能である。例えば秋田ふるさと農業協同

組合では，集出荷施設が組合員の結節拠点となり，組合員同士の学習が地域の複合産地形成に大きく寄与しているという[2]。

次に，社会的結節機能についてみていこう。社会的結節機能で注目すべき点は，農産物直売施設などの拠点化によって，地域住民間の交流と，地域住民と都市住民の交流が果たされている点にある。生産者に注目すると，農産物直売施設では出荷する生産者間の交流による情報交換，技術継承などが果たされることが特徴的である。また，利用者に注目すると，農産物直売施設の利用者のうち，平日の利用は地域住民が多いとのことである。こうして地域住民間，すなわち地域における生産者と消費者間の交流も進む。もちろん，休日は都市住民の利用が多く，地域住民と都市住民の交流の拠点となる。こうした交流は，単なる商品交換関係にとどまらず，生産者と消費者の顔が見える相互承認を経た豊かな関係性を育む。生産の背景と，消費の背景という，双方の暮らしが見えることで共感が生まれ，その他者関係が「ものさし」の1つとなって暮らしを豊かにすると考えられる。こうした機能を社会的結節機能として評価したい。

以上の拠点化における今日的展開は，農産物の直売も施設化を図るだけではなく，生協のインショップや，アンテナショップなどを利用した多様な展開が広がりつつある。農山村と都市の経済的・社会的結節機能としての拠点づくりは，地域における生産者と消費者の社会的な合意形成の場づくりとなる。こうした双方向性の社会的な合意形成が，新しい地域産業の形成プロセスの基礎的要因であり，今日的な特徴であることに注目したい。今後，拠点づくりとその結節機能に関しては，より詳細な理論的な整理が必要であろう。

(4) 新しい地域産業の形成プロセスの発展方向と要因
―― 重層化・ネットワーク化と社会的な合意形成

次に，⑥重層化・ネットワーク化と⑦相互承認に基づく社会的な合意形成についてみていこう。このうち⑥の過程は新しい地域産業の形成プロセスの発展方向を，⑦の過程はその発展を規定する今日的な要因となると考えられる。

まず⑥重層化・ネットワーク化をみていこう。事例の取組みをみると，短期

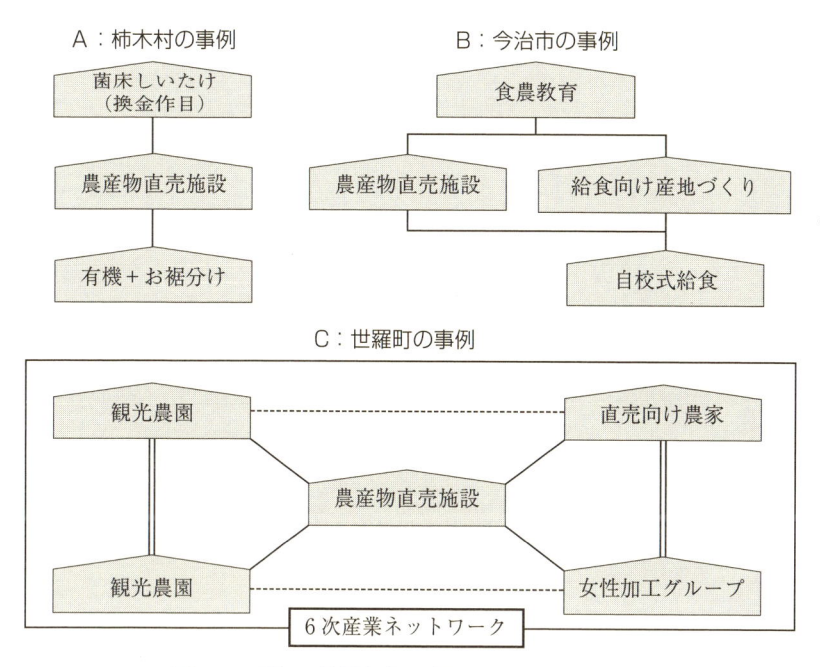

```
A：柿木村の事例              B：今治市の事例

  菌床しいたけ                    食農教育
  (換金作目)                   ┌─────┴─────┐
      │                  農産物直売施設   給食向け産地づくり
  農産物直売施設                              │
      │                                  自校式給食
  有機＋お裾分け

            C：世羅町の事例
  ┌─────────────────────────────┐
  │ 観光農園 ──────────── 直売向け農家 │
  │    │         │              │
  │    └─── 農産物直売施設 ───┐   │
  │    │         │          │   │
  │ 観光農園 ──────────── 女性加工グループ │
  │         6次産業ネットワーク         │
  └─────────────────────────────┘
```

図6-5　新しい地域産業の重層化とネットワーク化
資料：聞き取り調査より作成。

的なキャッチフレーズ型の取組みではなく，長い時間をかけて①〜④の形成プロセスを多様に生み出し，重層的に積み重ねていることがわかる（図6-5）。

　取り上げた事例は，いずれも1970年代前後からの30〜40年にわたる取組みである。こうしてみると，地域産業の構築は長い年月をかけて重層的に築かれ，今日になお活きる取組みといえるだろう。多様な取組みは，それぞれが同時代的に表れたとしても，それは点の取組みが多くなるにすぎない。点的・単線的な「モノづくり」を積み重ねても，それは市場での競争的関係にさらされる。取り上げた事例では，歴史的時間軸と同時代的平面の両軸において，つねに重層的な積み重ねとネットワーク化が図られている。こうした絶え間ない重層性を地域で求める取組みが必要である。加えて多様な主体の関連構造に着目すると，つねに水平的な結合関係にあることがわかる。最も特徴的な事例が世羅町の6次産業ネットワークである。6次産業ネットワークでは，多様な主体を水

平的に結合しており，いわゆるインテグレーション（垂直的統合）とは異なる。新しい地域産業におけるネットワーク化のあり方とは，すべてを既存の組織に内包化する垂直的な統合ではなく，水平的な多様な関連構造の構築が求められているといえよう。

　そして，こうした取組みが今日に活きる要因は，⑦生産者と消費者，農村地域住民と都市的地域住民の相互承認に基づく合意形成を基盤としている点にあると考えられる。例えば「産直」の歴史を紐解くと，1970年代から始まっている。しかし，70年代の「産直」は運動の様態として一般的理解が進まなかったため，多くは閉鎖的な流通形態にとどまった。ところが今日，「グローバリズムが地域農業を直撃する」[3]中で，農と食，地域に対する関心が高まり，より幅広い社会的な合意形成が進みつつある。こうした消費者の関心の高まりと，消費者と生産者の連携が進みつつある中で，農産物直売施設などの展開が全国的に進んでいる。そこでは単なる商品の販売戦略としてではなく，地域において食と農の課題をともに克服しようとするものとしての消費者と生産者の社会的な合意形成が生まれつつある。この合意形成に基づく運動は，市場のグローバル化の進展とともに，90年代以降，CSA（Community Supported Agriculture），スローフード運動，身土不二など全世界的に広がった点にも着目したい。今後は，生産者と消費者の社会的な合意形成をいかにして築き上げていくのか，その合意形成のプロセスにも着目すべきであろう。社会的な合意形成を育むカギは，取り上げた事例をみる限り，その出発点は地域に根ざした草の根的な視点であると考えられる。そして地域に根ざした農と食を通じて，多様な主体，すなわち地域住民と都市住民，生産者と消費者が互いに認め合うことができる相互承認の関係をいかに育むかということこそが問われるであろう。

(5) 新しい地域産業の形成プロセスが抱える課題
——高齢化と暮らしの課題の顕在化

　以上，新しい地域産業の形成プロセスについて整理した。とくに今日的特徴

として強調したい点は，⑤拠点づくりにおける経済的・社会的結節機能であり，そしてその発展方向としての⑥重層化・ネットワーク化，さらにその発展を規定する要因としての⑦相互承認に基づく社会的な合意形成，以上3点にある。

しかし，以上の新しい地域産業の形成プロセスにおいて，今日的な課題が生じつつある。今日的な課題としては多面的な課題が生じつつあるが，ここでは新しい地域産業の構築における基礎的な主体となるべき地域住民の高齢化・過疎化の課題に焦点を当てたい。

本書第1章にあるように小田切は，農山村，とくに中山間地域における問題状況を「人」「土地」「むら」の3つの空洞化，そしてその深層で進む「誇りの空洞化」と整理した。こうした小田切の理解は，人口が社会減少から自然減少に転じ，農林業的な土地利用が空洞化し，集落機能が脆弱化するという統計上の変動と，その深層に内在する「地域住民がそこに住み続ける意味や誇りを見失いつつあること，つまり「誇りの空洞化」を提示している。

新しい地域産業の形成プロセスを概観しても，同様の課題が内在している。それは端的にいえば主体の高齢化であり，そして地域産業の主体の継続性，再編である。本稿で取り上げた3つの事例は，1970年代前後から始まった30〜40年にわたる息の長い取組みであった。その主体となる地域住民も，地域産業の構築の初期段階から参加した地域住民は高齢化が進んでいる。他方で，「次の世代」への展望には課題が多い。

加えて，地域産業の構築に尽力を尽くした主体は，新しい課題に直面している。それは「暮らしの課題」である。高齢化が進み，高齢1世代世帯が増加し，「むら」が空洞化する中で，従来の「いえ」と「むら」が保持していた「暮らし」の相互扶助機能を弱体化させている。加えて，80年代中ごろ以降より進められた新自由主義的政策のもとでの地域での公的な行政サービスの後退は，より「暮らしの課題」を深刻化させた。新自由主義的政策のいわば集大成とでもいうべき2000年代前半の構造改革路線は，農山村にまで市場原理主義を浸透させようとして，結果的に地域の疲弊は著しいものとなった。

しかし，著しく困難な状況の中で，農山村では「暮らしの課題」に対応した

草の根的な地域再生の取組みが進みつつある。そして，こうした「暮らしの課題」に対応した取組みの事業化が，新しい地域産業の一形態として表れつつある。そこで，新しい地域産業のもう1つの発展方向としての「暮らしの事業化」について，次項でみていこう。

4. 今日の新しい地域産業のもう1つの発展方向

(1) 協業の場としての集団的土地利用
　　　　──集落法人化の展開から暮らしの事業化へ

　新しい地域産業の様態と形成プロセスを事例から概観したが，本稿で取り上げた事例はいずれも市町村行政単位での取組みである。しかし，新しい地域産業の構築は市町村行政単位に限らない。集落・むら単位から，小学校区単位などの取組みまで，その範域は多様である。また，その主体も農協や生協，漁協，森林組合など既存の協同組合から，非営利組織，地縁集団など多様である。さらに今日では，コミュニティビジネスやソーシャルビジネス，社会的企業などの取組みも注目を浴びている。

　こうした多様な範域を有する多様な主体の中で，本稿が注目する取組みが集落営農の法人化，すなわち集落型農業生産法人（以下，集落法人と略記）である。集落法人に着目する理由は，次の2点である。第1に，経営所得安定対策のもとで集落営農の組織化と法人化がより一層推進され，その実数が飛躍的に伸びている点である。第2に，農山村における集落法人の実践が，土地利用に限らず多様な取組みをみせ，新しい地域産業構築の拠点になっている点である。

　集落法人の増加は，特定農業法人数で2005年3月時点281から，08年12月時点771と飛躍的に増加している。集落法人は利用権設定で地域の農地を集積し，生産から経営まで一貫しておこなう集団的土地利用の一形態である。従来の営農集団組合などの集団的対応との違いは，従来の集団的対応が農家を補完する作業受委託組織化であったのに対し，集落法人は農家を代替する賃貸借

段階にあるといえる[4]。他方で,農政が期待する「他産業並みの労賃水準」を確保しうる経営体的展開は少なく,とくに西日本では,地域ぐるみで地域と地域農業の維持を目的とする「地域ぐるみ型」集落法人が多い。西日本で進む「地域ぐるみ型」集落法人は,中山間地域における地域内労働力の脆弱化に対応した地域農業維持の取組みといえよう。

「地域ぐるみ型」集落法人は,稲作＋転作対応という地域維持的な土地利用型農業から,加工・販売まで取り組む事例,地域自治・地域づくりの拠点化,購買事業など生活事業への展開など,多様な取組みがみられる。例えば,京都府では①農業および関連事業振興タイプ,②地域農地保全,地域農業維持タイプ,③生活防衛,地域社会再構築タイプの3類型が現れ,とくに①では積極的なアグリビジネス化,③では農協の支所・支店の廃止に伴う生活店舗運営などがみられる（北川［1］）。また,広島県の集落法人は,地域資源を活かした地域づくりの拠点として,総参加型の協同組織的性格がみられる。例えば広島県東広島市小田地区の(農)ファームおだは,耕畜連携や加工・販売,和牛の山間放牧など新しい地域産業の構築がみられる。また,(農)ファームおだは,むら役場的な地域自治組織「共和の里おだ」の中で位置づけられている点も特徴である（小林［2］）。このように,農山村地域再生の現場では集落,むら,小学校区などを範域とする「小さな自治」の中で,新しい地域産業の担い手・拠点として集落法人が位置づけられつつある。

「小さな自治」の先発事例として著名な広島県安芸高田市高宮町川根地区でも,2008年に集落法人（農）かわねを設立した。(農)かわねは,地域農業維持と高齢者の交流サロン的機能も含めた仕事おこしの拠点として設立された。ここで注目すべき点は,新しい地域産業が第1次産業を出発点とする事業化から,暮らしに関わる事業化への可能性と広がりをみせつつある点である。例えば,(農)かわね設立時にはその事業として,①少量多品目生産と加工,②高齢者のサロン機能,③デマンドタクシーの運営母体などが要件にあげられた。まさに②と③の取組みは,暮らしに関わる事業化であるといえよう。なお③デマンドタクシーの運用に関しては,2009年10月より川根振興協議会によって運用が

始まった。

(2) 第1次産業を出発点とする展開から暮らしの取組みへ

　以上の暮らしに関わる事業化の進展は，中山間地域を中心に地域社会の高齢化に対応する形で進みつつある。先行する特徴的な事例としては，島根県石見町（現邑南町）の「いきいきいわみ」である（岡村［9］）。石見町では，1960年代の企業誘致による外来型開発から，70年代に町・農協・農協婦人部を中心とした土づくりと野菜産直による内発的発展へと転換した。その後，農産物直売市と産直を中心とした少量多品目型の産地形成を地域産業の中心に据えた地域づくりが進められた。

　90年代に入ると，地域の高齢化が深刻化する。高齢化に対応して，島根県農業協同組合中央会のモデル事業である JA ヘルパー研修を活用したヘルパー育成を，農家の女性中心に進めた。そして92年に，福祉活動組織「いきいきいわみ」が発足する。「いきいきいわみ」の活動は登録されたヘルパーを中心として，①高齢者の生活支援（助け合い），②社会福祉協議会の登録ヘルパーとしての介護支援，③地域福祉を下支えする活動から構成される。「いきいきいわみ」の登録ヘルパーは80人で，社会福祉協議会の指示に従って毎日8名ずつ出勤する。98年からは助け合いの有償ボランティア「ほっとサービス」も始まり，登録したボランティアが時間当たり500円で生活支援をおこなう[5]。

　同様の取組みは農山村に限らず都市的地域まで全国的に広がりをみせ，生協しまねの「おたがいさま」[6]，あづみ農業協同組合の「生き活き塾」（根岸［6］），福祉クラブ生協の「世話焼きワーカーズ」「家事介護ワーカーズ」（関口［10］）など多様な福祉労働，コミュニティ労働の事業化・組織化の実践が，おもに協同組合セクターを中心に地域での草の根的な運動から進みつつある。

　こうした福祉労働，コミュニティ労働の事業化・組織化は，いわば暮らしの課題に対応した事業化であり，家庭内労働の社会化の過程である。新しい地域産業と銘打つと，第1次産業を出発点とした多様な取組みが注目を集める。しかし，今日の地域社会の疲弊と課題の深刻化に対応して，暮らしを出発点とす

る福祉労働やコミュニティ労働の事業化が進みつつあることも注目する必要があるだろう。

5. まとめ

　本稿は，農山村地域で草の根的に進む地域産業構造の構築に注目し，新しい地域産業と位置づけた上で，その様態と形成プロセスに着目して検討した。ここで得られた結論は，第1にその形成プロセスと今日的特徴であり，第2に新しい地域産業のもう1つの展開方向としての暮らしの事業化であった。

　新しい地域産業の形成プロセスでは，①課題の発現→②ビジョンづくり→③組織づくり→④販路づくりという基礎的なプロセスを析出した上で，今日的な特徴としての⑤拠点づくり，発展方向としての⑥重層化・ネットワーク化，規定要因としての⑦社会的な合意形成を検討した。

　以上の地域産業の形成プロセスは，小田切が整理した新しい地域産業構築のポイントとしての「4つの経済」，つまり「地域資源保全型経済」「第6次産業型経済」「交流産業型経済」「小さな経済」と深い関係性を有している。

　例えば，地域資源を「磨き上げる地域の営み」は，形成プロセスの②ビジョンづくりに表れる。「第6次産業型経済」と「小さな経済」は，形成プロセスの④販路づくりに表れる。そして「交流産業型経済」は，⑤拠点づくりにみられた経済的・社会的結節機能によって農山村と都市が結節し，その上で⑦社会的な合意形成を育んでいる。言い換えれば，小田切が整理した「4つの経済」とは新しい地域産業が有する性格であり，その特徴を言い表しているといえよう。本稿では，こうした新しい地域産業が有する性格，特徴をふまえた上で，その新しい地域産業の形成プロセスを検討した。

　また，本稿では，新しい地域産業のもう1つの展開方向として，進みつつある「暮らしの事業化」を提示した。とくに非営利組織や協同組合で進みつつある草の根的な福祉労働，コミュニティ労働の事業化，社会化は，農山村に限らず都市的地域でも広がりつつある。もちろん，こうした福祉労働，コミュニ

ティ労働が事業化して地域産業として成立しうるか，今後の検討が必要である。しかし，島根県柿木村，愛媛今治市，広島県世羅町の事例にみた新しい地域産業の形成プロセスと，新しい展開方向としての「暮らしの事業化」には共通点が存在する。それは，地域と暮らしの視点である。いわゆるモノづくりに終わらない，地域と暮らしの視点に基づいた草の根的な場づくりこそが，今日の新しい地域産業の構築の特徴であろう。

注

(1) 田代［13］p.309
(2) 高橋［11］p.85-99
(3) 田代［13］p.32
(4) 田代［13］pp.309-312
(5) 岡村［9］pp.51-88
(6) 岡村［9］pp.89-120

第3部

農山村支援政策の新展開

▶▶ **第7章**

農山村再生策の新展開

1. 地域づくりの性格とその支援策の基本方向

(1) 農山村における地域づくりの性格

　新しいコミュニティ活動の動きを中心とする農山村における地域づくりのその性格に関して，筆者はかつて次の3つのキーワードを指摘した[1]。

　第1に「内発性」である。新しいコミュニティの取組みは，行政のサポートを受けつつも，その本質において，内発性を有している。例えば，第1章の事例として取り上げた広島県安芸高田市川根振興協議会は，急激な過疎化や災害の中で，「負けてたまるか」と住民が立ち上がり，現在に至っている。農山村では，過疎化・高齢化の中で，内発性を発揮する基盤が弱まっているのは確かであろう。しかし，そうであっても，やはり地域住民による内発性を基盤としたときに，大きな力を発揮することがわかる。

　第2は，いずれの地域でも，その取組みは総合的である。農山村の新しいコミュニティの取組みは，教育，文化，福祉，産業・経済，環境にも及んでいる。このような総合性は，人びとの暮らしや行動が多面的であることに由来しており，その点では当然のことである。しかし，現在でも，地域づくりにおいて，行政主導による経済的活性化ばかりを追求する事例や政策は依然として少なくない。産業・経済面だけでない総合性の再確認は重要であろう。

　そして，この総合性の結果として，「多様性」が発現する。総合的な取組みをおこなうコミュニティでは，その成り立ちや地域条件から教育・文化面に重

点をおくものから，産業・経済面を得意とするもの，そして環境面に取り組むコミュニティ等，そのアクセントや重点はまさに多様である。また，産業面でも取り扱う地域資源は，地域ごとに個性的であろう。こうした「総合性・多様性」がこれらの取組みの第2の性格である。

第3に，いずれの取組みも，活動や運営に新しい仕組みを取り入れている。今までの仕組みに寄りかかり，機能しないことを嘆くのではなく，それを革新していることが確認できる。農山村，とくに過疎地域では，「寄りかかり，嘆く」ことは，繰り返されてきたことである。しかし，すでに日本全体の人口が減少に転じている中で，ひとり農山村が人口増加を実現することは，今や困難である。もちろん，これ以上の「人の空洞化」を阻止する対応は必要であるものの，それと同時に現状やそのトレンドの人口フレームを前提とした対応が重要となる。そこで求められるのは，人口が多かった時代につくられた過去の様々な社会的システムまで含め，地域自らが再編し，「新しい仕組み」を創造するような「革新性」である。

また，それぞれの地域の革新性は，このような仕組みの革新から，地域の「新しい価値」の形成にまで至っている。農山村の空洞化の基層にある「誇りの空洞化」に抗して，新しい価値（誇り）をつくり出す点に，一部の地域の取組みの目的は発展しているといえる。宮口侗廸がつとに指摘しているように，「地域づくりとは，時代にふさわしい新しい価値を地域の中からつくり出し，それを育てることによって地域を方向づけること」[(2)]にほかならないのである。

以上のように，「内発性」「総合性・多様性」「革新性」が，農山村における新しい地域づくりの特徴と考えられる。そして，それは，地域づくりの基盤としての「内発性」，その中身の「総合性・多様性」，そしてその仕組みとしての「革新性」と位置づけることができよう。

また，それを歴史的にみれば，行政主導により，経済的成果を追求した1970年代の「地域活性化」の動きに始まり，80〜90年代において取組みの総合性を実践した「地域づくり」を仲立ちとして，「内発性」「総合性・多様性」「革新性」を実現する新しい地域づくりに到達したといえるのではないだろうか。

（2）地域再生策の基本方向

　新しい地域づくりに対しては，それに応じた新しい支援策が必要となろう。その基本的方向は，先に析出した「内発性」「総合性・多様性」「革新性」という３つの特徴的要素から導かれる。

　第１に，「内発性」への支援であるが，いうまでもなく，内発力を直接に外部から支援することはできるものではない。ただし，それを間接的に支援することは可能である。とくに重要な点は，地域住民が当事者意識，つまり「地域づくりとは自らの問題だ」という意識の醸成であり，そのためには「地域づくりワークショップ」の開催や運営に対する支援が必要であろう。ワークショップの司会役となるファシリテーターの派遣に対する支援などはその代表である。

　第２の「総合性・多様性」に対しては，柔軟な支援策という方向性が出てくる。多様性については，支援メニュー自体が多様であることが必要となり，とくに資金面での支援（補助金等）であれば，その使途に高い自由度が求められる。また，総合性については，行政にありがちな「縦割り」組織のために，単一の領域しかカバーできないということは許されない。経済面のみならず，福祉，環境，教育面までに至る総合的支援が，新しい地域づくりには要請されている。

　第３に，「革新性」に対する支援は，何よりも新しい仕組みや価値をつくり出すということに対する支援サイドの理解が必要であろう。古くからのシステムの変革と創造には多大なる時間がかかるものであり，一朝一夕にできるものではない。したがって，「革新性」を１つの特徴とする新しい地域づくりは，単年度で達成されるような課題ではなく，支援のプロセスは長期（複数年）にわたるものという理解とそれを前提とする支援が求められる。

2. 新しい地域再生支援策——その事例

　このようにして描ける支援の方向性を最も体現しているのが，鳥取県で実施された中山間地域活性化推進交付金（2001～06年度，最終採択は04年度）である。この交付金は現在では，「市町村交付金」[3]に再編されており，新たな展開を示している。しかし，新しい地域づくりに対する支援策としては，従来の中山間地域活性化推進交付金が特徴的な内容をもっていると思われる。そこで，この制度を振り返ってみよう。

　この事業は，「地域が自ら諸問題を解決しつつ一層の活性化を図る」ことを目的とする交付金である。対象となる地域は，県内の過疎法，辺地法，山村振興法，特定農山村法の対象市町村内（01年当時39市町村中32市町村）の集落等（複数集落の地域や商店街を含む）となっている。

　そして，これらの集落が地域づくりのための計画を樹立したときに，3年間で500万円から2000万円の交付金を県が市町村に支払い，さらに同額の市町村負担分と合わせて総額1000万円から4000万円の補助金として，集落等に支出するものである。総事業費が，4000万円を超えた場合には，地元集落が負担することとなることから，要するに3年間にわたり，県が2分の1，市町村が2分の1を負担する，集落等に対する総額4000万円を上限とする交付金である。

　特徴的なことは，次の4点である。①交付金の使途は，ソフト事業とハード事業の両者にわたり制限はない。②交付金の3年間にわたる配分を事業中に変更することができる。③事業の申請要件は，その地域で「ワークショップ的なものをおこなう」ことだけである。④採択の審査は，集落住民のプレゼンテーションに対して，県（当時の県庁企画部自立促進課または出先機関である県民局）が採点方式でおこなう。

　以上の①と②は，地域がこの交付金をできるだけ使いやすくするために考えられた仕組みである。①のために，交付対象となった地域では，「高齢者の

第7章　農山村再生策の新展開

交流」「集落のバリアフリー化」「ホームページの作成」「生ゴミの堆肥化」等，きわめて多様に交付金を活用している。また，②は，地域づくりは「生き物」であり，むしろ当初の計画どおりに進まないことが多いことに配慮したものである。このような弾力性を制度的にも確保するために，県は形式的な事業主体である市町村に債務負担行為の設定をおこない，県が市町村に対して総交付金額の確保を約束するという画期的な仕組みを導入している。また，同じ理由から，計画書それ自体の様式はきわめて簡素なものにしている。

さらに③は，どの地域でも，ワークショップ的な場で，地域住民が本音で話し合いをおこなうことが地域が動くためには何よりも必要であり，その点だけでも実現されていれば，今後の発展の基盤が確実にある，という考えによるものである。

④の事業採択の審査方式は，住民の合意形成にとくに重点がおかれているという特徴をもつ。審査は，担当課の5人の職員（スタート時・2001年度の場合）の採点によっておこなわれている。1人25点満点の内訳は，「参画度」10点，「総意」10点，「継続性」5点であり，事業内容の評価（「継続性」に一部含まれている）よりも，むしろその前提条件である「参加度」「総意」の比重がはるかに高い。したがって，1地域50分にわたる審査（プレゼンテーション〈約20分〉と質疑〈約30分〉）では，事業内容の説明よりも，その計画がどのような話し合いにより生まれてきたのかという意思形成プロセスの十分な説明が要請され，質疑もその点に集中するという。

なお，①や③の点と関連してさらに注目されることは，この交付金を活用しようとする集落では，ワークショップを積み重ねて話し合いを進めれば進めるほど，導入しようとする施設等の規模が小規模化していくという点である。集落センター（集会場）のケースが典型的であるが，多くの集落では合意形成の過程で，地域のために何が本当に必要な施設機能なのかの整理が進み，そして最終的には，事業総額も少額化していくという。従来の補助金とは異なる地域の対応が進んでいるのである。したがって支払い交付金総額は，毎年県の予算を下回ることになるが，県の担当課は，いわゆる「予算消化」のスタンスに立

たず，使い残しを歓迎しており，ここにも従来と異なる発想がみられる。

　以上でみられるように，この支援措置には，内発性，総合性・多様性，革新性の発揮を促進するような目的が意図的に埋め込まれている。その結果，①主体性を促進するボトムアップ型支援，②自由度の高い支援，③長期にわたる支援という特徴を実現しているのである。こうした新しいタイプの支援は，その内容から「地域づくり交付金」と表現できよう。あるいは，自由度が高い資金をあたかも「基金」としてプールしたような効用をもつことから，「地域基金方式」ともいえる。農業補助金の実態的問題点を，「総合性，斉合性，体系性，弾力性の欠如」と分析した今村奈良臣が，30年以上も前に提起した「農村整備基金」(RDF)[4]の実現にほかならない。

　地域づくりにおけるこのような支援方式の必然性は，逆にこの性格の対極を想定すれば，わかりやすい。つまり，「行政の押しつけによる支援」「使途が厳しく制約されている支援」「単年度の1回限りの支援」となり，それが新しい地域づくりへの動きと相容れないことは明らかであろう。しかし，国や県の補助金は，このような特徴を依然としてもっている。従来型の支援がしだいに機能しなくなっているのは，むしろ当然だと考えるべきではないだろうか。

　この事業を発案した鳥取県担当者の「今までは，地域が国や県に地域づくりの理念を合わせてきたが，これからは国や県の事業が地域の理念に形を合わせなくてはならない」という発言は，その点を端的に指摘している。

3. 支援主体のあり方——地方自治体と中間支援組織

　このように新しい地域づくり支援策が実施されると，その主体である地方自治体自体にも，その役割の変化が求められている。

　その変化の方向性を一言でいえば，「統制・規制型行政から地域マネジメント型行政への重点シフト」であろう。そこでは地域コミュニティ組織や経済主体の持続的発展を支援することが課題となり，そのためには，地域を面として，持続的にマネジメントすることが必要となる。

したがって，自治体職員は，「地域マネジャー」として，地域の主体に，情報，人，カネ，モノを直接提供したり，あるいはそれらのネットワークの接続機会を提供したりすることが，求められるようになる。

また，地域の新しい規範（ルール）づくりを支援することも重要な役割となる。その場合には，ソフトな「規制」も重要である。例えば，新しいコミュニティ（第1章で論じた「手づくり自治区」）の立ち上がりを支援するときに，男女共同参画の観点から，「役員は男女同数とする」ことを求める「規制」やそれを行政支援の要件とする誘導などは，むしろ必要な呼び水的規制であろう。

こうしたことは，当然のことながら現場で先行している。「地域マネジメント型行政」の取組み事例は枚挙にいとまがないが，最近，とくに注目されるのは，自治体職員の「地域担当制」である。職員が1人ないしは複数で，地域コミュニティを担当し，機動的な情報提供やアドバイスをするような仕組みを導入する自治体が増加している[5]。中には，条例をつくり，辞令を交付している自治体の例もある。

また，地域コミュニティ（「手づくり自治区」）に対する，縦割り行政を脱したサポートをおこなう部署として，「自治振興課」等の名称で，とくにその支援担当部署をつくる試みも広がっている。これも，「地域マネジメント型行政」に対応したチャレンジであろう。

しかし，これらのことは，行政組織でなくてもできることである。事実，地域によっては，NPO等の中間支援組織が部分的に担当しているところもある。農山村における最も典型的な例としては，新潟県村上市の「都岐沙羅パートナーズセンター」がある。以下，その活動の概要を紹介しよう。

都岐沙羅パートナーズセンターは，県の広域市町村圏を対象とするソフト事業「ニューにいがた里創プラン事業」を中心にし，多様な事業を推進するために，村上地区に創設されたNPO法人（1999年開設，2001年法人化）である。

その事業内容は，ファーマーズマーケットから地域通貨の運営まで多岐にわたるが，県単事業をもとに実施していたのが「都岐沙羅の元気づくり支援事業」である（99〜05年度）。これは，コミュニティ，個人，企業等が地域づくり事

業をおこなうときに，その資金の一部を支援するものであり，先に述べた「地域づくり交付金」にほかならない。その内容は，2部門に分かれており，「発芽部門」は「本格的な起業に向けて商品やサービスを実験的に販売したり，組織を整えるといった準備に対して助成するもの」であり，一律20万円を助成する。また，「開花部門」は，「実際に起業するための事業計画を作成し，それを実施することに対して助成するもの」であり，100～300万円の助成である。

ここでは，NPOの機動性を活かして，様々な工夫をみることができる。

第1に，この事業の採択に関わる審査が公開でおこなわれていることである。公開の空間（例えばスーパーマーケットの広場）を会場として，申請者のプレゼンテーションに対して，審査がおこなわれている。これは，従来の補助金でみられたいわゆる「箇所づけ」の密室性をなくし，説明責任を果たすとともに，審査会自体を，審査員のアドバイスやほかの申請者とのネットワーク形成の場とすることを目的とした試みである。

第2には，採択された事業には，専門家の派遣やセンター事務局からの日常的アドバイスを得ることができる仕組みとなっている。

そして第3には，中間発表会や1年後の成果発表会で報告をすることが義務づけられているが，その場もやはり事業の評価や発展・改善に向けたアドバイスを得る場となっている。

さらに第4に，こうした活動を一層支援するために，この事業の採択を受けた者には，地元の信用金庫が「しんきん都岐沙羅起業家応援ローン」をつくり，無担保で最高500万円まで融資をするメニューを用意している。

このような工夫を取り入れた運営により，99～05年度の7年間で，述べ200件，79者（団体および個人）に対して，5500万円の助成がおこなわれ，観光・交流，福祉・保健・医療，食文化，商品開発・ブランド等による起業や活動が支援された。

その実績は著しく，単に助成を受けた団体等の活動の活発化にとどまらず，審査会や報告会を通じたネットワークにより，複数の団体の連携による新しい起業活動がスタートするような状況も生まれている。

なお，県のソフト事業（ニューにいがた里創プラン事業）終了後の現在も，このNPO法人は，ファーマーズマーケットやコミュニティカレッジの開催等で活発な活動をおこなっている。

　このように，資金供給は行政であっても，その供給の方法やアフターケア等の点では，NPO等のいわゆる中間支援組織が得意とする場合が少なくない。むしろ，本章で指摘したような農山村の新しい地域づくりに欠かせない「内発性」「総合性・多様性」「革新性」を促進する主体としては，NPO等の組織が適合的である場合も少なくないであろう。

4．国レベルの新たな地域再生策の特徴

（1）国レベルの先駆的動向——中山間地域等直接支払制度

　以上で述べたような新たな再生策の動きは，国レベルでも確認することはできる。とくに，中山間地域等を対象とし，2000年度よりスタートした農林水産省の「中山間地域等直接支払制度」は，その先駆的な政策ということができよう。

　この制度は，食料・農業・農村基本法における，「国は，中山間地域等においては，適切な農業生産活動が継続的に行われるよう農業の生産条件に関する不利を補正するための支援を行うこと等により，多面的機能の確保を特に図るための施策を講ずるものとする」（第35条第2項）という条文を根拠とする条件不利地域対策である。

　交付金の支払いは，原則として，各地域で集落等（集落内の部分を対象とする場合も，複数集落や旧村等の広域のケースもある）における，「集落協定」の締結を条件としており，しかもその協定を作成した地域（協定集落）を通じ，交付金が交付される仕組みとなっている。そして，その交付金の半分程度以上を協定集落単位でプール利用することが「ガイドライン」により期待されている。

そのため，地域によっては，集落や旧村単位での一種の「地域づくり交付金」として活用されている現実がある。条件不利性の補償のために個人への配分をおこないつつ，その一部を地域の課題に応じて自由に活用する柔軟性が，この制度には確保されている。また交付金の支払い期間が1期5年間（2010年度より第3期対策）となっている点も特徴であろう[6]。
　ただし，この制度は中山間地域に限定されており，しかも農業生産に関わる不利性に着目した支援であるために，対象は農業生産者にほぼ限定されたものである。2000年「農業センサス」によれば，山間地域集落の農家率はわずか30％にすぎず，この地域においても農家世帯はもはや少数派である。その点で農山村全体からみれば，この制度の及ぶ範囲は限られている。

(2) 2008年度以降の新たな展開

　新たな地域づくりに対する国レベルの支援策は，その後，いくつかの府省庁で分散的に進んでいる。とくに，それは当時の政権与党である自民党が参議院選挙で敗北した07年以降，急進した[7]（予算措置としては08年度から）。それらは，必ずしも体系化されたものではないが，丁寧に観察すると，地域政策の変化の方向性が浮かび上がってくる。すでに指摘したこととも重なるが，とくに次の3点が指摘できる。
　第1に，その事業が事業目的の設定，資金の使途等の点で大きな自由度をもっていることである。地域における新しい取組みは，地域ごとに実に多様である。そのために，事業の目標，手法を地域サイドから自由設計できる支援策が求められている。従来から「総合補助金」「ブロックグラント」「提案公募型事業」等の名称でその必要性が論じられていた支援の実現といえよう（自由設計型事業）。
　第2に，支援対象に関わる「人材」の重視である。とくに，過疎地域，中山間地域では，激しい人口流出により，地域内で不足しているのは，地域を全体としてマネジメントし（地域マネジャー），また他地域との連携（リンク）を進め（地域間リンクパーソン），さらに様々な事業をコーディネートする（地域

コーディネーター）人材である。もちろん，これらの地域にも，例えば「観光カリスマ百選」にみられるような実績を残す人びとも少なくない。しかし，困難な経済的社会的条件に対して，その数は絶対的に不足しているといえる。そうであるが故に，地域の現場から「補助金から補助人へ転換」（広島県旧作木村の安藤周治の発言）が求められていたのであるが，それがまさに実現しつつある（資金と人材のセット型事業）。

　第3に，支援の受け皿として，先に触れた地域コミュニティに加えて，NPOや企業，大学等も位置づけられている点である。これらの主体を，行政上はしばしば「多様な主体」と表現され，行政との協働が期待されているが，支援の受け皿としても市民権を獲得し始めているといえよう。従来の地域活性化に関わる補助金においては，政策対象が地方自治体や経済団体およびその周辺組織（第三セクター等）に限定されているのが一般的であったことと比較すれば，その「多様さ」は明らかである（多様な主体対応型事業）。

　こうした「自由設計型事業」「資金と人材のセット型事業」「多様な主体対応型事業」は，今までの典型的な国の補助金では制約が大きかったポイントであろう。そのような制約を突破して，新しい事業が形成されているのである。そうであるが故に，農山村における新しい地域づくりに対応した新しい地域振興策として位置づけられるのである。

（3）新たな地域再生事業の実際

　この新しい振興策の1つの典型が，2008年度から2年間の継続事業として実施された林野庁「山村再生プラン助成金」（山村再生総合対策事業）である。この事業は，「森林，自然景観，農林水産物，伝統文化等の山村特有の資源を活用した新たな産業（森業・山業）の創出，都市と山村との交流活動の取組，山村コミュニティの維持・再生に向けた地域活動やこれらを組み合わせた複合的な取組を，『山村再生プラン』として実施するとともに，事業の実施を通じて人材の育成を図る」ことを目的として，ビジネスから交流，コミュニティまでの幅広い地域活動を支援する事業である。

助成対象経費については,「50万円以上の機械・機具等の購入費,施設建設費については,助成対象とならない」という制約があるが,それ以外では,「作品の作成,ガイドブック等の作成,林内歩道・案内板等の整備,事業実施に必要な施設等の改修,地域の合意形成と体制づくり等」と,やはり大きな自由度が確保されている。
　加えて,本事業の特徴を形成しているのが,山村再生プランの活動の充実・発展支援のために,事業主体がアドバイザーの派遣を要請できることであり,その経費は全額補助される仕組みとなっている。

表7-1　林野庁「山村再生プラン助成金」
（山村再生総合対策事業）の事業主体
(2008～09年度)（単位：件, %)

事業主体	件数	構成比
任意団体	58	47.2
NPO法人	34	27.6
企業	12	9.8
地方公共団体	11	8.9
森林組合	5	4.1
社団・財団	2	1.6
学校	1	0.8
合　計	123	100.0

資料：山村再生総合対策事業（2009年度事務局：森林技術協会）のホームページより集計。
注：事業主体の区分は各年度各期の「選考結果」による区分を利用している。

　この「山村再生プラン助成金」の2年分の採択結果をまとめたのが,表7-1である。その事業主体の内訳をみると,全体の約半数を任意団体が占める。そして,それに次ぐのが,NPO法人である。注目されるのは,かつて森林分野の補助事業の受け皿となっていた森林組合はわずか4％にすぎないことである。任意団体の中には,地域コミュニティ組織も含まれており,多様な主体による取組みが確認される。
　そして,実際に,この事業で採択されたプランの実例をみると,以下で示すように地域の課題に密着したユニークな取組みがいくつもみられる[8]。

<北上市口内町自治協議会　口内地区交流センター>

　北上市口内地区は,この10年間で,人口が15％減少,高齢化率も10％上昇の35.8％と増加の一途をたどっており,また,社会サービスの低下が顕在化している。本事業では,口内地域コミュニティの強さを活用したボランティア輸送のシステムの構築を図り,交通弱者である高齢者世帯の生活の質の向上を

目指す．

<金沢大学知的財産法ゼミ>

学生たちが地域活性化のために活動してきた石川県の3地域—細屋（輪島市），沢野（七尾市），奥池（白山市）—において，新たに「ご当地」野菜（「細屋ごぼう」，「沢野ごぼう」，「ヘイケカブラ」等）を使用した「スイーツ」の考案・製造・販売を実施し，あわせてイベントの開催，マスメディアの報道，宣伝を通して，より包括的な地域活性化を目指す．

<広島県北広島町・NPOやまなみ大学>

山村・農村では，獣害対策が大きな問題となっているが，これまでの研究では，森と人との関係と同じくらい「犬」の存在が大きいと考えられる．本事業では，獣害から里や人，農作物を守る「ガーディングドッグ（里守り犬）」の育成を目的にした育成プログラム開発と育成マニュアルの作成，及び人が気軽に入れる森づくり「親林」プロジェクトの計画作成と試行活動を行う．

このように，実際の取組みをみれば，中には事業主体の面で，また事業内容の面で，従来型の国による補助事業の対象とはなり得なかったと思われるものもある．つまり，意欲と地域再生という目標とそれを実現する計画があれば「誰でも，何でも」事業対象・事業内容となる新しいタイプの地域振興策が，地域の新たな動きを確かにとらえつつあることが理解できよう．

このタイプの地域再生支援策には，このほかにも，内閣府地域活性化統合本部「地方の元気再生事業」，国土交通省「『新たな公』によるコミュニティ創出支援モデル事業」，農林水産省「農山漁村（ふるさと）地域力発掘支援モデル事業」があり，同様の特徴をもつ．

それぞれのポイントを簡単に記せば，「地方の元気再生事業」は，国費による全額負担の提案公募型事業であり，プロジェクトの立ち上がり段階で専門家の派遣をおこない，また事業の実施に当たって地域ブロック別に配置された内閣府参事官が関係省庁との橋渡し役をおこなう．また，「『新たな公』によるコミュニティ創出支援モデル事業」は，同様に国費100％の補助事業であるが，

住民，地域団体，NPO，企業等の多様な主体を地域づくりの担い手と位置づけている点が特徴である。事業対象となる経費にはアドバイザーの招聘も含まれる。さらに「農山漁村（ふるさと）地域力発掘支援モデル事業」も同様に多様な主体に対する助成事業であるが，複数年（5年間）にわたる支援である（定額補助）。この事業にも，事業主体の要望によるアドバイザー派遣が組み込まれている。

(4) 新たな地域再生策の課題

　これらの新たな地域再生策には，検討すべき課題もある。少なくとも次の点は指摘できよう。

　第1に，新しいタイプの事業の多くは，いわゆるソフト支援に限定されている。一般的な課題として，地域振興策にはハードからソフトへの重点シフトが必要なことは間違いないが，しかしハード整備が全く必要ないというわけではない。とくに，地域活動の拠点となる施設の確保に対する地域需要は少なくない。また，それを，例えば廃校となった小学校の補修・改修により対応するにしても，まとまった資金が必要である。したがって各種の助成策には，「セミハード」的な施設整備が許容されるような仕組みであることが望ましい。とくに，これらの事業の中には，国の調査委託費を利用する事業もあり，この費目では，ハード面での弾力的な対応が困難である。

　第2は，これらの事業に対する地方自治体の関与である。事業の中には，地方自治体の財政支援や同意を要件としているものもあるが，一般的には，地域からの内発的エネルギーをベースとする提案応募型事業では，そのような仕組みが取りづらい。また，必要以上に市町村や県の関与を要件とすることは避けなければならないが，他方では行政との連携も，地域再生の重要な条件の1つであろう。一部の市町村では，管内の団体が事業採択されたことを，担当者が新聞報道で初めて知ったという例もある（このようなケースは実は少なくない）。行政と新たな事業主体が，緩やかな連携をつくるような仕組みも必要であろう。

　第3に，より根本的なこととして，国がこのタイプの地域振興策に乗り出す

意義が，より積極的に検討されなくてはならない。いうまでもなくその直接の目的は，地方再生であるが，それを国が事業として仕組むのは，とくに地方提案型事業という手法を通じて，新たな行政ニーズに応え，またそのニーズを国が地方の実態とともに把握することに資するという意義があろう。こうした点に関わる議論や仕組みの整備を怠れば，地方分権の進行の中で，国によるせっかくの新たな取組みも，それらの存在意義を主張できない可能性もある。改めて議論されるべき点であろう。

5. 民主党新政権における展望

　以上でみたように，新たな地域づくり活動の活発化に応じて，地方自治体レベル，国レベルでの支援策やそれを実行する多様な主体の形成も徐々に進んでいる。

　こうした動きに対して，2009年9月に発足した民主党新政権はどのような対応をしようとしているのであろうか。周知のように，民主党新政権は，09年総選挙のマニフェストで「地域のことは，地域が決める。活気に満ちた地域社会をつくります」というスローガンで「地域主権改革」を論じ，それを新政権の「1丁目1番地」としている。そのための具体的施策の検討は，地方主権改革戦略会議で工程表がつくられ，①規制関係（法令による基礎的自治体への義務づけ・枠づけの見直し等），②予算関係（一括交付金化等），③法制関係（地方政府基本法の制定等）の3分野で進められている。

　しかし，ここで検討されている各項目には，制度的検討が先行していることもあり，新しい地域づくりを直接に応援する内容はみられない。

　むしろ，新政権全体としてみれば，前政権末期に生まれた，国レベルでの新しい政策に対しては概して否定的である。それは，行政刷新会議による事業仕分けの結果にはっきりと表れている。表7-2にそれをまとめたが，本章で取り上げた事業（およびその後継事業）は5事業中4事業が事業仕分け（09年11月実施分）の対象とされているが（林野庁「山村再生プラン助成金」〈山村

再生総合対策事業〉はこのときには対象外), その4事業中3事業が「廃止」「各自治体に判断に委ねる」「大幅削減」という結果である。

そのような評決に至ったワーキンググループの質疑や議論では, 本稿で指摘した新しい事業としての側面を評価するコメントは見当たらず, 単純に事業効率の面からの議論がおもな論点となっていた。また, その事業効率についても, 従来の補助金と同じ次元での成果予測に基づく評価がなされている[9]。

さらにいえば, これらの諸事業が, 前政権の末期に, しかも07年の選挙における地方の敗北を直接, 間接の契機として, 予算化されたという強い「政治性」を孕んでいることも, その結果と無関係ではないであろう。

いずれにしても,「地域主権改革」が制度面を優先している中で, 地域の主体の新たなチャレンジを直接に応援する動きは立ち後れている。しかし, そうした中で注目されるのは, 新政権が09年12月に原口(総務大臣, 当時)ビジョンとして打ち出している「緑の分権改革」の発想とその動きである。

この「緑の分権改革」では,「それぞれの地域資源(豊かな自然環境, 再生可能なクリーンエネルギー, 安全で豊富な食料, 歴史文化資産, 志のある資金)を最大限活用する仕組を地方公共団体と市民, NPO等の協働・連携により創り上げ,『絆』の再生を図ることにより,『地域から人材, 資金が流出する中央集権型の社会構造』を『地域の自給力と創富力を高める地域主権型社会』へと転換(する)」ことを標榜している。その本質について,「地域に向かって自由度を高めていくタテの改革とともに, 面的な地域づくりの取り組み」[10](逢坂誠二総理大臣補佐官, 当時—元ニセコ町長)という解説もあり, 制度偏重の「地域主権改革」を修正する可能性をもつものである。また, それを成長戦略としてみた場合,「地域から人材, 資金が流出する中央集権型の社会構造」の是正という理念から判断すれば, 従来から様々な形で議論されてきた「内発的発展戦略」の対置としてとらえることもできよう。

とはいうものの, その具体化の内容とそのプロセスは現時点ではまだみえていない。本稿で論じたように, このような新たな動きが, 適切な国と地方の役割分担により,「内発性」「総合性・多様性」「革新性」という地域づくりのあ

第7章 農山村再生策の新展開　189

表7-2 国レベルの新しい地域振興策の事業仕分け結果（2009年11月）

事業名	事業開始年度	評決	取りまとめコメント
中山間地域等直接支払制度（農林水産省）	2000年度	事務費削減以外は予算要求通り	中山間地域等直接支払制度については，予算要求の縮減4名，予算要求通り6名となった。複数の方が事業の事務費の削減を述べている。当ワーキンググループとしては，事務費の削減以外は予算要求通りとの結論とする。
農山漁村（ふるさと）地域力発掘支援モデル事業（農林水産省）	2008年度	廃止又は各自治体の判断に任せる	農山漁村地域力発掘支援モデル事業は，3名が廃止，6名が自治体の判断に任せるとの意見であり，国の事業の必要性を感じた方は少なかった。当ワーキンググループとしては，廃止又は自治体の判断に任せる，とのまとめにさせて頂きたい。
「新たな公」によるコミュニティ創出支援モデル事業（国土交通省）	2008年度	予算要求の縮減（9割縮減）	一度調査の取りまとめとして今までの総括をして，在り方を検討してもらいたい。よって，当ワーキンググループとしては，予算要求の縮減，9割の縮減を結論としたい。
現場の出番創出モデル（内閣府・地域活性化統合本部）※地方の元気再生事業の後継事業	2008年度	廃止	廃止とする意見（6名）と予算計上見送りとする意見（5名）があり，いずれにしても今年度は予算をつけるべきではないということである。本事業のようなボトルネックを探す役割は非常に大事であり，その役割を十分に発揮して，地方が自由に事業をできるようにしていただきたいし，またNPOも一生懸命活躍できるようにしていただきたい。そのような意味で内閣府には頑張っていただきたいが，本事業のように30億円のお金で調査を行う有効性は乏しいと考えられる。よって，当ワーキンググループとしては，廃止を結論とする。
山村再生総合対策事業（林野庁）	2008年度		（この時点の事業仕

資料：行政刷新会議のホームページの資料より作成。

るべき性格を促進するようなものとなるのか否か，実態レベルで評価されるべきものであり，今後の帰趨が注目される。

主な意見
●支援するしかない。2つの事業を合わせて行えば事務費は削減できるのではないか。 ●農地・水・環境保全向上対策と事務手続きの共通化が必要ではないか。 ●所得補償制度の導入に向けて早急に制度の思想と設計の見直しをされたい。
●農水省が伝統文化・景観保護のため，モデル事業を行う必要ない。地方の自主的な取り組みこそ必要。財政が苦しい中で農水省が取り組む緊急性ない。むしろ農業自身に注力すべき。 ●実情を知る地方がするべき。
●事業の目的，考え方，内容をもう一度整理し直す必要がある。 ●目的は理解できるが，「新たな公」という言葉をPRする内容となっており，地域の市民の意識を変化させることにはつながらないのではないか。 ●現在行われているNPOや自治体の取り組みの中でボトルネックになっているものを検証し，解決を支援することによって実証的な調査はいくらでも可能であると考える。 ●内閣府が自ら募集しモデル実施を行う必要性と緊急性は感じられない。

分けの対象外)

注

(1) 小田切 [4] を参照のこと。また，本稿の一部は，その拙稿を再編し，利用している。
(2) 宮口 [2] 第4章「地域づくりの意味を問う」を参照。

(3) 鳥取県市町村交付金は，県による小規模な奨励的補助金（2006年度の当初予算要求にあった38事業）を統合し，一定の算定方式により，市町村に配分する交付金としたものである。いわば「県版の地方交付税」であり，中山間地域活性化推進交付金の対象エリア（全市町村）を広げて，さらに自由度を高めたものと理解することもできる。なお，鳥取県における市町村交付金に至る関連事業の経緯や市町村交付金の性格等については，小田切［5］で詳述した。

(4) 今村［1］第6章を参照。RDFは，"Rural Development Fund"の略称である。

(5) 自治体職員の「地域担当制」については，「地域住民であれば，コミュニティに積極的に関わるのは当然のこと」と考え，むしろ「地域担当制」を導入することにより，そうした自発的な参加を妨げることになるという主張も存在する。

(6) 中山間地域等直接支払制度の仕組み，意義，実績，課題等については，小田切［3］でまとめている。また，2010年度から始まる同制度第3期対策の構想を含めた分析としては小田切［6］を参照のこと。

(7) 2007年の参議院選挙では，自民党はとくに地方部での退潮が顕著となった。06年までの小泉政権による構造改革路線により地域間格差の拡大が有権者に問題視され，それは地方部における政権与党の交代につながったという見方から，改めて政府与党は「地方再生」を課題とした。そのため小泉政権時に内閣府に設置された都市再生本部，構造改革特別区域推進本部等の4本部は，07年10月より，「地域活性化統合本部」として一体的に運営されることとなる。ここで作成された「地方再生戦略」（07年10月）では，「地方と都市の『共生』」が基本理念として位置づけられ，①地方都市，②農山漁村，③基礎的条件の厳しい集落（いわゆる「限界集落」）が対象とされている。このような経緯と内容で07年（予算としては08年度）は地域再生策の転換点となったのである。

(8) ここで紹介した採択事例は，同事業のホームページ（事務局・都市農山漁村交流活性化機構および森林技術協会）からの転載である。

(9) 本章でも直前に触れたように，こうした事業を国が実施すべきか否かは，事業仕分けのワーキンググループの質疑におけるもう1つの重要な論点であったが，この点については事業実施者（府庁の担当者）が必ずしも説得的な議論に成功していない。その点で本章が指摘した論点に対する，府庁サイドの準備は不十分であったといわざるを得ない。

(10) 逢坂［7］

第 8 章

人材支援と人材形成の条件と課題
——「補助金から補助人へ」の意義を考える

1. はじめに——再注目される地域マネジャー

　第 7 章でも指摘されているように，近年，農山村地域におけるマネジメントを担う人的支援策が相次いで打ち出されている。総務省・過疎問題懇談会は，2008 年 4 月，「集落支援員」の設置を示し，また，同年 12 月には，総務省が「地域力創造プラン」（鳩山プラン）として「地域おこし協力隊」を創設し，また，農林水産省も時期を同じくして「田舎で働き隊！」事業として農村の活性化に取り組みたい都市部の人材を募るなど，活性化を担う人材を育成し確保する仕組みの構築を図っている。

　農山村地域におけるマネジメントについては，以前，農政において議論が高まった時期があった。1970 年代後半から 80 年代前半にかけての地域農政期がそうである。集落，地域を農政展開の基盤の対象として位置づけていた国農政は，経営構造対策の手段として地域マネジメントを重視し，地域農業に関わる主体全体での合意形成を通して，経営体の育成を図り，地域農業の変革を促した。高橋 [5] は，この時代に地域農業に課せられた 3 つの課題を指摘している。それは，①農業生産における社会経済的機能，②社会安定の基盤としての農村社会の維持，③地域住民の経済的安定であり，とりわけ当時は，第 1 の課題が展開方向をつかみかねており，自立的な高生産性農業の創出が主要課題であると指摘した。それ故に，当時のマネジメントの対象はまず「地域農業」であり，地域農業マネジメントの確立が求められたのである。

　しかし，その後，今日に至る 30 年あまりの間に，第 2，第 3 の課題も主要

課題として浮上してきたことはいうまでもない。過疎地域対策を例にとっても，2010年に期限切れを迎える過疎地域自立促進特別措置法は，新政権下において6年延長が打ち出され，改正案では過疎債の支援対象をソフト事業にも拡大するなど，集落対策を背景とした方策が検討されている。国土形成計画の策定作業を通じた調査（国土交通省[2]）からは，過疎地域や中山間地域の中でも，とりわけ条件不利の度合いの高い地域で集落機能の維持が困難になっている実態も改めて明らかになっている。日本の過疎地域の集落総数6万2273のうち，65歳以上の高齢者が集落人口の半数を超える集落が7878と全体の12.7％を占め，また，集落の有する機能，具体的には，資源管理機能，生産補完機能，生活扶助機能の維持が困難になっている集落が2917，消滅の可能性のある集落は2643というように，集落の小規模化・高齢化が進行している現状が具体的な数字とともに示されている。

　その結果，川手[1]が整理するように，これまで地域農業が展開してきたむら＝集落がしだいに限界となり，他方で「攻めの地域活性化」の動きが集落を超えた範囲で展開していることを考えると，近隣（組）〜集落〜旧村（小学校区）〜市町村〜数市町村単位まで，生活圏の広がりに対応した重層的な地域社会システムを構築する必要性が高まっており，それに対応した地域マネジメントシステムのあり方の早急な検討が求められている。つまり，今日，地域マネジメントがカバーすべき範囲も，考慮すべき課題も，地域農政期とは大きく異なっているのである。

　その一方で，これまでの地域振興の拠点として役割を果たしてきた市町村，JA，農業改良普及センターなどは相次ぐ合併統合により，その数を減らしている。合併前後の市町村規模を，集落数で比較した小田切[3]の指摘が示すように，平成の大合併により形成された巨大自治体は，都市が周辺の農山村地域を編入し，カバーする集落数が数倍にも増えたために，地域で発生している諸々の現実が行政に集まらなくなり，その結果として，とりわけ中山間地域が政策対象として相対的に希薄化しつつある現実を指摘している。

　このような背景を考えるとき，今日新たに打ち出されている人的支援策は，

地域マネジャーへの再注目とも位置づけられる反面，何をマネジメントするのか，どのような役割を担うべきなのか，既存の地域振興組織との関係性も含め，慎重な検討が求められる。そこで，本章では，農山村地域における人的支援策に着目しながら，「集落支援員」の事例をもとに，そこに求められる組織的条件や政策的条件を考えていくことにする。

2.「集落支援員」の取組み概況

「集落支援員」の設置が打ち出されたのは，2008年4月に過疎問題懇談会が示した「過疎地域等の集落対策についての提言〜集落の価値を見つめ直す〜」と題した集落対策の方向性による。提言ではそのねらいを，時代に対応した集落のあり方に近づくために，集落の住民自身が集落の課題を「自らの地域」の課題としてとらえられるようにするとともに，市町村行政は集落に対して十分な目配りをおこない，住民と市町村の両者による強力なパートナーシップを形成していくことが望まれる，としている。そのために，市町村に「集落支援員」（仮称）の設置を核として，行政経験者，農業委員・普及指導員経験者，NPO関係者など地域の実情に詳しい外部人材が支援員となって，市町村職員と連携しながら，集落の巡回，状況把握などを通して集落に「目配り」をし，集落の現状やあるべき姿を話し合う集落点検活動のアドバイザー，コーディネーターの役割を担うことで，地域の実情に応じた集落の維持・活性化対策を進めていく方向性が示されている。

　注目すべきは，このような集落支援員の活動に関わる諸経費に対して財政措置が講じられている点である。集落支援員の場合は，支援員への報酬や活動旅費，集落点検活動の実施に必要なワークショップの経費などに特別交付税措置を講じるなど，国がソフト面に柔軟な支出を認め，支援する方向に転じつつある。本章の副題として「補助金から補助人へ」と掲げた背景はこの点にある。「集落支援員」のみならず，他の農山村地域への人的支援策にも共通する特徴であり，今後の農山村地域施策の1つの要素になるだろう。

初年度の08年度の取組み状況（総務省自治行政局過疎対策室［4］）としては，都道府県分としては11府県で，市町村分としては26道府県66市町村で設置が進んでいる。人数としては，専任で199人，自治会長などとの兼務で約2000人が活動する。このうち，専任の集落支援員には，当初，想定していた行政経験者や農業関係業務，市町村議会議員の経験者のみならず，公募によるやる気のある外部の人材や，Iターン者，新規定住者などが従事するケースも報告されている。

　農業・民俗研究家である結城登美雄は，このような集落支援員を担う人材として，都市部の若者を提起する[1]。新潟県上越市中ノ俣で活動するNPO法人「かみえちご山里ファンクラブ」で活動する都市部出身の若者たちと村人との関わりから，「経験は未熟だが真剣に生きる道と生きる力を身につけようと模索する若者たちを『集落支援員』にしてみたらどうだろうか」と述べている。その理由として，「集落支援員とは単なるお役所仕事ではない。与えられた職務を果たせば終わりではない。あえて言うならば，わが村をもっとよくしようとして加わった，新たな村人でなければならないのではないか」として，よそ者が農村に関わることで生まれる新たな可能性に期待を寄せている。

　結城の指摘するような過疎地域，中山間地域の支援に都市部の人材を，とりわけ，若者をという流れは，集落支援員の仕組みに限らず，しだいに大きなうねりになりつつある。高齢化が進む農山村地域では，支援を担う人材自体も高齢化する中で，次世代が上の世代からバトンを受け継ぎ，その職務を担うための条件整備についても議論する必要がある[2]。

3.「補助人」の役割を担う「地域マネジャー」の実態
　　　　――島根県浜田市弥栄地区における実態から

　そこで，「平成の大合併」をおこなった市町村の中で，集落支援員として外部の若者を迎え入れている島根県浜田市弥栄地区の実態から，「補助人」の役割を担い始めた地域マネジャーの実態と課題をとらえてみたい。

(1) 地域概況と導入の経緯

　島根県浜田市弥栄地区は，2005 年に旧浜田市と旧那賀郡の 5 市町村が合併してできた新浜田市の中の旧弥栄村に当たる。弥栄地区は，旧那賀郡の西南奥部に中国山地に沿って位置し，北部は旧浜田市と接している。標高は 100 m から 964 m まで起伏に富む典型的な中山間地域である。古くは「たたら」（製鉄）で栄え，近年は農林業が主要な産業であるが，昭和 30 年代の高度経済成長期に人口流出が進み，とくに 1963（昭和 38）年 2 月の豪雪では家屋の全半壊被害が多数に上ったという。地区内には 27 集落あるが，定住住宅が整備された 2 集落を除くすべての集落で人口減少が続いており，世帯数は 640 世帯，人口は 1604 人であり，高齢化率は 43％ と高くなっている（08 年 7 月現在）。

　この弥栄地区で集落支援員を導入したのは，過疎対策の議論に先立つ 07 年夏からであり，国土交通省の「国土施策創発調査事業」のモデル地区に選定されたことが契機になっている。事業の目的は，維持，存続が危ぶまれている集落を含む基礎的な生活圏（小・中学校区程度）を対象に，地域内外の多様な主体が参画し，持続可能な地域運営と資源活用を図る点にあった。そこで，地域外から，地域と全く縁のない若者 2 名（県中山間地域研究センターと民間企業から 1 名ずつ）が現地に入り，旧小学校内に設置された「弥栄らぼ」を活動拠点にして，小規模化・高齢化の進む 4 集落を重点モデル集落として関わり始めている。

　2 年目の 08 年度には，国土交通省の「『新たな公』によるコミュニティ創生支援モデル事業」や島根県の「中山間地域コミュニティ再生重点プロジェクト事業」を組み合わせる形で活動費を確保している。これらの事業はいずれも，多様な主体が参画する地域運営の仕組みづくりや地域課題の解決のための取組みに要する人件費や諸経費に支出が可能であり，ソフト面への柔軟な支出を認める姿勢を示している。

(2) 活動内容

　活動方針としては，「外部からの人材が地域を支援する仕組みづくり」が目指され，地域外の人材が関わることによって，活力やノウハウが外部から持ち込まれ，新たな活動への広がりや停滞していた活動の復興が期待されている。具体的には，集落や個人の地域活動や生産活動が継続できるよう部分的にでも作業を手伝う，集落の様々な資源がグリーンツーリズム資源として活用できるかその可能性を検証する，などである。

　初年度は，活動方針に沿って以下のような活動が試行された。①集落資源調査として，空き家の実態調査や食の歳時記調査，②耕作放棄地の復興として，菜種栽培やその開花時期に合わせて「天空のカフェ」を期間限定で営業するほか，その活用法の試行，③生活支援活動として，草刈りや除雪などの作業の請負業務，④その他，活動の情報発信として，地域内外への新聞の発行などがおこなわれた。

　弥栄らぼの活動で特徴的なのは，このような活動に地域外である浜田市内の島根県立大の学生たちが人的支援の担い手として参画している点である。学生の活動から，地域での新たな取組みも生まれ，作業のお礼にもらった野菜を浜田市内や広島方面で販売して自分たちの交通費を工面する「弥栄ショップ」や，収穫されない柚子の加工販売などを通して，地域住民との関わりを深めている。その結果，興味をもった学生らがサークル「里山レンジャーズ」を自ら立ち上げ，国による調査事業を終えた2年目からは，レンジャーの1人が県事業を活動財源として新たに常駐し，活動が継続されている。

(3) 実際に求められた役割

「外部からの人材が地域を支援する仕組みづくり」を目指して立ち上げられた弥栄らぼは，活動3年目に入り弥栄地区の中でどのような役割を果たしつつあるのか。

　表8-1は，初年度と2年目に弥栄らぼが関わりをもった世帯や団体，行政

表 8-1 「弥栄らぼ」が関与した主体数

			2007 年	2008 年
弥栄地区内	重点集落内	世帯	11	21
	重点集落外	企業・団体	7	18
		住民	3	14
		公民館関係 (紹介された住民も含む)	7	8
		行政関係	3	9
弥栄地区外			4	9
関与主体総数			35	79
弥栄地区内訪問集落		総数	16	23
		うち重点集落外	12	19

資料：「弥栄らぼ」皆田氏資料をもとに筆者作成。

などの機関などの主体数をまとめたものである。主体数としては，35から79に倍増しており，ネットワークを確実に広げていることがうかがえる。その起点は，浜田市役所弥栄支所の紹介を通して入った重点4集落の世帯にありながらも，らぼの活動の中で，クマの被害予防をねらいとした柿もぎが公民館による柿渋の活用と結びついたり，食の歳時記調査のヒアリング先を公民館から紹介してもらったりするなど，結果として，重点集落外の主体とも関わりを有するようになった。

2年目になると，集落で開催したモノづくりワークキャンプを通じて，集落内で接する世帯が増え，さらに，生活支援活動では重点集落外の世帯からの要請も入るようになり，シルバー人材センターや社会福祉協議会と連携する場面も出てきている。こうして弥栄らぼが訪問したことのある集落は，16集落から23集落に増えている。また，弥栄ショップの出店やらぼ主催の体験や交流プログラムの受入を通じて弥栄地区外とのネットワークも新たにできている。

それでは，このような主体との接点はどのような関係から生まれているのか。表8-2は，弥栄らぼの活動を担う里山レンジャーズの2008年度の活動日数を，依頼主体別に整理したものである。活動の半数は，らぼが主体となった独自活

表 8-2 「里山レンジャーズ」への依頼者別活動日数 (2008 年)

	日数(日)	割合(%)	おもな活動内容
独自活動	37	53.6	弥栄ショップ準備・運営, 重点集落での活動 (大豆・麦・柚子管理, 草刈り作業, 祭り準備など)
個人から依頼	19	27.5	草刈り, 軽度の農作業支援 (牧草収穫・家畜の世話・苗床づくりなど), 柿もぎ, 薪割, 炭窯制作など
集落から依頼	3	4.3	草刈り・川刈りなど集落作業
支所・団体から依頼	10	14.5	イベントの準備作業・運営スタッフ (支所・団体から), 雪かき (社協から)
計	69	100.0	

資料:「弥栄らぼ」皆田氏資料をもとに筆者作成.

表 8-3 「弥栄らぼ」の関わり頻度別主体数 (弥栄地区内の個人・組織・団体)

	主体数	割合(%)	おもな活動内容
頻繁	19	29.2	弥栄ショップ協力, モノづくり指導, 集落活動への参加
月1回程度	8	12.3	弥栄らぼ活動全般 (弥栄ショップ協力, 農地管理, 柿もぎ協力, 歴史伝承調査, ワークキャンプなど)
年2～4回程度	32	49.2	
年1回	6	9.2	個人・重点集落外からの作業支援受託 (草刈り)
計	65	100.0	

資料:「弥栄らぼ」皆田氏資料をもとに筆者作成.

動であり，おもに重点集落での農地管理作業などの活動や弥栄ショップの準備・運営によるものである．次に多いのは，個人からの依頼で，おもに草刈りや軽度の農作業支援が全体の3割弱を占めている．他方で，集落からの依頼は，弥栄地区の場合はそれほど多くなく，集落が小規模化・高齢化すると地域住民のニーズは草刈り作業や冬の雪かきといった個々の家の暮らしの課題が中心になっており，実質的な支援活動は世帯ごとの生活面を対象とする実態が示されている．

このような主体との関わりの頻度を示したものが表8-3である．関わった主体の半数がらぼのメンバーと年2～4回の関わりを有しており，らぼの主体

的な働きかけによって一定頻度の接点が新たに生まれていることがうかがえる。他方で，個人や重点集落外からの作業支援の要請は年1回程度であり，依頼に対応するような受身の関わり方では，その頻度は多くないように見受けられる。

以上の表の分析は，弥栄らぼを担う皆田潔氏の資料整理に基づいておこなったものであるが，皆田氏は，これ以外の場面で主体に関わった時間が存在する点を指摘している。重点集落や市の支所，スーパーなど道端での立ち話で直接話を受ける場合が多いといい，活動に付随して間接的に住民と話を重ねている時間は，短くても30分程度話をした人は週20人を数えることから，1日平均1時間半を住民との会話に充てているのである。

このように弥栄らぼの場合は，当初の目標である「外部からの人材が地域を支援する仕組みづくり」に沿って，小規模化・高齢化の進む4集落の世帯から，らぼの活動を通して主体的に集落活動や世帯住民に働きかけている。他方で，集落外から求められる個別の作業支援活動も受託し，その頻度は多くないものの，ある程度「定期的な見守り」の機会を生み出しているといえる。

4. 既存の地域振興組織における集落への関与

弥栄らぼは，新たな地域マネジメント機関として，島根県立大生による「里山レンジャーズ」とともに，まず小規模化・高齢化が進む4集落を重点集落として活動を始めている。これらの4集落は，1970年時点と比べ世帯数は3分の1から半数に減少し，高齢化率も50％を超えており，上田野原，下田野原では，いずれも5世帯で大半が高齢者という状況にある。その中で，表8-4が示すように，弥栄らぼはある程度世帯と関係を有し，年1回以上の関わりをもち始めている。それ以外にも，弥栄地区住民に関わる主体として，行政や農業分野，福祉分野など多岐にわたって存在する。そこで，弥栄らぼの役割を理解する上で，既存の振興組織における小規模化・高齢化集落との関わりの現状について整理してみたい。本稿では，現時点でヒアリング調査が進んでいる行政の浜田市役所弥栄支所，地域農業関連の浜田市農林業支援センター，そして，

表8-4 「弥栄らぼ」重点集落の概況と地域マネジャーの関与状況

集落名		小角	程原	上田野原	下田野原
世帯数	1970年（農業集落カード）	23	41	21	18
	2000年（農業集落カード）	14	16	7	6
	2008年4月（住民基本台帳）	16戸	12戸	5戸	5戸
人口	2008年4月（住民基本台帳）	34人	19人	8人	7人
高齢化率	2008年4月（住民基本台帳）	65%	59%	100%	86%
弥栄らぼ	関わりのある世帯数	4	11	3	3
	頻繁に関わる世帯数	1	1	0	2
	月1回程度の世帯数	1	4	1	0
	年1～4回程度の世帯数	2	6	2	1
弥栄支所	担当者の地域会議出席回数（2006/07/08年）	1/3/13	1/2/7	0/0/1	1/7/1
	策定委員会の有無	有	無	無	無
農林業支援センター	担当者訪問の有無	無	無	無	無
	集落営農組織の有無	無	無	無	無

資料：浜田市役所弥栄支所自治振興課資料，「弥栄らぼ」皆田氏作成資料，聞き取り調査（2009年6月実施）に基づき作成。

社会教育関連の安城(やすぎ)公民館の3機関を取り上げる。

1）行政：浜田市役所弥栄支所

　2005年10月に旧弥栄村を含む5市町村の合併により誕生した新浜田市は，旧市町村ごとに「自治区」を設けている点が特徴的であり，行政区としての旧弥栄村は，現在は弥栄自治区として位置づけられている。合併をめぐる議論の中で，中山間地域が大部分を占める旧郡部にとって，旧市部中心の施策になるのではないか，住民の意見が行政に反映されにくくなるのではないか，地域の特性やコミュニティがどうなるのか，という不安や心配の声があり，その解消を目指して，「浜田那賀方式自治区」が設定された。この自治区は，自治区設置条例に基づき当面10年間，旧市町村単位に設けられ，各自治区には区長と地域協議会が設置された[3]。そして各自治区では，新市から配分を受けた枠と自治区の独自財源ともいえる地域振興基金[4]をもとに予算書が作成され，地域協議会の協議を経て，事業が執行されている。自治区の事務所も支所にお

かれ，合併後も総合的な管理部門は本庁に移ったものの実質的な機能は変わらず，職員数も微減にとどまっている。

浜田自治区では，合併後から始まった地域振興基金を活用した独自の集落対策事業として，「弥栄地区地域自治機能活性化支援事業」に2007年度からの4か年で取り組んでいる。これは，高齢化や人口減少により十分な地域自治機能が発揮できない自治会に対し，住民と行政の対等な協働関係を維持しながら，人的側面と財政的側面の両面から集落支援を図る事業である。まず，人的支援としては，弥栄支所および診療所の職員36名をブロックごとに5～6名ずつ配置する地区担当制度が位置づけられている。ブロックは27自治会が7つに分けられ，原則，職員は出身集落とは異なるブロックに関わる形になっている。一方，財政的支援は，自治会ごとに地域活性化計画づくりを目指し，策定する場合に15万円を補助し，さらに実施に要した経費について9割以内をめどに150万円まで補助する。この計画では，いわゆるハード事業は認めず，自治会機能維持，地域資源の活用，歴史や文化・伝統行事の保存・伝承，地域間交流活性化といったソフト事業での計画づくりが目指されている。現在，17自治会で策定委員会が設置され，08年度までに9自治会で実施に移されている。

表8-5 地域担当者の地域会議出席回数（2008年度）

	策定委員会 設置	策定委員会 未設置
10回以上	3	0
3～9回	5	1
0～2回	9	8
1集落平均	7.4	3.9

資料：浜田市役所弥栄支所自治振興課資料より作成。

このように，弥栄自治区では集落対応が積極的に打ち出され，職員が地域会議に出向く機会も全体的には増加傾向にある。その反面，集落によって職員出席回数には大きな差が生じており，職員の関わりの強弱がみられる。

表8-5は，地域活性化計画の策定委員会が集落で設置されているか否かによって，地域担当者の地域会議出席回数の傾向を整理したものであるが，平均をとると設置集落の7.4回に対し，未設置集落で3.9回と半減している。策定委員会が設置されている集落では，策定作業の進捗により職員の訪問も多くなる一方で，もともと集落機能が活発であったり，すでに計画が実施段階に移っ

たりしている場合には，地区担当の関わりをそれほど必要とせず，自力で活動を進める結果，回数が少なくなる傾向が考えられている。それに対し，計画策定が進んでいない集落は，地域担当者の訪問回数は年に0～2回とその頻度は伸びておらず，支援事業の活用が進んでいない状況がうかがえる。

　その背景として，集落側，職員側の双方がうまく接点をもち得ていない現状が指摘されている。集落側では，集落によって役場担当者の位置づけ方に違いがあり，区長がおこなう役場からの行政連絡を補足する役割ととらえている集落もあるという。一方，職員側は，まず常会への出席から集落に関わるきっかけをつくろうとしているが，集落によって常会の開催回数も大きく異なり，毎月実施する集落がある一方で，年に1～2回しかおこなわなくなっている集落もあり，職員自身がうまく住民との接点をもち得ていない集落も出ている。担当課では，職員の日常業務もあり，現時点では特段の指導はおこなわず，職員自身の意欲に委ねている現状だという。

　結果として，現時点では，弥栄らぽが重点モデル集落としている4集落では，表8-4が示すように地域担当者の訪問回数には波があり，小規模化が進む3集落ではまだ策定委員会の設置には至っていない。担当課では，個々の家庭に1軒1軒要望を聞くのは難しく，また平常業務で埋められない部分をらぽの活動と補完していきたいという意向をもつ一方で，地域担当制度が以前頓挫した経緯から職員の意欲が高まっていない事情を指摘する声もあり，今後の展開に課題も残している。

2) 地域農業関連：浜田市農林業支援センター

　浜田市では，2007年4月に，浜田市農林課，JAいわみ中央，島根県西部農林振興センター[5]の3者が「浜田市農林業支援センター」を開設し，ワンフロア・ワンストップサービスの提供を始めている。設立に当たっては，行政の合併後，市内の農業者へのアンケートから，相談や手続窓口の一本化の要望が多かったことが背景にある。

　支援センターでは，新規就農支援・認定農業者支援・集落営農組織支援の活動を3本の柱として取り組んでおり，このうち，集落営農組織支援が直接的に

集落に関係する。弥栄地区は，昭和50年代にいち早く取り組まれた圃場整備により，機械の共同購入・利用が進み，現在，12の集落営農組織がある。このうち，法人化はまだ2組織にとどまっており，オペレーターの高齢化や機械更新を考え，現在，任意組織の合併など組織再編も視野に入れて，担当者がそれぞれの集落営農組織に出向いて，状況の聞き取りや事業の提案を進めている。

したがって，担当職員が実際に訪問する集落は，集落営農組織が立ち上がっている集落が中心とならざるを得ない。弥栄地区に出向いた場合は，平均2か所を半日かけてまわるが，弥栄以外の地区も担当のため，現場に出る時間は不足していると担当者は感じている。そのため，弥栄らぼが対象としている周辺部の小規模集落を訪問する機会はきわめて少なく，らぼが関わる4集落にはまだ入った経験がないという。担当者自身も，前任は隣接する旭支所職員であったため，まだ弥栄地区の人を理解している途上であり，集落の細かいところまで手が回りにくい。また，集落としてオペレーターを確保できず組織がつくれない現状では，センターが直接支援する余地は乏しく，担当としての仕事ができない集落に時間を割けない事情もある，という。

また，集落の情報については，同じ農林課の事業の中でも，集落が関連する中山間地域等直接支払制度や農地・水・環境保全向上対策などについては本所扱いのために，集落での取組みの情報を手元に得られていない状況にあるという。地域農業機関のワンフロア化や行政の合併をふまえ，改めて現場の状況を共有するための仕組みづくりも課題とされている。

3）社会教育関連：安城公民館

弥栄地区は，昭和の合併前は，東部の「安城(やすぎ)」と西部の「杵束(きつか)」という2つの旧村からなり，旧弥栄村では杵束地区に中央公民館が設置されていた。しかし，浜田市との合併に伴い，旧村に1館ずつ公民館をつくることになり，安城公民館は2002年から新たに設置された公民館である。まず「笑顔と対話に重点をおき，気軽に地域住民が立ち寄れる公民館づくり」を目指し，毎日，生涯学習サークルに通うお年寄りや，下校途中の子どもたちが立ち寄り，世代を超えた接点のある地域のサロンとして公民館を開放していくことを進めている。

さらに，この3年間は，県の「子どもの居場所づくり事業」モデル公民館として，公民館活動や児童クラブと連携した子ども教室を開催しており，公民館の活動グループや地域住民，子どもたちが一緒に活動する機会を積極的に設けている。
　このように子ども教室のプログラムを運営する中で，生涯学習に集う地域住民と公民館とのネットワークがしだいに築かれ，情報が集まり，新たな発想も生まれている。公民館主事も，社会教育施設としての公民館から地域課題を解決できる公民館への脱皮をどう図るかを模索するようになり，地域の動きに関心を寄せ始めていた。その折に，集落でのクマ被害の回避のために弥栄らぼが提案した柿もぎプロジェクトが，柿渋づくりとその活用を考えていた公民館活動とつながり，その後も，人脈や情報交換を通じた連携が続いている。
　近年は，小学校の総合学習との融合事業である「ふるさと教育推進事業」（学社融合事業）や，地区文化の記録保存だけでなく地域課題の打開策を住民と探る「弥栄再発見事業」を公民館が積極的に進めている事業でも弥栄らぼとの連携が進み，再発見事業で実践された地元学の成果を里山レンジャーズがパンフレットに加工し，それを片手に小中学生が遠足をおこなって，地区住民もふるさとガイドとして一緒に参加するような，新たな試みにも結実しつつある。
　地域に仕掛ける側の黒子である公民館は活動に人手を必要とする中で，弥栄らぼは地域を何とかしたいという同じ目的をもつ主体であり，行政が合併する中で，地域課題を純粋に語り，実践できるパートナーシップとして頼りにしていると，公民館主事は話している。

5.「集落支援員」と地域振興組織との役割分担の現状

　このように弥栄らぼが関わる重点4集落に着目する限り，弥栄らぼと既存の地域振興組織とでは，集落世帯との接点のつくり方に違いがあるように見受けられる[6]。
　事例として取り上げた行政に当たる弥栄支所職員の場合，地区担当制度の目的が地域活性化計画の策定作業の補助におかれているとすれば，計画づくりま

で至りにくい集落と接する意図はやはり曖昧なものになってしまう。同様に，農林業支援センターについても，担当者の集落訪問の目的が集落営農の推進におかれる場合には，集落営農組織の立ち上げが難しい集落に対しては訪問理由を見出しにくいことになる。このように，既存の地域振興組織は，事業目的に合致する集落を優先して訪問する指向が強く，事業導入が容易でない集落への機会の掘り起こしを苦手としている様子がうかがえる。

　また，これまでの地域振興組織の職員は，集落訪問の機会を，常会などの定期的な集まりの場に求め，事業説明や情報提供を図るとともに，併せて現状把握を図ることもできていた。しかし，集落での常会の開催回数が年に数回と減ったり，必要な折に区長宅で開催する形態に変わってしまうと集落に入りにくい，という職員の声も聞かれる。このように，集落の小規模化・高齢化が進む中で，常会を契機とした住民との接点づくりも容易でなくなっている現状もうかがえる。

　それに対し，弥栄らぼの場合は，活動方針の中で小規模高齢化集落に関わりをもつことが当初から目的とされていたことが特徴的である。らぼも最初は，集落代表者を窓口にしながら常会で集落全体に挨拶する流れを考えていたが，実際はその展開が容易でなかったことから，市の支所などの紹介で1戸1戸の世帯に直接訪問する方針に転換したという。それぞれの家で話を交わし，その話題を新たな活動に活かしたり，寄せられた課題に対応したり，「ただ動くしかなかった」という機動的な展開が，結果として地域住民からの信頼を得，さらなるネットワークの広がりにつながっている。このような地域住民との接点づくりは，既存の地域振興組織がもち得なかったものであり，結果として，弥栄らぼが個別の生活ニーズを把握する1つの窓口になっている。

　生活支援については他集落の住民から弥栄らぼに寄せられる作業要請の数も増えていることもあり，皆田氏の実感としては，これまでに関わった主体を人数で換算すればおよそ200人，何らかの話をした人は600人にのぼるという。現に，このような広がりの実績は年賀状の送り先の数にも表れ，活動を開始した2008年正月は，わずか20～30枚にとどまったが，翌年の正月には，100枚

以上を数えたという。このようにして弥栄らぼは，絶え間なく住民に接することで新たな地域内の「見守り」の役割を築きつつある。

近年では，弥栄地区が国の研究機関が公募した新たな研究プロジェクトのフィールドとなったことから，重点集落において地元学の実践が始まり，里山レンジャーズと地域住民が一緒になって集落資源を再確認する集まりが開かれたり，地域担当制の役場職員が改めて集落の状況把握に当たる動きも生まれている。このように，世帯もしくはその住民1人1人から接点をもち，集落での展開につなげていく弥栄らぼのアプローチから，地域にどのような変化が生まれるのかその動向を見守りたい。

6. 人材支援・人材形成に求められる条件

「集落支援員」の取組みは，まだ各地で始まったばかりであり，試行錯誤が続いている。本稿が取り上げた弥栄らぼの活動は，あくまでその一例にすぎないが，今後，農山村地域において展開される地域マネジャーの人材支援・人材形成に向けて，多くの論点を示唆してくれている。そこで，「集落支援員」を設ける他地域の動向にも触れながら，支援員が直面している課題を整理し，その対応策をもとに人材支援・人材形成に求められる条件を検討してみたい。

(1)「集落支援員」が直面している課題

既存の地域振興組織は各々が事業目的に沿って集落との関わりをもっているのに対し，弥栄らぼの事例が示すように，「集落支援員」の場合は，事業目的そのものが小規模高齢化集落に対象を絞り，集落のみならず世帯住民それぞれに接する機会を有している。このように支援員は，既存の組織職員とは異なり，直接的に対象集落に関わりをもつ「遊軍」である点が，最大の特徴といえよう。

しかし，そこで求められる支援員の役割は，実際は曖昧である。弥栄らぼの皆田氏は「長い歴史と文化が育んだ地域社会に地域マネジャーが入り込む隙はわずか。隙に入り込む度胸，そして信頼を得る十分な時間が必要。その上

で，ようやく地域で認められ，間を取りもつつなぎ役を果たせるようになっている」と述べている。皆田氏のみならず，集落に関わり始めた支援員にとって，いきなり集落の人びとから課題や要望が語られることは少なく，まず信頼関係の構築が第一である，と指摘する声は多い。また，支援員は先の展開が読めない中で，地元の人と様々な調整を進めながら，他方で新しいことを展開しなければならず，自ら判断しなければならない状況も重なり，孤軍奮闘しているという。

その上で時間を要しながらも，支援員に住民との信頼関係ができてくると，しだいに住民の声から様々な課題やニーズが汲み取れるようになっていく。この段階になると，自分たちが現場で集めた課題をどこに相談すればよいかわからない，という声が多くの支援員から寄せられている。とくに，都市部から加わった支援員にとっては，農山村地域にどのような組織があるのか，既存の地域振興組織や部署に対する予備知識をもたない場合も多く，新潟・中越地域で震災復興に携わる地域復興支援員からも，同様の指摘が寄せられている。

(2) 人材支援・人材形成に求められる条件

このような支援員の直面する悩みや課題を手がかりに，農山村地域における新たな地域マネジャーの人材支援・人材形成に求められる条件整備のあり方を考える。

まず，組織的条件として求められるのは，「支援員と組織との連携」ではないだろうか。ここで必要となる組織は，大きく2種類あげられる。1つは，「既存の地域振興組織」との連携である。支援員が現場の集落から汲み上げてきた課題や情報は，支援員自身が解決できないものも多い。弥栄らぼの皆田氏のように，個別の生活支援のような形で対応できたとしても，「地域の声を受け止めるべく柔軟に対応できる姿勢を取ると，かえって仕事が際限なく，またどこまでカバーすればよいかその悩みや迷いも生じ」る事態に追い込まれかねない。その点で，既存の地域振興組織との結節点が，支援員の運営システムの中にどのように埋め込まれるかが，「遊軍」の活動条件を支える大きな要素になる。

その点で，福島県喜多方市では，5名の支援員に対して市役所職員1名が専属で動ける体制になっており，この市役所職員が支援員から寄せられた現場の情報を，関連部署や機関に振り分け，相談する役割を果たしている。

　ここで注意すべき点は，既存の組織が「遊軍」に情報収集の役割を任せきりでは本末転倒になりかねないことである。既存の組織は，合併により管轄する範域が拡大し，現場に足を運ぶ頻度が減る傾向にある。さらには，弥栄地区の実態が示すように，集落でも小規模化・高齢化が進み常会の開催機会が変化すれば，常会を活用した接点もうまくもてなくなり，地域の状況把握の手段が機能不全に陥りかねない。このような状況下では，支援員が現場の問題をどんなに詳細に汲み取っても，施策立案や事業を通して問題解決を図る各部署の現場感覚が鈍ければ，的確な対応を取ることもできないはずである。それだけに，市町村，JA，農業改良普及センターをはじめとする既存の地域振興組織にも，地域状況を確実に把握するために，支援員などの新たな人材と積極的に役割分担し，絶えず情報共有を図る姿勢が求められよう。

　もう1つの連携先は，「地域マネジャー間をつなぐ中間支援組織」との連携である。集落支援員に限らず地域マネジャーは，絶えず現場で奮闘を続けており，自らの活動を客観視する機会が乏しくなりがちである。その点で，活動やメンタル面でのフォロー，また他地域のマネジャーを交えた研修会や情報交換会を通じて，互いが切磋琢磨し，スキルアップの機会をつくっていくことも不可欠である。弥栄らぽも加わっている島根県の「コミュニティ再生重点プロジェクト」では，県の中山間地域研究センターが支援に当たり，また，新潟県中越地域でも復興デザインセンターなどの中間支援組織がその役割を担い，支援員活動のフォロー役を担っている。

　支援員は，先にあげたように現場との信頼関係が築けるかどうかが，まず第一歩であり，その点でコミュニケーション能力を求める声は多い。その先の実践活動に必要となる技術は，組織との連携先が豊富にあり，ネットワークづくりができる環境にあれば，その中で自ずと対応できる部分も増えてくるように思われる。その点でも，既存の地域振興組織や中間支援組織との連携は，人的

支援に不可欠な組織的条件であろう。

　さらに政策運営上で求められる条件として，2つ指摘しておきたい。

　第1点は，プロセス重視の評価方法の採用である。国による「集落支援員」の場合は，集落の現状やあるべき姿を話し合う集落点検活動のアドバイザー，コーディネーターの役割が期待されていた。しかし，現実には，集落点検活動まで速やかに進んだ地域は決して多くない。弥栄らぼの事例が示すように，当初，まず対象集落の住民との信頼関係の構築を重視し，その結果3年目に至って，少しずつ集落の雰囲気も変わりつつあり，その上でようやく地元学のように地域住民が自らの現状を見つめなおす機会ができつつある。このことは，地域マネジャーの活動成果として，集落にもたらした質的変化を要した時間とともに確認し，そこから次の方針を明確にしていく作業が大事になることを示唆している。すでに支援員活動を始めている喜多方市や島根県では，毎年支援員による活動報告会を実施し，その活動内容を政策当局が直接ヒアリングする機会を設けている。つまり，小規模高齢化集落を対象とし，集落のみならず世帯住民それぞれに接することから変化が生み出される支援員の仕事に沿った新たな評価軸が求められる。

　第2点は，地域マネジャーのキャリアパスの場づくりである。現在，各地域で展開している新たなマネジメント活動は，集落の現状把握や話し合いの助言などを職務とするため，その到達点が明確には規定できない場合が多い。一方で，マネジャーが関係機関OBなどの地元精通者であれば，その任を受けるのは高齢世代が中心とならざるを得ない。また，都市部からの若者の場合は，将来的な人生設計を視野に入れた場合，将来的に定住して集落にも関わり続けられるか否かも不透明な要素になってしまう。その点で，地域マネジャーの活動について一定期間の区切りを設けて進め，検証と方向性の設定を重ねることも現実的であるように思われる。

　それとともに，さらなる人材育成を地域の側でも続ける姿勢も求められる。福島県喜多方市では，次に続く集落支援員の発掘を視野に，農山村集落元気塾の試みを始めている。まだ，初発段階であり，プログラムの構築などに多くの

課題を有しているが，担い手の裾野を広げる展開として注目される。また，とくに若手支援員は地域づくりの現場経験がキャリアとして評価され，他地域での支援員や先にあげたNPOなどの中間支援組織のみならず，他業種での活躍にもつながるような条件整備も求められよう。

7. 残された分析課題

本稿では，農山村地域への人的支援策について，その実態と条件の整理を試みたが，残されている分析課題も少なくない。

第1は，集落住民側からの分析である。集落住民にとって，集落支援員との新たな関わりは，地域住民の内発性にどのような影響を及ぼしうるのか。小規模高齢化集落に居住する人びとの声としては，不便なところはありながらも，これまで対処しながら生活してきており，「それほど困っていない」という声が寄せられる。その反面，将来に向けた漠然とした不安ももっており，集落支援員のような新たな地域マネジャーに期待される役割は，この不安に対してどのような対応を集落住民とともに考えていくのか，だと筆者は考えている。つまり，支援員の評価方法を検討する上でも，集落住民の声をもとにした分析は不可欠である。

第2は，既存の地域振興組織との連携を考える上でも，今回取り上げられなかった組織にも着目する必要があるだろう。弥栄らぼの事例は，小規模高齢化集落で主たるニーズが個別世帯の生活支援にあることを示唆しているが，この分野は元来，地域の社会福祉協議会や民生委員などの福祉分野の機関が関与する領域である。しかし，これまでの農業・農村マネジメントの議論では，このような領域への問題関心が弱かったことから，その内実をとらえていく姿勢も求められる。

第3は，小規模化・高齢化が進む集落に対して，どのような支援をおこない，どのような体制づくりを図るべきか，その整理である。弥栄らぼの事例から，集落の小規模化・高齢化が進めば，支援対象も，集落での共同活動から個々の

世帯の生活や生業の作業補完に移っていく様子が見出された。このことは，集落支援といっても，集落状況に応じてその内容に違いがあり，個別の生活や生業を支援し，定住基盤を支える段階がまずあって，それから集落点検などの手段を活用して集落としての課題やビジョンを議論できる段階に進めるのだろう。支援体制もまた，段階に応じて変わってくるはずである。

このように「集落支援員」に代表される人的支援策は，緒に就いたばかりであり，今後の現場で試行錯誤しながら蓄積される経験やノウハウの共有が，まず求められている。

注

(1) 詳細は，結城［6］を参照。
(2) 国土交通省の集落課題検討委員会中間取りまとめ（案）(2009 年 12 月）においても，集落施策を担う人材として，「地元の意欲ある普通の人がリーダーやコーディネーターとして活躍できる仕組みが必要」であり，それとともに，「外部からサポートするプロデューサー，中間支援組織などが必要」だとして，人材の活動環境の整備を促す議論が始まっている。
(3) このうち自治区長は，地方自治法第 161 条に規定される条約に基づき，浜田自治区長を除き，地域協議会の推薦，意見を尊重し市長が選任するもので，任期は 4 年となっている。また，地域協議会は，おもに自治区の単独事業，とくに後述する地域振興基金の用途について審議する機関であり，弥栄自治区では 15 名が 2 年の任期で務めている。この 15 名は，おもに旧大字でブロック分けされた地縁団体からの推薦により選出された有識者が中心であり，現在は，男性 11 名，女性 4 名でいずれも 50 歳以上の構成となっており，年間 5 回程度開催されている。
(4) 合併時に旧弥栄村が有していた基金 19 億円を原資とし，任意組織である弥栄地区活性化検討委員会（10 名で構成）が，全市には広げられないが弥栄地区で必要な事業について，旧村独自事業の継続も視野に入れて活性化振興計画にまとめている。
(5) 島根県西部農林振興センターについては，農業普及指導員が必要に応じて随時支援センターに出向いて業務に当たる形式を取っている。
(6) 集落訪問の機会については，本稿では浜田市役所弥栄支所における地域担当制，浜田市農林業支援センターでは集落営農担当に限って検討しており，本稿で取り扱わなかった担当部署の活動がこれらの集落への訪問を重ねている可能性もあり，限られた範囲での分析にとどまっている点に留意されたい。

▶▶▶ 第9章

集落・地域を対象とした農林水産政策の展開動向と課題──各種の交付金制度に注目して

1. はじめに

　共同体やコミュニティをめぐっては，現在の特徴的な動向を指摘することができる。一言でいえば，1970年前後の時代の再来ともいえる「第2次コミュニティブーム」とも呼べる動きである[1]。2007年2月には，総務省が「コミュニティに関する様々な施策を統合する等の観点から検討」するとの目的のもと，「コミュニティ研究会」を設置する一方，時同じくして農林水産省も「農村のソーシャル・キャピタルに関する研究会」を組織し，ソーシャルキャピタルを政策目的実現のための「手段」から「目的」に転換するという必要性の認識を表明している。また，07年7月投票の参議院議員選挙において，当時の政権与党の公約として「コミュニティ基本法」（仮称）の制定という文言が盛り込まれるといった動きもあった。

　さらに，08年7月に決定された国土形成計画（全国計画）の策定過程においては，「新たな公」という概念が提唱された。07年4月の国土審議会計画部会「国土形成計画に関する報告」（素案）では，「計画のねらいと戦略的取組」として，「3つのカテゴリー」と「5つの戦略」を掲げ，それらの「横断的視点」として，「『新たな公』による地域づくり」を位置づけている。「従来の公の領域」に加えて「公共的な価値を含む私の領域」や「公と私の中間的な領域」を指すものとされ，公共サービスの低下や諸課題への対応の困難性について自認する一方，公の空白領域を埋めるものとして，NPOや企業への期待も述べられているが，市町村合併の進展によって地方自治体の位置づけが変化する中で，

地域の基礎的組織である集落，共同体，コミュニティ，地縁組織への期待がうかがわれる。

その後，国土審議会政策部会において集落課題検討委員会が設置され，高齢化が進む過疎集落の機能維持・経済基盤の再構築等のために講ずべき施策のあり方についての「集落課題検討委員会中間とりまとめ」が公表されるなど，引き続き，集落の動向をめぐって注目が集まっている。

そのような中，現在展開している農林水産政策をめぐっては，1つの共通した特徴を指摘することができる。それは，集落・地域を強く意識した交付金制度が導入されているということである。それぞれの導入背景や内容については，もちろん差異が認められるものの，そこには多くの類似点も見出すことができる。

まず，農業・農村分野では2000年度から中山間地域等直接支払制度が実施されている。同制度は5年を実施期間とし，現在3期目の初年度である。また，林業・山村分野では，02年度から森林整備地域活動支援交付金制度が実施されている。同制度も5年を1期としており，現在第2期目の4年目である。さらに，漁業・漁村分野では離島漁業再生支援交付金制度が05年度から導入されている。5年を1期の対策とする枠組みは，同制度においても同様である。ほかにも，07年度から農地・水・環境保全向上対策が実施され，09年度からは水産分野においても類似性が強いとみられる環境・生態系保全対策が開始され，これら2つの対策も地域を強く意識した内容となっている。

本章では，これらのことを考慮しつつ，農・林・水産の各政策分野で先駆的に導入された3つの制度の趣旨や概要を整理し，その特徴について比較・考察する。なお，とくに集落ということに注目した場合，中山間地域等直接支払制度と離島漁業再生支援交付金制度では，ともに「集落協定」の締結を必須とするなど，外形的には類似性が強いと判断される。その上で中山間地域等直接支払制度については，その内実が相当程度明らかにされているといえるため，本章ではとくに離島漁業再生支援交付金制度における協定の締結範囲に注目して実態を分析する。さらに，各制度に関する協同組合の役割についても言及し，

最後に制度の今後の行方を展望することにしたい。

2. 3つの制度の概観

　まず，それぞれの制度の趣旨，概要についてみていくことにしたい。なお，以下では適宜，「中山間支払」「森林交付金」「離島漁業交付金」の略称を用いる。

　中山間支払の導入については，「中山間地域等では，高齢化が進展する中で平地に比べ自然的・経済的・社会的条件が不利な地域があることから，担い手の減少，耕作放棄の増加等により，多面的機能が低下し，国民全体にとって大きな経済的損失が生じることが懸念されている」との問題意識に拠っている（「中山間地域等直接支払交付金実施要領」）。また，食料・農業・農村基本法第35条第2項にも「国は，中山間地域等においては，適切な農業生産活動が継続的に行われるよう農業の生産条件に関する不利を補正するための支援を行うこと等により，多面的機能の確保を特に図るための施策を講ずる」という法的な根拠を求めることができる。

　つまり，条件不利性を支払い根拠とし，その補正を大きな目的としているということである。何をもって条件不利と見なすかは種々の考えがありうるが，中山間支払においては，主として農用地の傾斜条件に着目している。これにより，地目・傾斜別に300〜2万1000円/10aの単価が設定されており，5年間の農業生産活動を継続する場合に，毎年，交付金を支払うという仕組みである。

　森林交付金については，「近年，林業生産性の悪化による林業生産活動の停滞や，森林所有者の高齢化，不在村地主化等を背景として，森林所有者の森林施業意欲が減退しており，適時適切な森林施業が行われない森林が発生するなど，このままでは国土の保全，水源のかん養，地球温暖化の防止等の森林の有する多面的機能の発揮に支障をきたしかねない事態が生じている」との問題意識が示されている（「森林整備地域活動支援交付金実施要領」）。

　そこで，森林施業計画を作成している林齢が45年生以下である人工林，および林齢が60年生以下の天然林の一部に対し，施業実施区域の明確化や歩道

の整備等の地域活動をおこなう場合，5000円/haを毎年支払うというものである。また，森林施業計画を作成していない36～45年生の人工林と11～35年生の人工林の一部については，森林情報の収集活動に対して期間中に1回限りではあるが，1万5000円/haを支払うという枠組みも用意されている。

さらに，離島漁業交付金については，「離島は，一般に輸送，生産資材の取得など，販売・生産の面で不利な条件にあり，近年，消費者の鮮度志向が強まる中で，特に，販売面での不利が決定的なものとなりつつある。また，漁業が基幹産業である離島においても，漁業者の減少や高齢化が進んでいるが，これまで，離島の漁業者が海域環境を適切に管理・保全することにより，周辺水域の有効利用を図ってきており，このまま放置すれば，漁場の活用が十分に行われないだけでなく，本土の漁業者にとっての前進基地としての機能も失われていく懸念がある」ということを根拠としている（「離島漁業再生支援交付金実施要領」）。

その上で，漁業活動の再生を図る行為に対して支援をおこなうという枠組みであるが，支払いの単価については，標準の漁業集落を，漁業世帯25世帯で年間340万円の交付金と想定し，漁業世帯数に比例して支払うということになっている。別な表現をすれば，支払い単価は漁業世帯1世帯当たり13万6000円ということになる。

3. 制度の共通点

以上，それぞれの制度について，その内容を概観したが，領域も異なる別個の制度であるから当然に相違点が存在する。一方で，以下のようにいくつかの共通点を指摘することができる。

まず，その実施期間についてである。いずれの制度もこれまで1期を5年間としてきた。農林水産政策をめぐっては，短期間に制度の枠組みが変化することに対する批判がしばしば聞かれるが，大枠としては安定的な実施が約束された制度となっている[2]。

第9章　集落・地域を対象とした農林水産政策の展開動向と課題　217

また，交付金の支払いに当たって「協定」の締結を必須としていることである。中山間支払の場合には，「集落協定」と「個別協定」という枠組みが，森林交付金については「協定」が，離島漁業交付金については「集落協定」が位置づけられている。その協定において，市町村長が不可欠の役割を果たしているというのも共通性がある。ただし，中山間支払の「集落協定」と離島漁業交付金の「集落協定」については，市町村長が認定するという立場であるのに対し，中山間支払の「個別協定」と森林交付金の「協定」においては，市町村長が協定締結の主体となっている。

　さらに，上記とも関連するが，都道府県と市町村の役割や交付金の負担割合についても類似性がある。すなわち，いずれの制度においても，「国と地方公共団体が緊密な連携のもと」に実施するとされ，交付金の負担額は国が2分の1，都道府県と市町村が，それぞれ4分の1となっており共通である。また，後述の点とも関係するが，知事特認制度を設けている中山間支払と離島漁業交付金に関しては，特認地域について，国と都道府県と市町村が，それぞれ3分の1としており，両制度で同じとなっている。

4. 制度の相違点——実施背景に関する考察

　つづいて，交付金の支払い根拠という制度の根本的な背景に関する認識について，3者を比較してみたい。中山間支払では，条件不利性の補正という点が前面に出てきているが，離島漁業交付金についても，離島漁業の条件不利性を交付金交付の根拠としている点で両者は共通性がある。そのうち後者については，その条件不利性は「生産面・販売面」でのものとしつつ，とくに近年，鮮度を求める消費者志向の高まりによって，離島漁業の販売面での不利性が強まったという認識を示している点が興味深い。これに対し，中山間支払においては，生活面での不利地域とされる地域振興立法8法の指定地域内にあることが第1の条件となっている。実態としては都道府県知事特認制度を設けたことによって，傾斜条件を満たすものの支払いの対象になり得ないというところは

少ないものと想定されるが，この知事特認制度については上限面積が設けられており，理論的には，やはりあくまでも生活条件の不利地域性と生産条件の不利性の両方に該当する部分を対象とする，という考え方に立っているわけである。

　2つの制度に対し，森林交付金については，「森林所有者の高齢化，不在村地主化」という問題意識は示されているが，とくに条件の悪い森林への支援という考え方は見当たらない。このこととも関係して，中山間支払と離島漁業交付金では法指定条件があるが，森林交付金にはない。確かに日本の森林がおしなべて生産条件が悪いということではなく，いわゆる大企業経営の森林経営なども存在するが，大企業は最初から交付金支払い対象外とされていることも中山間支払と異なる点である。この点に関しては，戦後の農地制度のもとで農地を利用する農業経営は農家と小規模な農業生産法人に限定されてきていたということも考慮する必要があるが，中山間支払においては，協定締結者，交付金受給者の制限はない。その上で協定参加者1人当たり最大100万円という交付金の受給最大金額が設けられているということも，それを担保することになっている[3]。

　なお，支払い対象者という点については，先に述べたように離島漁業交付金については漁業世帯1世帯当たり13万6000円の支払いとなるが，ここにおける漁業世帯には自営漁家以外の漁業労働者世帯も含んでいる。したがって，大規模漁業経営の従業員も，この交付金の恩恵を受けるという立場になりうる。もちろん，ただそれだけで交付金が受領できる訳でなく，それに伴う活動が協定全体として求められる。さらに離島漁業交付金では，中山間支払と同様に交付金の2分の1以上に充当するようにとの指導がありつつも，実態としては全額を「共同取組活動」に充てている協定がほとんどすべてと判断される。したがって，単純に大規模漁業経営体の従業員であるから自動的に交付金が懐に入ってくる，ということにはなっていないが，交付金の支払い対象についての3つの制度の考え方の違いという点は興味深い。

　このように，いくつか共通点と相違点をもつ3つの制度であるが，その内容

表9-1　各種の交付金制度の比較

制　度	中山間地域等直接支払制度	森林整備地域活動支援交付金制度	離島漁業再生支援交付金制度
開始年度	2000年度	2002年度	2005年度
実施期間（1期）	5年間	5年間	5年間
法指定条件	過疎法，山村振興法，特定農山村法，半島振興法，離島振興法，小笠原・奄美・沖縄の各特別措置法	法指定条件なし	離島振興法，小笠原・奄美・沖縄の各特別措置法
知事特認制度	あり	なし	あり
協　定	集落協定，個別協定	協定	集落協定
おもな対象行為	継続しておこなわれる農業生産活動	地域活動（施業実施区域の明確化作業，歩道の整備，森林情報の収集活動）	漁業再生活動
おもな単価設定	急傾斜田 21,000円/10a 緩傾斜田 8,000円/10a 急傾斜畑 11,500円/10a 緩傾斜畑 3,500円/10a など	5,000円/ha（毎年）＋15,000円/ha（1回）	136,000円/1漁業世帯
支払い対象の制限等	とくになし（原則として1参加者当たり上限100万円）	大企業を除く	大規模漁業経営体の従業員も漁業世帯とする

資料：各制度の「実施要領」等より筆者作成。

を大まかに整理すると表9-1のようにまとめられよう。

5. 制度の意義と展望

　これらの制度のもつ意義を考察し今後の展望を見通す上では，何よりも制度が実施されている農林水産業の現場で，どのような受け止めがなされているかに注目しなければならないが，総じて高い評価を得ているというのが，乏しいながらの筆者の知見からの判断である。

　とくに最も長い期間，実施されている中山間支払については，2001～04年

度の4年間にかけて集落協定代表者への意向調査が実施され，制度第1期最終年度の評価や，第2期の中間年評価など，様々な機会に制度の検証もおこなわれている。そこでも現場の高い評価がうかがえるが，実際の農村の現場では条件不利性の補正に関する支払いというよりも，いわば「集落活性化助成金」として制度を認識している向きも多い。その背景には，小田切徳美が指摘するように，種々の中山間支払の特徴の中で，「制度の自己デザイン性」という点が評価されているからだと思われる。

　そもそも，中山間支払の制度の枠組み自体からすれば，要件を満たした農用地について，協定に基づいた5年間の農業生産活動が継続されればよく，とくに使途を定めるものにはなっていない。ただし集落協定においては，交付金額の2分の1以上を「共同取組活動」に使用するようガイドラインが設けられており，半分前後を充てている集落協定が多数であるが，実際には，その割合は0％から100％まで多様である。そのため，「個人配分」を重視する協定と「共同取組活動配分」を重視する協定が生まれ，とくに後者においては，まさに「集落活性化助成金」としての様相を強めることになる。

　このような中山間支払の特徴に対して，森林交付金や離島漁業交付金については，その使途に対する縛りが強いように判断される。とくに森林交付金については，第1期から第2期への移行の際に，交付金について「協定を締結する森林所有者は，あらかじめ交付金の配分方法を決定する」といった内容により森林所有者への配分はなくなり，経費内訳についても帳簿等を整備することが義務づけられた。離島漁業交付金については，中山間支払と同様に交付金額の2分の1以上を「共同取組活動」に充てるようにガイドラインが設けられているが，実際には，全額が「共同取組活動」に相当する活動に使われており，そもそも現場では，その配分割合に関する認識もない状況となっている。少なくとも後に事例を考察する長崎県新上五島町における集落協定はすべてがそのようであった。しかも，当初の国や都道府県の指導方針として，離島漁業交付金はあくまでもソフト事業に相当するものに使うということが強調され，現場では従来の補助金に限りなく近い制度と受け止められているようである。ただし，

これらの相違点は，要項からは必ずしもうかがえない制度の細かな運用面での違いといえるのかもしれない。

6. 制度への評価──「事業仕分け」における議論を手がかりに

先ほどは，何よりも制度が実施されている農林水産業の現場で，どのような受け止めがなされているかに注目しなければならないと述べたが，一方で，いわゆる国民的理解という点も今後の制度の行方を考えるに当たっては重要な要素である。くしくも，新政権発足後に注目を集めた行政刷新会議のワーキンググループにおける，いわゆる「事業仕分け」において，本章で検討している3つの制度すべてについても議論の対象とされた。もともと民主党は中山間支払の法制化を公約としていただけに，識者からは議論の対象となること自体にも批判があったが，しかしそこでの議論の内容は，むしろ中山間支払に対する許容の雰囲気に満ちていた。必ずしも「仕分け人」が国民の意見を正しく代表しているとも思われないが，3つの制度に対して一般的にどのような理解がされているのかを示す一端であろうという前提で，それらの内容を紹介し検討することにしたい。

まず中山間支払については，事業仕分け最終日の2009年11月27日に開催された第3ワーキンググループにおいて，「小規模農家に配慮した補助金」という分類で，農地・水・環境保全向上対策とともに議論された。最初のほうでこそ，当制度実施地域の「持続性」ということが話題となった。つまり，当面このような制度を実施することはやむを得ないかもしれないが，そこから脱却する展望があるのかどうかといった内容である。しかし，途中での蓮舫議員の発言を機に，雰囲気は一変したといってよいであろう。その発言とは，「この制度は中山間地域で生活をしながら地域資源を守っていいただいている方々の集落を支援する総合事業だと理解している。この制度の継続性という議論については，それは政治全体の果たす役割いかんである」という趣旨のものであった。その後は，ワーキンググループ全体が，当制度について，あたかも「高齢

化・過疎化が進んだ地域のコミュニティを活性化するための補助金」という理解に支配されていたといっても過言ではなかった。全体の雰囲気を変えた蓮舫議員の発言は，農林水産省の担当者に，そのような説明をしてもらってこそむしろ国民的合意が得られるという内容をも含んでいた。最終的な評価結果については「予算要求の縮減4名，予算要求通り6名となった。複数の方が事業の事務費の削減を述べている。当WGとしては，事務費の削減以外は予算要求通りとの結論とする」というものであった。

　次に森林交付金については，同じく第3ワーキンググループにおいて，11月24日に「森林所有者向け支援」という枠組みで議論された。しかし，森林交付金についての評価に関しては厳しい意見が比較的多かったといえよう。代表的な意見としては，財産である森林を所有する者が自らおこなうべき境界画定について，なぜ税金を投入するのかなどの意見が出された。とくに議論が集中したのは，想定されるよりも取組みが低調で基金の残額が多いにもかかわらず，来年度もなお予算を計上することの妥当性についてであった。結果，「廃止が3名，予算計上見送りが4名，予算要求の縮減が5名となり，縮減の内訳は半額1名，3分の1縮減が3名，2割縮減が1名であった。平成21年度の基金残高を活用することで十分対応できるという意見が圧倒的であったので，当WGとしては，来年度の予算計上は見送りとの結論とする」とされた。

　さらに離島漁業交付金については，11月27日に「漁村振興関係」という枠組みで「強い水産業づくり交付金」とともに議論の対象となった。その内容については，何人かの仕分け人自身が「これは中山間地域等直接支払制度に対する背景と同じだ」と語っていたように，条件の悪い地域に住む人びとの地域活動を支援するのは必要だということで，おおむね肯定的な評価で支配されていたといえるだろう。その結果，「強い水産業づくり交付金，離島漁業再生支援交付金については，3分の1程度の縮減を当WGの結論としたい。ただし，離島漁業再生支援交付金については，そのまま継続すべきとのコメントが多かった」というものであった。

　日程からいえば，森林交付金がいちばん早く，中山間支払と離島漁業交付金

については同日に議論されたということも考慮しなければならないが，このような3つの制度への評価の差をもたらした1つの背景が，対象を絞っているかどうか，少なくともそのように受け止められているかという点であったように思われる。つまり中山間支払や離島漁業交付金が条件不利地域という対象を絞った制度であると理解される一方，森林交付金については必ずしもそうでなかったということである。この点は前項で指摘した制度の実施背景という点とも絡んで，今後の制度のあり方を考察する上では重要な要素ではないかと考えられる。

7．集落協定範囲に関する考察
――離島漁業再生支援交付金制度の実態

（1）はじめに

　中山間支払と離島漁業交付金は，いずれも「集落協定」を必須とし，集落との関係が注目される。前者については，集落協定数2万8073協定に対して関係するセンサス農業集落数は2万5354であり，その内実は1集落1協定，複数集落1協定，1集落複数協定と様々な範囲で協定が締結されているが，単純にセンサス農業集落を集落協定数で除すると1集落協定当たり0.9センサス集落となる[4]。一方の離島漁業交付金については，839センサス漁業集落で232の集落協定が締結されている。すなわち1集落協定当たり3.6センサス集落となり，中山間支払と比較すれば複数集落1協定という性格が際立つ。
　中山間支払における集落協定締結範囲の問題については相当程度明らかにされ，一部には複数集落協定の有効性を述べるものもある[5]。そこで以下では，離島漁業交付金における集落協定の締結状況について，協定の締結範囲ということに注目して考察をおこなうことにする。ここでは集落協定の締結状況が一様ではなく，いくつかの類型が存在している長崎県新上五島町での事例をもとに，複数集落1協定の内実や課題について考えてみたい。そして，その際に適

宜，中山間支払との比較の視点を盛り込むこととしたい(6)。

（2）長崎県および新上五島町における
　　離島漁業再生支援交付金制度の実施状況

　まず，長崎県新上五島町における離島漁業交付金の集落協定の締結状況を確認する前段階として，長崎県全体の状況をみておきたい。県下の10市町で実施され，330のセンサス漁業集落において86の集落協定が締結されており，平均では1集落協定当たり3.8センサス集落となる。参加漁業世帯数は7406世帯で約10億円の交付金額である。なお長崎県は2008年度に全国全体で締結されていた232集落協定のうち86協定を占め，協定数で2番目の鹿児島県の倍にも及ぶ全国一の離島漁業交付金の実施県である。

　次に本章で具体的な検討の対象とする新上五島町の概況をみておく。新上五島町は04年に上五島町，有川町，若松町，新魚目町，奈良尾町の5町が合併して誕生している。中心となる中通島と橋で繋がれた若松島および周辺の小さい島嶼からなり，面積は213 km²である。一方で海岸線の距離は430 kmにも及び，典型的なリアス海岸地形となっている。また最高地点は442 mであり，全体として急峻な地形で農業はあまり展開していない。町の人口は05年の国勢調査で2万5039人，町の就業人口に対する第1次産業の割合は13.5%であるが，さらにその中では漁業が92.4%である。

　新上五島町の合併前の旧町村と漁協，離島漁業交付金の集落協定締結状況を整理したものが表9-2である。このように新上五島町においては9つの集落協定が結ばれているが，漁協の管内と協定の範囲はほぼ一致している。例外的なのは旧若松町内における神部漁協の管内のみである。ほかでは，「1漁協1集落協定」という関係も成り立っており，また協定が締結されていない地区を管内とする飯ノ瀬戸漁協を除いて，すべての漁協で離島漁業交付金に関する事務作業を取り扱っている。したがって，少なくとも新上五島町においては「協定が締結されている（いない）漁業集落」という表現よりも，「協定が締結されている（いない）漁協」といった表現のほうが実態を表しているといえる。

表9-2 新上五島町における集落協定の締結状況

合併前自治体	漁協	集落協定名称	センサス漁業集落数	協定参加漁業世帯数	1漁業集落当たり協定参加漁業世帯数
上五島町	上五島町	上五島地区	12	303	25.3
	飯ノ瀬戸	(飯ノ瀬戸)	3	0	0.0
有川町	有川町	有川地区	14	384	27.4
新魚目町	新魚目町	新魚目地区	15	299	19.9
若松町	若松町中央	若松中央地区	11	272	24.7
	若松	日島地区	10	153	15.3
	神部	神部	1	33	33.0
		土井ノ浦地区	1	38	38.0
		(佐尾)	1	0	0.0
奈良尾町	奈良尾	奈良尾地区	9	93	10.3
	浜串	浜串	1	47	47.0

資料:長崎県新上五島町資料,および聞き取り調査より作成。
注:( )で示したものは,実際には協定未締結。

　そのような観点からみた場合,例外的に神部漁協の管内においては2つの協定が成立している。神部集落協定と土井ノ浦地区集落協定であり,両者とも1つのセンサス漁業集落のみで構成されており1集落1協定となっている。ただし,この2つの協定が別々に締結された経緯については,役場の担当課でも必ずしも明瞭には把握されていない。

　また神部漁協の管内でありながら,佐尾集落においては協定が締結されていない。この佐尾集落には,1996年までは独自に佐尾漁協が存在していた。その後,合併によって神部漁協となったが,もともと若松島全体を占める旧若松町の中で,佐尾集落は海を隔てた中通島に位置し,地理的には飛び地のような存在で独立性が高かった。先ほどの神部集落と土井ノ浦集落は,同じ漁協の管内であったので,それとは事情を異にする。そのような環境にあって協定が締結されていない直接的な理由は,全体として著しく高齢化が進んでおり協定代表を担う人が存在しないということによるものである。

　さらに,旧上五島町の飯ノ瀬戸漁協の管内においても協定が締結されていな

い。こちらも事情は佐尾集落と同様であるが，単独の漁協として存在している一方，その漁協の役員選出も困難をきわめており，このままでは漁協の存続自体も厳しくなるということが想定されている。

(3) 集落協定の実際

以下では，集落協定の実際の姿として3つの協定の締結状況について考察する。1番目は旧奈良尾町の浜串集落協定である。浜串集落はセンサス漁業集落1つの範囲であり，漁協の管内とも一致している。すなわち1漁協1漁業集落1協定となっている。このような関係性は新上五島町の9つの協定の中でも，ただ1つである。2番目は旧上五島町の上五島地区集落協定である。こちらは1協定に12のセンサス集落が含まれている。ただし2005年度に離島漁業交付金そのものが発足したときには4つの協定が存在しており，翌06年度に協定を統合して現在に至っている。このような事実と現在の協定の運営実態も興味深いところである。3番目の新魚目地区集落協定は15のセンサス集落が含まれ，新上五島町の協定の中でも最も多くのセンサス集落を擁している。

1) 浜串集落協定

先に紹介したように浜串集落は1漁業集落1協定であり，漁協の範囲とも一致している。全世帯数130に対し漁業世帯数は47であり，そのうちすべてが協定に参加している。また非漁業世帯で協定に参加しているものはない。地理的にほかの集落から離れた孤立した位置にあり，巻き網漁船の基地としても有名である。5船団25隻の漁船を有する長崎市に本社のある漁業会社が漁協の有力な組合員でもあり，その代表取締役が漁協の組合長となっている。

この漁業会社の船団の乗組員は250名ほどになるが，そのうち浜串集落に住居を構えているのは50名ほどである。また，同一世帯でも親子や兄弟など複数の乗組員がいる世帯があり，漁業世帯数の3分の1ほどが，これらの乗組員世帯に該当する。自営の漁家ではないが，離島漁業交付金の算定の漁業世帯となっており，その点，地域に常時定住している漁家とは性格の異なる2者が同じ集落協定を構成していることになる。

巻き網漁船は遠くは台湾付近までおよそ24～25日の航海に出て1週間ほど休みをとるというパターンが一般的である。しかし漁船の乗組員が帰港した後の休養日に，できるだけ共同取組活動を実施するなどの配慮をおこなっている。また，現在は自営で漁業を営んでいても若いときには巻き網漁船の乗組員であったという人も多いとのことであり，集落協定の活動に関する対応の違いがあっても，摩擦などが生じない背景となっているようである。
　協定の代表者は元巻き網漁船の乗組員で，現在は1本釣りの自営漁家であり，まさに上記の例に該当する。活動の内容としては海岸清掃やイカの産卵場所となるイカ柴の設置などをおこなっている。

2）上五島地区集落協定

　上五島地区集落協定は，新上五島町へ合併する前の旧上五島町の上五島町漁協管内が範囲であり，旧上五島町の中の飯ノ瀬戸漁協管内を除いた12のセンサス漁業集落から構成されている。全体としての集落協定の下位に「支部」を設けている点が特徴的である。先に述べたように制度発足時の2005年度には4つの協定が存在しており，翌06年度に協定を統合して現在に至っている。ただし単純に4つの協定が統合したのみではなく05年度と同様の協定締結様式であれば2つの集落協定が新たに誕生するところ，その2つをも包含して新たに1つの協定をつくった。そのために支部は6つ存在している。さらに2つの支部の下位には「班」が設けられている。
　協定全体への交付金のうち，漁協への事務委託費と役員報酬分に加え，交付金の1割を「広域事業費」と称して協定全体に関わる活動に用いている。それ以外については，それぞれの支部に参加漁業世帯数に比例して交付金を配分している。さらに班を設けている1つの支部は班に対しても再配分をおこなっている。また協定の性格をよく表していると考えられるのが，代表者の選出方法である。まず支部の代表者が選ばれ，その中から互選で協定の代表者が選ばれるということになっており，以上の諸点を考慮すれば実質的な協定のもつ役割は支部が担っており，協定全体は本来の協定の連合体としての性格が強いと認識することができよう。それでもなお協定を統合して1つにしたのは，制度発

足2年目から協定が増加する見込みとなったのに伴い，事務委託を漁協が引き受けている関係から1つにまとめてはどうかとの話が持ち上がったからだそうである。

それでは，この「支部」はいかなる性格をもつものか。端的には漁協における「地区」と関連性が深い。上五島町漁協管内には18の漁協地区があり，複数の地区を束ねた形で支部が構成されているのである。この「地区」は地先権の及ぶ圏域と重なる。そして，新上五島町は典型的なリアス式海岸故に多くの湾が存在しているが，比較的に大きい湾を囲むような範囲で支部の範囲が定められた。すなわち，「18漁協地区（地先権域）：一部では協定の『班』」→（「12センサス漁業集落」）→「6協定支部（複数の漁協地区）」→「1協定（漁協）」という構造となっている。ただしセンサス集落の存在はそれほどは意識されておらず，この部分を数えるかどうかによって，3層あるいは4層の構造のいずれかと理解される。ここで重要な地先権域となる漁協地区については，歴史をたどれば地先権は古くからの地縁組織の慣習に基づくものであり，次には集落との関係が問われることになる。

そもそも離島漁業交付金は，原則としてセンサス漁業集落を基礎単位として協定を設定することになっているため，協定とセンサス集落との関係性は明瞭であり，上五島地区集落協定における「支部」についても，どのセンサス集落が属しているかは明らかである。また，当地で「郷」や「浦」と称され，「郷長」「区長」が選出される行政集落との関係性については，上五島地区集落協定の範囲内には17の行政集落があり，12のセンサス集落との対応関係は，1行政集落1センサス集落が8，2行政集落1センサス集落が3，3行政集落1センサス集落が1となっている。おおむね純漁村地帯では1対1の対応関係があるのに対し，市街地が形成されているようなところはそうでなく，この点は農村地帯における関係性とほぼ共通のようである。ただし，センサス漁業集落，行政集落とも統合がおこなわれているところもあり，その点は注意を要する。

また，協定の「支部長」の多くは漁業者でかつ郷長，区長を経験した人が多いとのことである。それらを前提とした上で重要なのは，協定に基づく共同取

表9-3 上五島地区集落協定への参加状況

協定支部	2005年国勢調査世帯数	協定参加世帯数	協定参加世帯割合（％）	漁業世帯数	非漁業世帯数	非漁業世帯割合（％）
今　里	321	89	27.7	74	15	16.9
上　郷	648	83	12.8	57	26	31.3
青　砂	182	82	45.1	74	8	9.8
青　方	1,179	37	3.1	33	4	10.8
大　曽	85	40	47.1	25	15	37.5
道土井	205	47	22.9	37	10	21.3
合　計	2,620	378	14.4	300	78	20.6

資料：長崎県新上五島町資料，および聞き取り調査，2005年国勢調査小地域データより作成．
注：国勢調査データの制約により一部推測値を含む．また協定参加世帯数は2008年度実績に基づくものであり，厳密には分母と分子の数値の時期が異なっている．

組活動において行政集落との連携などがあるのかどうかといった点である。中山間支払においては，集落協定の活動内容が農業者による農地管理のみならず，非農業者も含めた地域紐帯の強化の内容をも，その中に包含していると考えられ，離島漁業交付金においても同様の中身が存在するかどうかが比較の視点としてありうるからである。この点について考察する素材の1つとして表9-3を用意した。ここでは上五島地区集落協定の支部ごとに，世帯数と協定参加世帯数，さらに協定参加世帯の中で漁業世帯と非漁業世帯の数値を整理した。

この表9-3からは，全体の世帯数が少ないような純漁村地帯では協定参加世帯割合が高いという関係が浮かび上がってくる。また，そこまで明瞭な関係ではないが，全体の世帯数が少ない支部では非漁業世帯の参加も多く，それだけ地域一体として離島漁業交付金に対応しているという姿が想定される。もっとも漁業世帯と非漁業世帯については，センサス定義によって毎年4月1日現在の「資格審査」のようなチェックがおこなわれており，実際の協定参加世帯からすれば，その部分の境界は曖昧である世帯も多いようである。つまり当事者は漁業世帯としての参加意識があっても結果として統計上の非漁業世帯にカウントされてしまうということもあり，また逆も存在しているのである。

いずれにせよ，活動内容についてとくに非漁業世帯の関与が大きいのは海岸

清掃である。近年，近隣諸国からの漂流物などの漂着が増加しており，この活動には制度発足前と比較して，多くの人びとが積極的に参加するようになったとのことである。一方で，その他の漁業の生産性向上に関する活動については純粋に漁業世帯のみの参加であり，地域全体の取組みという広がりはみられないようである。その点，農地の維持管理と生活環境の保全という関係性が密接な中山間支払のほうが，地域一体の活動としての広がりが大きいように思われる。

3）新魚目地区集落協定

新魚目地区集落協定は，新上五島町へ合併する前の旧新魚目町の新魚目町漁協管内が範囲であり，15のセンサス漁業集落から構成されている。ここでも全体としての集落協定の下位に"支部"を設けている点が特徴的であるが，上五島地区集落協定と大きく異なるのは，全体の集落協定の構造が「15センサス漁業集落（地先権域）」→「10協定"支部"」→「3漁業地区（共同漁業権域：合併前の旧漁協管内）」→「1協定（漁協）」という4層構造になっている点である。ただしセンサス漁業集落のうち複数で協定支部を構成しているものは，いずれも少なくとも1つのセンサス集落の協定参加漁業世帯数が15以下であり，小規模ゆえ地域的に近接したセンサス集落とともに協定支部を構成しているという性格があると判断される。

なお，実際には上五島地区集落協定の場合には，その下部組織を「支部」と名づけていたのに比べて，新魚目地区では明確な呼称はない。上記で"支部"と表記したのは，そのことによる。ただし，下部組織の代表者に宛てた漁協からの連絡文書には「各集落長」と書かれており，当地域では従来「集落」という呼称になじみが薄いこともあって，"支部"に相当する単位を"集落"と呼称しているという現象が生じている。

役員選出の際に意識されている単位についても上五島地区集落協定とは異なり，3つの漁業地区すなわち合併前の旧漁協の単位である。漁業世帯数では180，110，36と大きく差があるにもかかわらず[7]，各地区から3名ずつということになっており，旧漁協間のバランスを考慮した内容となっている。また

代表については，その 9 人の役員の中から互選によって決められる。一方，集落協定全体の活動方針を定めるために，役員会以外に年 1 回の総代会を開催しているが，総代数は 30 名，30 名，20 名となっており，ここでも単純に比例というわけではなく，旧漁協間のバランスに配慮した数となっている。また総代とはいえ，その数はかなり多く，総代会に提案する活動方針は事前に"支部"の代表者会議（実際には「集落長会議」と呼称）で協議するものの，最終的には協定参加世帯全体で物事を決めようという様相が強い。結果，協定全体で使用する金額を控除した後の"支部"に配分する交付金も，世帯数とは比例しない結果となっている。いわば「手上げ方式」となっているのである。この点も支部への世帯比例配分の要素が強い上五島地区集落協定とは異なっており，協定全体として一体的な運営がなされているとみることができよう[8]。

（4）小　括

　以上，協定の締結範囲ということを意識して新上五島町における特徴的な 3 つの協定の内容を整理した。1 集落 1 協定，複数集落 1 協定ながら「協定連合」の要素が強い協定，複数集落 1 協定で一体的な運営をおこなっている協定，の 3 つである。この順に発展方向が示されているとは断言できないが，離島漁業交付金に限らず他の制度の将来を考える上でも示唆的な内容が含まれていると考えられる[9]。

　なお，全体としては離島漁業交付金の実施以来，協定の内容に沿った活動が活発化しているということが指摘できる。例えば，従前もおこなわれていた海岸清掃は人が近づくのが容易なところだけであったが，制度実施後は船でなければ行けないようなところまでその範囲を広げたり，新たに活魚のまま出荷できるコンテナを装備したりということで，いずれも制度発足前にはなかったものである。これには途中で述べたように補助金としての様相が強い協定の交付金の使用方法に関する「要領」上の規定や，共同取組活動に全額使用することを指導する自治体の誘導によるところも大きいと判断される。

8. 制度に関する協同組合の関与と役割

　本章の全体のまとめの前の最後の考察事項として，3つの制度をめぐる協同組合の関わり方について整理してみたい。必ずしも十分な筆者の知見ではないが，大局的には，離島漁業交付金，森林交付金，中山間支払の順で，それぞれの分野に関係性の強い協同組合である，漁協，森林組合，農協の関与度合が大きいと指摘しうる。

　離島漁業交付金については，実施要領の中に，「国，都道府県，市町村及び対象漁業集落は，本事業を海上保安部，漁業協同組合連合会，漁業協同組合その他の関係機関と連携しつつ行うものとする」という文言があり，「対象漁業集落は，交付金に係る事務の一部又は全部を漁業協同組合その他の者に委託することができることとする」と位置づけられている。実際に，長崎県新上五島町ではすべての集落協定の事務を漁協が受託しており，逆にいえば漁協単位で集落協定も締結されているといってよかった。ただし少なくとも長崎県の実態からみれば，漁協の役員と離島漁業交付金の集落協定の役員を兼ねているという例はみられない。この点は，この交付金が漁協への直接的な補助金であるというように受け止められるのを避けるという意識が働いていたようであり，制度に対する評価や国民的理解を得られるか否かという観点からは興味深い。

　また森林交付金では直接に実施要領に出てくるわけではないが，とくに第2期になって交付金の支払い主体である市町村と団地の代表者との協定というように，協定の締結の仕方そのものが変化しており，その団地の代表者は森林所有者から委任を受け，林業事業体等に森林施業長期委託契約をおこなうことが想定されている。これは毎年支払われる「適切な森林整備の推進に向けた支援」についてのものであるが，5年間の期間中1回の「森林施業の集約化に向けた支援」に関しては，市町村が森林所有者の承認を受けて森林情報の収集活動を行う林業事業体等と直接に協定を結ぶことが想定されている。これらの「林業事業体等」として森林組合が最も有力な組織であるというのは明らかで

あり，そのような点から森林組合が大きな位置づけをもたされているといえる。

　これらに対し中山間支払の要領については，該当するものは見当たらない。個別協定に関する実施要領中で農協が登場はするが，ほかの認定農業者や第三セクター，生産組織等と同等の位置づけであり，あくまでも作業受託者の1つとして名前があげられているにすぎない。もっとも離島漁業交付金における漁協のように，農協が事務を受託するなどして，より積極的に関与することを排除しているものではない。協定参加者の総意によって，そのように決定すればよいだけのことである。しかし現実には農協が中山間支払の事務作業を代行しているという例は，ほとんど見当たらないのが実態といえよう。

9. おわりに

　そもそも本章において3つの制度を同時に取り上げるに至った問題意識としては，以下のようなものであった。例えば，いわゆる農山村に行けば農地所有者と森林所有者は実際には重なっており，共通して中山間支払と森林交付金の対象であるという場合も少なくない。また山奥からの用水路の側道は森林の管理道としての役割も兼ねており，2つの交付金を一体的に運用して活用したいという現場の要望もあるのではないか，ということであった。さらに離島の中には半農半漁で生活が支えられており，中山間支払と離島漁業交付金の両者を同時に受けているような地域もあるのではないかと想像したからである。

　中山間支払と森林交付金については，まさに上記のような問題意識に沿って協定締結範囲を同じとし，代表者も同一人物が兼ねているというところも存在している[10]。しかし，それは全体からすれば，ごくわずかであると判断される。先に述べたような制度の運用面での違い，また協同組合の位置づけや関与の度合いの違いも制度の一体的な運用を難しくしている背景であると考えられる。さらに中山間支払と離島漁業交付金については，自治体として重複して対応しているところ自体が少ない。事例として考察した長崎県新上五島町においては中山間支払については全く取り組まれていない。具体的な記述は省いたが，

自治体としては両制度の協定が多く存在する長崎県壱岐市においても，地域として両制度に取り組んでいるところはなく，いわば「海の集落と陸の集落」は，くっきりと分かれていた。

かつて今村奈良臣は農業補助金の分析の中で「中央分権・地方集権」という表現を使い，中央省庁の縦割の補助金を地方がうまく組み合わせて活用している実態を明らかにした[11]。しかし問題意識や手法，枠組みについて共通するところが多いはずの，これらの交付金制度が現場で統合的に活かされているという実態は数少ないと判断される。もっとも，相互に学ぶべき点は多いと考えられ，なお比較考察をおこなうこと自体には有効性があると考えられる。

仮にそれぞれの制度を完全に別個の独立した存在として前提したとしても，今後の展開可能性という点については，端的にいえば，地域提案型の自由度の高い総合的な地域振興策に発展していくのか，それとも限定性の強い従来型の補助金に戻っていくのか，2つの方向性があるように思われる。しかし，この点についてはどちらの方向性を示しているのか，まだ不透明といわざるを得ない。現場の実態や要請からすれば，前者のほうが結果的には効率的で望ましいように思われる一方，とくに政権交代後，中途でも触れた「事業仕分け」にみられるように，財源の厳しい情勢の中にあって短期的に国民的合意が得られやすい手法というのも，これからの制度に求められるようにも思われるからである。現場からも歓迎され，また広く理解を得られるような制度設計と運用，情報発信が求められているといえよう。

注

(1) 小田切 [5] などによる。
(2) ただし，離島漁業交付金をめぐっては，それまで5年間のうちの，いずれかの年度に実施すればよいとされた「集落の創意工夫を活かした新たな取組」について，制度3年目の2007年度から，毎年実施すべき事項へと変更された。仮に，それを毎年度実施しない場合には，実施しなかった年度については交付金の3割を減額するとされている。
(3) 交付金額最大の100万円については，「共同取組活動」（協定参加者全体として取り

組む活動で，2分の1以上を充当するように指導されている）分を除いた，個人に配分される金額についてである．ただし，共同取組活動分についても，役員報酬など，そのまま所得となる分については，該当者への交付金として計上することとなっている．なお，2010年度からの第3期対策では，100万円の上限に役員報酬などを含めないという制度改訂となった．
(4) どれだけのセンサス集落で協定が締結されているかは毎年度の把握事項ではなく，集落協定とセンサス農業集落の同定作業が必要である．ここでは日本水土総合研究所［4］の内容によっている．また同報告書では1集落1協定のセンサス集落が1万3825，複数集落1協定が4706，1集落複数協定が3324，それ以外の「混在」が3499集落とされている．
(5) 橋詰［2］などによる．
(6) 漁業・漁村に関する筆者の知識の乏しい故，記述内容に誤認が含まれる可能性も高く，その点は指摘・批判を待ちたい．
(7) 資料の制約から，この数値は2003年漁業センサスによるものであり時期がずれている．ただし本文の趣旨には影響を与えないと判断した．
(8) 複数の集落で協定を構成し支部を設けつつ，「手上げ方式」で活動の活発なところに交付金を配分しようという創造性に富んだ対応は，中山間支払においてもみられる（橋口［1］）．地理的な条件の大きく異なるところで同様の発想が生まれるということは，一種の法則性が含まれているとも考えられる．
(9) 五島列島はカトリック教徒の多い土地として知られるように，新上五島町も全体で4分の1ほどが教徒だといわれ，29の教会が存在している．集落によってはとくにカトリック教徒割合が高いところもあり，そのような点が離島漁業交付金の協定締結範囲等に影響を与えた可能性も否定できなくはないが，それが主たる理由であるとは判断できなかった．
(10) 山本［6］による．
(11) 今村［3］による．

第4部

農山村再生の展望とJAの可能性

▶▶▶ 第10章

農山村再生の展望と論点

1. 農山村再生を論じる視点

　ジャーナリストの大江正章は,「いま,もっとも求められているのは,第1次産業や生業を大切にしながら新たな仕事に結びつけ,いのちと暮らしを守り,柔軟な感覚で魅力を発信している地域に学び,その共通項を見出して普遍化していくことだろう」[1]と「地域の力」を見出す旅を続けている。
　本書がとくに意識したのは,大江が強調するように,農山村再生の道筋を実践の中から見出し,謙虚に学び,そしてその試みを定式化することである。農山村再生の政策的課題もそうすることにより,明らかになろう。
　その際,とくに次の2点を留意する必要がある。
　第1は,地域再生の地道な取組みがおこなわれているところでは,その目標が,「所得増大」や「若者定住」という個別的な項目に設定されてはいないことである。より幅広い課題,つまり「安心して,楽しく,豊かに,そして誇りをもって暮らす」と総合的に課題設定され,それらを着実に目指していることがわかる。住民の目線による「暮らしの視点」とは,このようなものであろう。しかし,それは中央省庁の補助事業にしばしばみられる,1つの課題を短期間(単年度)で実現しようとする「地域再生」のイメージとは明らかに異なる。
　そのため,本書ではコミュニティと経済,そしてさらにそれを支える政策の検討を分野ごとにおこなったものの,地域自身による総合的な課題設定に引き寄せられて,各章の論点には重複する部分が少なくない。このような総合的な課題を設定して,重心を低くして一歩ずつ歩むことこそが「地域の力」であろ

う。

　第2に，農山村が対応する問題は，序章で触れたように，「東京一極『滞留』」や「空洞化の里下り現象」という国土や国民経済全体を覆う課題であると同時に，そこに住む人びとが地域に住み続ける意味や意義を見失う「誇りの空洞化」をも含む，人びとの心の奥までしみ込んだ課題でもある。したがって，それに取り組むスタンスは，思いつきや一時しのぎの対応ではとても歯が立たない。一部のコンサルティング会社が得意とする「語呂合わせ・言葉あそび」や「キャッチコピー」ではなく，飾らぬ言葉で表現された立体的な組み立てにこそ，学ぶべき点が多い。

　つまり，農山村の再生策は，①暮らしの視点から（総合的取組み），②再生の立体的な組み立てを（立体的取組み），③「地域の力」の中から（現場主義），析出することが強く要請されているのである（総合的・立体的・現場主義的アプローチ）。

　本書の各章は，共通してこうしたスタンスを意識している。そうであるが故に，ここでそれを総括することは屋上屋を架すこととなる可能性があるが，必要な限りで補足やコメントをおこない，本書全体が示す農山村再生の展望とその論点に接近してみたい。

2．農山村再生の実践——第1・2部をめぐり

（1）新しいコミュニティ——手づくり自治区とその新傾向

1）新しいコミュニティの本質——小田切論文（第1章）

　農山村で生まれつつあるこの新しいコミュニティを，第1章では「手づくり自治区」と規定した。それは，「住民による運営が進むと，従来行政に任せていた領域を含めて，住民の手づくりで地域の願いを実現し，課題を解決するという性格をもち始める」という新しいコミュニティの現実からの規定であった。この新しいコミュニティは，既存の集落を包摂し，他方で地域内のイベント

や福祉，環境等をテーマとする有志組織（機能的組織）とも連携する。このようにして，住民の自らの手によりつくり上げられた総体が手づくり自治区である。「手づくり」という言葉には，その過程における人びとの英知と努力の積み重ねを表現したものである。

　それと同時に，この表現には次のような思いがある。それは，近年日本の学界でも研究が進む「幸福の経済学」の先駆的研究が示唆する地域コミュニティの意義である。スイスの経済学者であるフライとスタッツァーは，『幸福の政治経済学』の中で，スイスの州別データの分析により，州住民の幸福感の差違は，州ごとに異なる直接民主制の充実程度によってかなり説明できることを明らかにした[2]。それは，幸福感は所得や失業率という経済的要素と必ずしも強く結びついてはいないという分析を前提として導かれたものであり，興味深い。つまり，経済的豊かさと幸福感にはギャップがあり，それを埋めるものが，人びとの政治的参加度であると解釈できる。

　最近では注目されていることであるが，日本は，戦後の高度成長により著しい生活水準の向上があったにもかかわらず，人びとの主観的幸福感はほぼ一定であるという，「幸福のパラドックス」が典型的にみられる国である[3]。このようなパラドックス（幸福感と経済的豊かさの乖離）の要因には諸説があるが，先のフライ，スタッツァーの指摘が日本でも当てはまるとすれば，その要因の1つは，地域の政治的意思決定における住民参加が不十分であったこととなる。

　手づくり自治区とは，一面ではこの地域の政治的参加を実現する場であろう。つまり，遠くで決められていた地域に関わる意思決定を，自らのコミュニティにおいて実現し，そしてそれを実践する活動である。こう考えると，農山村で動き始めた新しいコミュニティづくりは，住民自らが幸福を享受しようとする動きといえる。つまり，「手づくり自治区」は，「手づくりによる幸福づくり」という意味と意義をもつと考えたい[4]。

2）新たな課題として「買物」——山浦論文（第2章）

　新しいコミュニティの設立は，農山村だけにみられるものではない。都市部でも，兵庫県宝塚市や山口県宇部市[5]における，充実した小学校区単位のコ

ミュニティ活動がみられる。これも，新しいコミュニティの1つのタイプといえよう。

　しかし，都市の新しいコミュニティと農村のそれにはいくつかの点での相違がある。第1に，農村の手づくり自治区は旧来からの地縁組織と連携する組織であるが，農村ではその地縁的組織が集落として実態をもち，とりわけ地域資源管理の面で機能を発揮し，多くの地域では依然として強固である。そのため，地縁組織と手づくり自治区とは役割分担が意識され，それを集落＝「守り」，手づくり自治区＝「攻め」と整理できるような重層的な機能発揮がおこなわれている。この点では，都市部では，自治会の脆弱化・空洞化の中で，それとの連携を意識しない地域活動がおこなわれているケースもあり，都市と農村の相違点として把握しておきたい。

　第2は，経済事業に対する関与である。農山村に立地する組織では，かなり高い割合で経済活動に乗り出している。都市部の新しいコミュニティでも，皆無ではないであろうが，その取組み程度の差は明らかである。そして，直前に論じた手づくり自治区の「攻め」の活動の典型はこの経済活動であり，したがってこの点にこそ，農村における手づくり自治区の特徴が発現しているといえる。

　山浦論文では，この後者の特徴に着目し，とくに日常品の共同店舗について取り上げている。このような動きの背景には，「買物難民」とも称される，農山村の新たな困難がある。図10-1に示した国土交通省による過疎集落の住民（世帯主）に対するアンケート調査にも，それが表れている。「過疎地域の生活で『一番困っていること・不安なこと』」に対する回答として，「近くで食料や日用品を買えないこと」が「近くに病院がないこと」「救急医療機関が遠く，搬送に時間がかかること」に続き第3位の困難となっている。通常，この種の世帯主アンケートでは，農林業の担い手不足や耕作放棄地等の問題が上位を占めるのであるが，最近では，このように「買物」問題が上位に顔を出す傾向があり，過疎農山村の新しい課題といえよう。

　こうした状況の中で，とくに農協のAコープの撤退などを契機として，そ

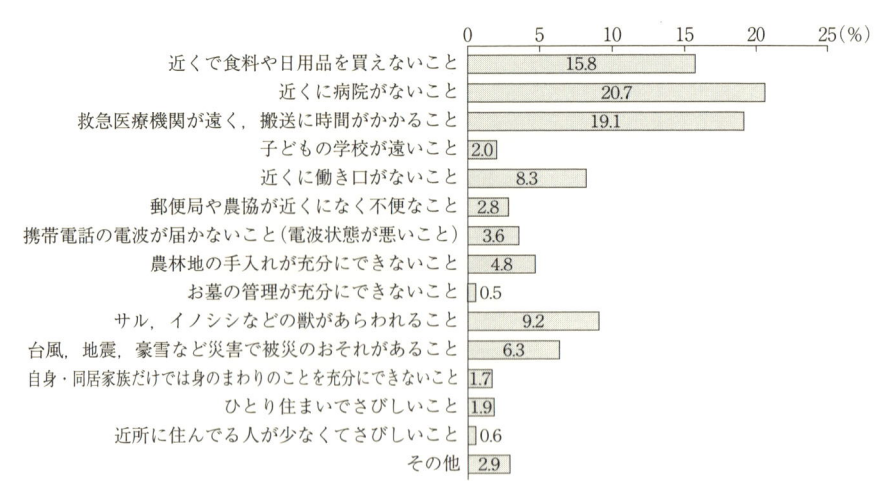

項目	%
近くで食料や日用品を買えないこと	15.8
近くに病院がないこと	20.7
救急医療機関が遠く，搬送に時間がかかること	19.1
子どもの学校が遠いこと	2.0
近くに働き口がないこと	8.3
郵便局や農協が近くになく不便なこと	2.8
携帯電話の電波が届かないこと（電波状態が悪いこと）	3.6
農林地の手入れが充分にできないこと	4.8
お墓の管理が充分にできないこと	0.5
サル，イノシシなどの獣があらわれること	9.2
台風，地震，豪雪など災害で被災のおそれがあること	6.3
自身・同居家族だけでは身のまわりのことを充分にできないこと	1.7
ひとり住まいでさびしいこと	1.9
近所に住んでる人が少なくてさびしいこと	0.6
その他	2.9

図 10-1　過疎地域の生活で「一番困っていること・不安なこと」（アンケート結果，2008年）

資料：国土交通省「人口減少・高齢化の進んだ集落等を対象とした日常生活に関するアンケート調査」（2008年8〜9月実施）による。

注：65歳以上の高齢者が人口の50％以上の集落を含む地区（全国から20地区選定）に居住する世帯主に対するアンケート調査。回答世帯数は1849世帯。

の代替店舗の運営を，地域自身がおこなう事例が増えている。そして，その形は，コミュニティ組織そのものが取り組むケースから，コミュニティやその一部の住民が出資した法人をつくるケース等，多様である。

　しかし，この「新しい課題」は，沖縄では100年以上前から取り組まれていることを忘れてはいけない。地域共同店であり，その先駆けとなった奥共同店は1906年に設立された。山浦論文でも指摘されているように，それに関わる実証研究は数多く存在する。現在では，コンビニエンスストア等の競合店舗の立地やモータリゼーションの発展の中で，共同店舗の数は少なくなっているが，それでも現在でも数十店舗が営業している。

　これらは，文字どおりの共同店として集落「直営」のものもあれば，その後特定の個人の請負となったケースやさらにそれから個人営となったケースもある。しかし，取り上げられている塰洲共同店では，直営が維持されており，まさにコミュニティによる店舗経営である。

ここでは，報告されている実態から，2つの点に注目してみたい。

第1に，この共同店が維持・存続する要因には，住民の強い「買い支え」意識があり，それは集落の成人全員がこの共同店に出資する（株をもつ）という，個人単位を意識したコミュニティ構成と関わりをもっているとして指摘されている点である。

先行する研究報告でも，地域共同店は「村落の鏡」[6] と論じられており，共同店への個人単位の出資が，地域の歴史的に形成された村落構造[7] に根ざしていることは明らかである。そのため，村落構造が異なる他地域に，このような仕組みをただちに当てはめることは無理がある。しかし，第1章でも指摘したように，手づくり自治区にはその1つの性格として革新性が表れ，従来からの世帯主義（1戸1票制）の実態を，少なくとも運営上は変革しようとする特質ももっている。そのため，事例としては多くはないが，新しいコミュニティを地域内の個人を単位として形成した事例（静岡県旧天竜市のNPO法人夢未来くんま〈第1章の表1-1に概要を掲載〉，および新潟県上越市のNPO法人夢あふれるまち浦川原）もあり，この埜洲共同店の運営方法は1つの方向性として注目される。したがって，山浦論文が仮説的に指摘する「沖縄では，1人1票制のもとで，集落の意思決定に参加できる仕組みが，集落のことを住民各層が主体的に考える基礎となっていると考えられる」とする論点は，共同店のみならず，手づくり自治区の運営原則として適用する可能性とその課題が検討されるべきであろう。

注目したい第2は，共同店が消費生活をサポートするために，高齢者を含めた全住民の「単に買物の場としてだけではなく，情報交換，外出・運動の機会の提供の意味も大きい」と指摘されている点である。沖縄の共同店をめぐっては，既往の研究報告でも，高齢者の社会参加等の「共同店の新しい福祉サービス」[8] が期待されている。

こうした地域の高齢者に対して，地域コミュニティが様々な機能を発揮する拠点づくりは，他県の農山村においてもその実現が構想されている。例えば，小川全夫らは，超高齢化社会のあり方として「住民参加型健康福祉社会」を提

起し,その具体的拠点としての「健康福祉コンビニ」の設立を提唱する⁽⁹⁾。その具体像は今後詰められるものであろうが,沖縄・共同店の経験の蓄積が,その構想を具体化する素材を提供する可能性があることが,山浦論文から透けてみえてくる。

(2) 新しい経済構造の構築——その諸局面と形成プロセス

1) 第6次産業の課題——楨平論文(第3章)

周知のように,「6次産業」は民主党新政権の農政の大きな柱の1つでもある。今村奈良臣が提唱した「1次産業×2次産業×3次産業=6次産業」⁽¹⁰⁾は,今や国民的にも認識されているネーミングであろう。

しかし,実は新政権がいう「農(山漁)村6次産業」は,この「『農業の6次産業化』よりも広い概念」⁽¹¹⁾であるといわれており,その違いはわかりづらい。そこで,民主党「農山漁村6次産業化ビジョン—農林漁業・農山漁村の再生に向けて—」(農林水産政策大綱,2008年12月24日)をみてみよう。

---

1) 6次産業化の基本的考え方
① 以下の取組を通じて,「農山漁村の6次産業化」を促進する。
・農林漁業の生産(1次産業)自体の質的転換
・農林漁業サイドが加工(2次産業)や販売(3次産業)を主体的に取り込むことによる新たな起業
・加工・販売部門の事業者等が農林漁業に参入することによる新たな起業
・農林漁業と2次産業・3次産業との融合による「新たな業態」(=ニュービジネス)の創出(農林漁業者主導型,他産業事業者主導型)
・「農山漁村」という地域の広がりの中で多様な「人」と「業」との有機的な結合
② これにより,農山漁村の新たな価値を生み出すとともに,新たな就

> 業の場を創出するなど，農山漁村の再生・発展を期す。さらに，農山漁村と地域の中心市街地とが有機的に協働する経済圏（＝「地域自立経済圏」〈仮称〉）の確立を目指す。
> ③農協等は，6次産業化の推進母体と位置付けられることから，その役割が十全に発揮されるよう，その事業改革を推進する。

このように，そこには産業的側面のみならず，地域の構造に関わる規定も含まれている。つまり，「『1次産業・2次産業・3次産業を総合化』した新たな『起業』の取り組みに加え，その農林水産業と2次産業者，3次産業者との融合・連携による『新たな業態』の創出や，『点』としての存在から『面』としての『農山漁村の6次産業化』へと『内発的発展の兆し』が見られることに着目し」[12]た幅広い概念である。さらにいえば，業態のあり方（狭義）に加え，それを支える内発的発展を実現する「地域自立経済圏」という地域経済のあり方（広義）を論じた二重の概念であることがわかる。

この点は，政策論として重要なポイントであろう。つまり，狭義・6次産業については各地の実践がある，この概念を提唱した今村奈良臣による研究をはじめ，そのポイントはかなりの厚みで論じられている。しかし，内発的発展を実現する仕組みづくりは，今後の課題として残されており，狭義と広義の隙間（「狭義・6次産業」の「広義・6次産業」への転換）にこそ，政策ビジョンが論じられなければならない。

槇平論文が，「農業・農村サイドの主導的な取組みを実現するためには，地域内で創意工夫を凝らして新たに得られた付加価値を，いかに分配し事業継続のために再投資をおこなっていくかという合意形成を自らおこなう主体と，再投資をおこなうべき経済循環の場としての『仕事』が，地域内にセットで存在していることが不可欠なのである」と論じているのは，先の「狭義と広義の隙間」を埋めることを意識したものであり，その具体的検討は重要な要素を含んでいる。

とりわけ，「水平的6次産業」（多様な主体が連携して事業を起こすタイプの

表10-1　食用農水産物と最終食料消費支出のギャップ　　　　　　（単位：兆円）

	食用農水産物			最終食料消費支出 (②)	②-①	②／① (倍)
	国内農水産業	生鮮輸入	小計 (①)			
1990年	14.1	3.0	17.1	68.1	51.0	4.0
1995年	13.0	3.2	16.2	80.4	64.2	5.0
2000年	12.1	3.2	15.3	80.3	65.0	5.2
2005年	9.4	1.2	10.6	73.6	63.0	6.9

資料：『食料・農業・農村白書（農業白書）』の1993年度版（90年値），1999年度（95年値），2006年度（00年値），2008年度版（05年値）の図より引用。原資料は総務省（総務庁）等「産業連関表」をもとにした農林水産省試算。

6次産業）が，最近では農外・地域外の資本によりリードされている点をふまえ，そのためには，①地域の主体的力量の醸成，②「地域ブランド」を軸とした農外資本との連携という2つの具体的論点を示した点は，広義・6次産業への政策的支援のポイントをも意味しており，傾聴すべきものであろう。

　ただし，6次産業をめぐっては，狭義レベルにおいても新たな局面を迎えている認識をもつ必要がある。それはその市場規模をめぐる動きである。表10-1に食用農水産物の生産額と最終食料消費支出を示しているが，すでに1990年代後半より最終食料消費支出は頭打ちとなっている。そして，2000年から05年の5年間には，年平均1兆円を超える6.7兆円もの減少が確認される。いうまでもなく，国全体での高齢化と人口減少を要因とするものであろう。その結果，表中＜②-①＞で示した金額は，95年よりほぼ停滞している。この値こそが，6次産業がその一部を獲得すべき付加価値や加工原料供給のパイの源泉，または全体規模を示している。

　今村の6次産業の提唱は94年（第3章を参照）といわれているが，この時期は，先の＜②-①＞が著しく増大した時代でもあり，その点でまさに6次産業の提起は時宜を得たものだったといえよう。しかし，それ以降，95年，とくに00年からは6次産業をめぐる環境も変化したと考えるべきであろう。そのままでは消費のパイの減少の中で，水平的6次産業の各段階の主体間の競争が激化することが予想される。そうではなく，広義・6次産業の形成過程で得られる地

域の主体性を軸として，消費者の一部には確実に存在する「こだわり消費」を維持・拡大して，消費のパイそのものの拡大に資する試みが必要なるのではないだろうか。

いずれにしても，6次産業は新たな段階にあるという認識は不可欠であり，そこでは狭義・6次産業形成の新たな課題（消費拡大）と広義・6次産業構築の新たな挑戦（内発的発展）が同時に追求されなくてはならないのである。

2）高齢者による「小さな経済」の可能性——神代論文（第4章）

今までみたような農山村の6次産業や新産業の担い手として期待されるのが，女性や高齢者である。このような女性や高齢者による農業や関連産業への関わりに関して，国レベルではどのような認識が示されているのであろうか。民主党新政権下で初めて作成された「食料・農業・農村基本計画」における記述から探ってみたい。

表10-2は，前政権（自公政権）時の2005年計画と今回の2010年計画について，比較対照したものである。農業それ自体への関わりへの記述と男女共同参画や高齢者の社会貢献等の項目に分けて，基本計画の記述を整理している。

このような比較して明らかになることは，今期計画と前期計画には，政権交代があったにもかかわらず，基本線においては大きな差異がないと思われることである。もちろん，記述の順番や表現には若干の相違はあるが，しかし前政権が「（施策の）対象を一部の農業者に重点化して集中的に実施する手法を採用していた」ことを批判し，「意欲ある多様な農業者」を積極的に担い手として位置づけ，「現場の主体的判断を尊重した多様な努力・取組を支援する施策を展開していくこととする。また，女性や高齢者の役割が適切に発揮されるよう，必要な条件整備を図っていくこととする」（2010年基本計画・第1章）とした基本方針からみれば，ここでみた具体策の記述上の変化は乏しいといわざるを得ない。

そうした中で，神代論文が，とくに高齢者の役割に注目して，その活動を持続的ならしめるサポートシステムを，各方面から注目されている福島県鮫川村における「まめで達者なむらづくり事業」を素材として，詳細な検討をおこ

表10-2 「食料・農業・農村基本計画」における女性・高齢者の記述（2005年計画と2010年計画）

		2005年基本計画	2010年基本計画
女性	農業	農業就業人口の過半を占め，農業生産や農村社会で重要な役割を果たしている女性の農業経営者としての位置づけを明確化するため，家族経営協定の締結の促進や女性認定農業者の拡大等を促進する。	農業人口の過半を占め，農業や地域の活性化で重要な役割を果たしている農村女性の農業経営への参画や，地域資源を活用した加工や販売等に進出する女性の起業活動を促進する。
女性	男女共同参画等	また，農協の女性役員，女性農業委員等の参画目標の設定およびその達成に向けた普及啓発等を推進する。さらに，女性の農業経営や地域社会への一層の参画のための環境整備として，女性の起業活動を促進するための研修等の実施を推進するとともに，女性の活動や子育て期等の負担軽減を支援する情報提供等の推進，女性農業者によるネットワークづくりを促進する。	また，女性の地域社会への一層の参画を図るため，家族経営協定の締結の促進等を通じ，農村における仕事と生活のバランスに配慮した働き方を推進するとともに，政府の男女共同参画に関する目標の達成に向け，農業協同組合の女性役員や女性農業委員等の登用増等の目標を設定し，その実現のための普及・啓発等を実施する。
高齢者	農業	意欲のある高齢農業者が，その知識と技能を活かしつつ，生きがいをもって活動できるよう，高齢農業者による新規就農者や担い手への支援，都市住民との交流，農地や農業用水等の農業・農村の基盤となる地域資源の保全管理等の取組を促進する。	また，農村の高齢者が農業生産活動を継続していけるよう，地域内外での助け合い活動の促進や労力低減に向けた技術開発等を進めるとともに，（下記へ続く）
高齢者	社会的貢献等	また，農業行政の経験者を含め，第一線を退いた農業内外の人材が，地域における担い手の育成・確保のコーディネーター等として積極的に活動することを促進する。	（上記から続く）高齢者の有する豊富な知識や経験を新たな農村資源としてとらえ，高齢者がこれを活用して生涯現役で農業や地域活動に取り組めるよう，世代間交流や地域文化の伝承活動を促進する。

資料：各「食料・農業・農村基本計画」より作成。

なった意義は大きいといえる。また，この事例の紹介は様々な媒体でおこなわれているが，神代論文の整理と分析により，その全貌が初めて明らかになったといえるのではないだろうか。

そして，この分析によって浮かび上がってきた高齢者農業のサポートシステムは，①高齢者でも参加しやすい品目選択，②高齢者が困難な作業の外部委託，③生産物の安定的な買い取り保証の3点であった。まさにこのような内容やそ

れを実現する条件づくりこそが，「高齢者の役割が適切に発揮されるような必要な条件整備」として新しい基本計画には求められていたのである。

なお，この神代論文の冒頭では，従来の高齢者農業論に対する不十分な点が鋭く指摘されている。とくに，重要な論点は，「高齢者自体の個人差が著しく，活動の意欲や可能性も人によって様々である」としている点である。この点は，WHO（世界保健機関）が提唱した「アクティブエイジング」の議論の中でも，「高齢者が個人的なニーズ，嗜好，能力に応じて経済開発活動，公式・非公式の労働，ボランティア活動に積極的に参加できるようにし，これを尊重する」(13)と強調され，また高齢者農業を先発的に実践した大分県旧大鶴農協や群馬県甘楽富岡農協の試み(14)の基本原則でもあった。改めて確認する必要があろう。

ところで，神代論文のもう1つの強調点が「小さな経済」の実現である。これは筆者等が実施した農山村を対象としたアンケート結果の中で，共通して「あといくらぐらいの月額収入が必要か」という問いに対する回答には，全体として必ずしも大きな金額が示されていないことから(15)，指摘したものである。具体的にみれば，とくに高齢者では月5万円以下の増収を希望する割合が最頻値であり，年収で36〜60万円の増収入が当面の課題であるといえる。

しかし，この鮫川村の事例でいえば，166戸が参加した2007年度の平均販売額は4.8万円にすぎない。金額的にみれば「小さな経済」どころか「細かな経済」とさえ表現できる規模である。それにもかかわらず，この事業への参加者（高齢生産者）は，毎年数が増えている。おそらくそこには，役場により推計された参加者の医療費の縮減（年平均23.9万円と推計）も含めた，平均販売額では表れていない参加者の満足度が実現されているのであろう。

他方で，村財政は，先ほど指摘したサポートシステムの1つである「生産物の安定的な買い取り保証」のために，約580万円の財政支出をおこなっている（その中身は，実質的には市場価格と買い取り価格の差額の補てん）。しかし，この財政支出は，参加者の医療費の削減による村財政の負担軽減によりほぼ相殺している。それに加えて，大豆の加工・販売を担う「手まめ館」では，主力

商品となっているこの大豆加工による豆腐や農産物直売，食堂部門の売上が07年度には約7500万円を実現し，村外から述べ約3.7万人（推計）の来訪者を呼び込むことに成功している。財政支出が創り出した地域における経済循環は明らかに広がっている。

　このように，高齢者の「細かな経済」への参加が，個人の医療費の削減を実現し，そしてそれらがトータルに「小さな経済」として高齢者自身の生活上の満足度を引き出すことに加えて，そこに端を発する経済循環が地域内で生まれているというプロセスが確かに確認されるといえよう。

　3）交流産業の可能性——佐藤論文（第5章）
　1）で述べたような国内における最終食料消費支出の状況の中で，農村資源を活用した新産業創造へのチャレンジが課題となっている。

　そうした方向性を明確に意識した政策構想も登場している。食料供給からの代替という道筋ではないが，林野庁「山村再生に関する研究会」（2008年発足）では，「山村再生に向けて着目すべき分野」として，①環境（新素材・エネルギー），②教育，③健康，④交流（新しい観光），⑤景観・資源を特定化して，このような「特定の分野に着目した山村再生施策を集中的に展開して行く必要がある」（同研究会「中間取りまとめ」，08年）としている。

　筆者も，農山村の新たな産業の中でも，とりわけ「交流」に注目して，次のように，経済的可能性を論じたことがある。
「……ゲストもホストも学び合うことができるのが交流であり，それはひとつの社会教育の場と考えることもできる。したがって，交流，特にグリーンツーリズムを経済活動として見た場合には，そこには『学び合い』という付加価値が存在している。／このようなことを背景として，交流産業は，一般的な観光業とは異なるレベルで，多くのリピーターを獲得している。日本における『グリーンツーリズムのメッカ』と言われる大分県旧安心院町（現宇佐市）の『農泊』（農家・農村での民泊）が，高いリピーター率を誇るのはこうした要因による。そこでの『行きつけの農家を作ろう』というキャッチフレーズは，航空会社のキャンペーンにも採用されている。／このような『行きつけ』を持つ人々（＝

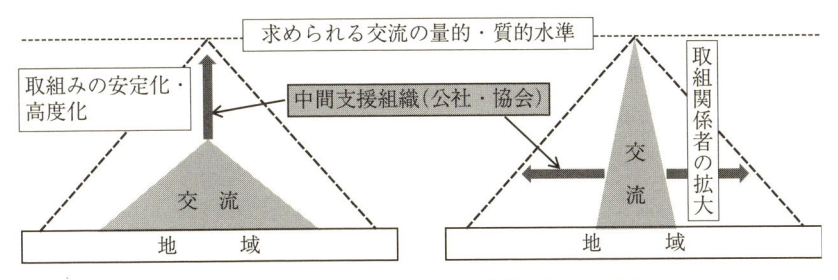

①地域づくり型(長野県飯田市)　　②地域産業型(長野県飯山市)

図10-2　タイプ別にみた交流産業と地域の課題
資料：本書第5章（佐藤論文）の記述から模式化した。

リピーター）を増やすことは，人口減少下で産業規模の縮小が進みやすいわが国産業の基本的戦略である。その点で，交流産業は，今後産業として発展する可能性が小さくないことが予想される。したがって，観光業とは異なる，『交流産業』という産業区分も新設されるべきものであろう」。[16]

佐藤論文は，この新たな産業カテゴリーとしての「交流産業」の可能性を，政策的にも動き出した子ども農山村交流の実態の中から論じている。そこで得られた結論はクリアである。

筆者なりにそれをまとめれば，第1に，都市農村交流産業において，その当然の条件となるのが地域の存続であり，また交流の素材や背景となる地域資源の持続性が決定的に重要となる。そのため，交流産業はどのようなタイプからスタートしても，最終的には地域ぐるみの体制を目指す必要がある。第2に，そのためには，長野県飯田市を典型とする「地域づくり型」では地域住民の取組みの安定化・高度化が必要であり，また同県飯山市でみられる「地域産業型」では取組みの関係者の拡大が求められている。図10-2では，この2つのタイプの課題を図示したが，2つのタイプの取組みが，異なる方向から同じ目標に接近しており，そのために，現在の課題が異なることがわかる。そして，第3に，「取組みの安定化・高度化」や「取組みの関係者の拡大」を各地でサポートしているのが，観光公社や観光協会等の中間支援組織（佐藤論文では，都市と農村を媒介するという意味で「中間組織」と呼称している）であり，最終的

第10章　農山村再生の展望と論点　251

には交流産業の継続や発展の成否は，この組織の機能発揮の程度に規定されていることとなろう。

　実は，こうした結論は先に紹介した林野庁「山村再生に関する研究会」でも論じられている。そこでは「ひと，もの，かね，情報といった山村再生ツールの統括管理するトータルなマネジメント能力が求められる」「またこれらの山村ツールを駆使して，山村の様々な活動を総合的に支援するセンター機能の整備が重要である」（同研究会「中間取りまとめ」）とされている。

　まさにその具体化が，佐藤論文の分析対象地域では，南信州観光公社であり，戸狩観光協会であろう。そして，当然，これらの中間支援組織自体も事業体である。それがどのような仕組みがあれば，持続し，交流産業の「取組みの安定化・高度化」や「取組みの関係者の拡大」に安定化を果たすことができるのかが，佐藤論文においても政策サイドにおいても，次なる論点となろう。

4）農山村における新たな経済構造の構築――小林論文（第6章）

　小林論文は上記で論じた農山村の新たな産業構造の形成プロセスとその発展論理を明らかにした論文であり，これ自体が第2部の総括と位置づくものである。

　その点で，屋上屋を架すこととなることを避け，筆者の関心から同論文でとくに重要であり，また実践および研究面で貢献が大きいと思われる点を2点ほど論じておきたい。

　その第1は，小林論文が3地域の事例から普遍化した地域産業の形成プロセスである（第6章の表6-5を参照）。ここでは，7段階の形成プロセスが定式化され，前4段階を基礎的プロセス，そして後3段階を発展的プロセスとしている。この整理は，筆者の認識とも一致するものであり，それを他地域における実践過程をふまえて，図10-3のように再整理した。この図ではX軸を活動の持続性，Y軸を経済的規模として，7つの段階を模式的に位置づけたものである。

　この図により示したかったのは，基礎的プロセスである①～④の過程はもっぱら経済的規模の拡大過程であり，それにより活動の持続性が質的に向上する

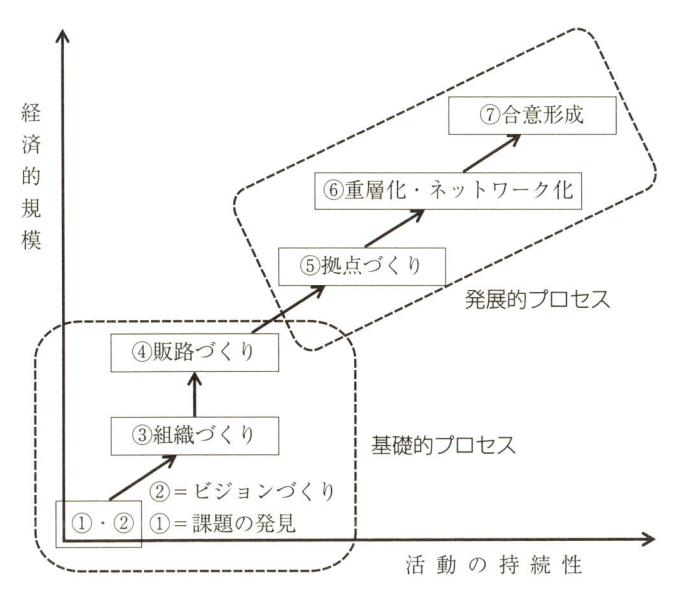

図10-3　地域産業の形成プロセス（模式図）
資料：本書第6章（小林論文）の記述から模式化した。

ことはあまりないことである。そのため，基礎的過程の段階では，④の販路づくりまで至ったとしても，産業としては安定的とはいえない。しかし，⑤の拠点づくりからは経済的規模の拡大と同時に産業としての安定性が強化される過程である。つまり，持続性を確保することを目標として，発展的プロセスにおけるステップアップが志向されるのである。

　さらにいえば，①→④は補助事業などにより，その階段を上ることを促進することが可能なプロセスである。①では問題発見のためのコンサルタント派遣の補助，②では計画づくりのためのソフト支援，③には組織化を促進するための機械や施設の補助，そして④の販路づくりには道の駅，直売所のための建設補助等である。今までの農山村における補助事業はこのようにして導入されてきた。

　しかしながら，そうした補助事業により経済的活性化が必ずしも持続的でなかったことは否定できない。それは，⑤の拠点づくりから始まる過程がその事

第10章　農山村再生の展望と論点　253

業に位置づけられていなかったことが，この模式図から示唆される。

　逆にいえば，小林論文で取り上げた3地域の独自性は，ここから始まるプロセスを含めて，段階的発展がプログラムされて，目標に至る道筋として早くから描かれていたことにあろう。

　論じたい第2の点は，地域産業のさらなる発展のプロセスとして，「暮らしの事業」が論じられている点である。このような「暮らしの事業」は，先の山浦論文（第2章）のように，過疎化・高齢化による問題が買物の困難性にまで及ぶ中での危機対応の側面もある。しかし，他方では，福祉労働，コミュニティ労働の事業化としてみた場合には，地域における新しい就労の場の形成の可能性とみることもできる。そのような動きを定着させようと課題の検討は，社会政策サイドの領域でも始まったばかりであるが[17]，農山村サイドからもその検討が必要であることを小林論文は示唆している。

3. 農山村再生の体系化と支援策

（1）農山村再生へ向けた取組みの体系化

　今までみたように，地域再生を向けて，農山村はすでに動き出しており，個別の分野における取組みや教訓・課題も蓄積され始めている。それに加えて，全体として自らの取組みを体系的に組み立てようとする努力も始まっている。本書冒頭で触れた「地域の力」はこのような点で発揮されているのである。

　筆者は，この数年間こうした体系化に挑戦する各地の現場を歩き，おおむね次の3つの要素とその組み合わせが，共通点であると認識している。

1）参加の場づくり

　地域づくりは地域住民の参加によって成り立っている。しかしそれは，地域の中でそれが自然に実現するものではなく，参加の仕組みを意識的にセットする必要がある。とくに農山村地域では，全戸参加によって成り立っている集落の寄合により，地域的課題を議論する仕組が古くから存在している。そのた

め，地域の意思決定の場から女性や若者が排除される傾向が強い。先にも論じたように集落の寄合などで「1戸1票制」を原則とするからである。そこで，地域内に暮らす人びとの全員が，個人単位で地域と関わりをもつような仕組みを新たに構築することが求められている。この取組みは，本書第1部で論じた「手づくり自治区」づくりとほぼ同義であろう。「総合性」や「革新性」等を特徴とする，住民組織の構築が求められている。

2) カネと循環づくり

世帯所得の急落が進む中で，公共事業に依存しない農業を含む地域産業の育成が改めて地域課題となっている。さらにその所得により，新たな経済循環が形成されることが重要であろう。つまり，岡田知弘がいうように「地域経済の持続的な発展を実現しようというのであれば，その地域において，地域内で繰り返し再投資する力＝地域内再投資力をいかにつくりだすかが決定的に重要」[18]であり，そうした産業の内実を，本書第2部で，「6次産業」「交流産業」「小さな経済」等として論じている。

3) 暮らしのものさしづくり

農山村地域問題の最奥には「誇りの空洞化」があり，そのような状況を打破すること，すなわち「誇りの再建」がとりわけ重要な課題となっている。しかし，「誇り」，つまり自らがその地域に住み続けることを支える価値観は，何もせずに身につくものではない。経済成長の過程で，農山村地域にさえ画一的な都市志向が深く広がった日本では，とくに困難な課題であろう。そのため，暮らしに関わる価値観を1つずつ，何らかの契機を利用しながら，意識的に形成していくことが必要になる。それをここでは「暮らしのものさし」とあえて呼んでみたい。そのものさしは，例えば，地域の文化や歴史，自然をはじめ，より身近には，郷土料理，景観，人情等多様なものであろう。

そして，その「ものさしづくり」の1つが，「地元学」にほかならない。吉本哲郎（元水俣市役所職員）と結城登美雄（民俗・農村研究家）が，日本列島の東西から，それぞれ独自に提唱されたものであり，それは結城の場合は次のように位置づけられている。「いたずらに格差を嘆き，都市とくらべて『ない

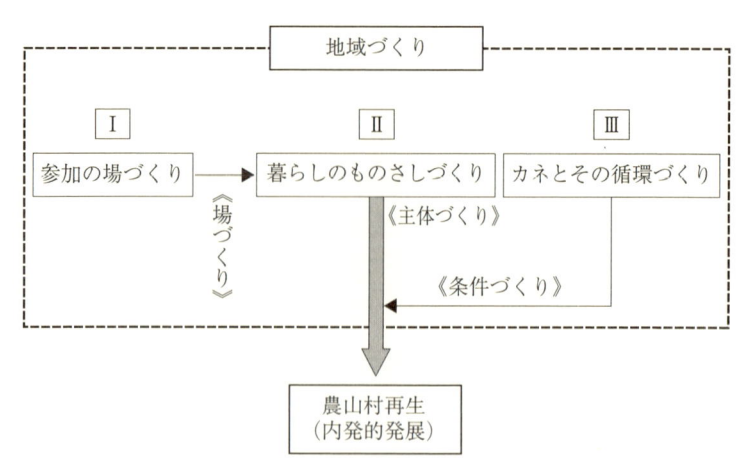

図10-4　農山村再生の3要素

ものねだり』の愚痴をこぼすより，この土地を楽しく生きるための『あるものさがし』。それを私はひそかに『地元学』と呼んでいる」[19]。それは，やはり「暮らしのものさしづくり」である[20]。

　以上の3要素は，図10-4で示したように，農山村地域の現場では，地域づくりの「場」「条件」「主体」に相当するものであり，いずれも不可欠なものとして，各地の取組みでは，その条件に応じて位置づけられている。

　こうした3要素の組み合わせを最もわかりやすく体系化した挑戦として，長野県飯田市の取組みがある。飯田市では，市の独自の政策として「人材サイクル」の構築を掲げている。それは，4年制大学が市内にないこの地域では，高校卒業時の東京等への他出は約8割に達し，最終的に戻るのはその約4割程度にとどまるという現状と関わっている。そのため，飯田市では「飯田市が持続可能な地域づくりを進めていく上では，できるだけ多くの若い人たちがこの地域で子育てをし，次の世代を育んでもらえるような『人材サイクル』をつくっていくこと」を市政のメインテーマの1つとして掲げている。

　具体的には，次の3点が政策課題となっている。つまり，①帰ってこられる産業づくり，②帰ってくる人材づくり，③住み続けたいと感じる地域づくりで

ある。①に対しては，「外貨獲得・財貨循環」（地域外からの収入を拡大し，その地域外への流出を抑える）をスローガンに地域経済活性化プログラムを実施している。また，②では「飯田の資源を活かして，飯田の価値と独自性に自信と誇りをもつ人を育む力」を「地育力」として，家庭―学校―地域が連携する「体験」や「キャリア教育」を主軸とする教育活動を展開している。そして，③に関しては，地域づくりの「憲法」ともいえる自治基本条例を策定し，また飯田市では地域活動の基本単位となっている公民館ごとに新たな自治組織を立ち上げ，その運営を市の職員が全面的にサポートしている。この3点は，そのまま「カネとその循環づくり」「暮らしのものさしづくり」「参加の場づくり」に相当するものである。

(2) 農山村再生に向けた政策のあり方――第3部をめぐり

こうして地域自らにより，体系化され始めた地域レベルの取組みに対して，国や市町村は何をするべきか。この点については，第7章（小田切論文）で詳述した。

その要点は，「内発性」「総合性・多様性」「革新性」という性格をもつ地域レベルの新たな取組みに対して，それぞれ①主体性を促進するボトムアップ型支援，②自由度の高い支援，③長期にわたる支援で対応することであった。そして，そのような支援が，2009年の政権交代前後の曲折はあるものの，実現しつつある。

その中でポイントとなるのは，①の主体性を促進するボトムアップ型支援の要素としての外から働きかける人材であり，また①〜③を体現するものとしてのコミュニティベースの支援策である。それぞれ，第8章，第9章で，その点を論じている。

1) 農山村に対する人的支援策のポイント――図司論文（第8章）

農山村支援，とくに集落支援に関わる地域マネジャーの必要性は，2008年4月の総務省・過疎問題懇談会「過疎地域等の集落対策についての提言―集落の価値を見つめ直す―」で論じられている。

図司論文でも指摘されているように，こうした主張は，古くは1970年代から「自治体農政論」といわれる研究分野の中で，そのポイントとなる「地域マネジメント」の主体としての「地域マネジャー」の重要性が語られていた。それが，08年というこの時期に，具体的な政策手段（特別交付税による地方財政措置）を伴いながら協調されたのは，第7章で触れたような政治状況（07年参議院選挙における与党自民党の農村部での敗北）の中で，農山村再生のために何が必要かという基本的論点が政府内部で検討されたことが背景としてあると思われる。「補助金から補助人へ」というスローガンは，そのような事情を象徴している。
　それに加えて，「補助人」が，地域で先発的に活動していたという現実も影響している[21]。その「現実」が，図司論文が取り上げている島根県浜田市で実践された「弥栄らぼ」の活動であり，そのメインプレイヤーとして同論文にも登場する皆田潔氏である。したがって，図司論文は文字どおり先発事例からの問題提起として重要な内容を含んでいる。
　ここでとりわけリアルに指摘されているのが，外部人材である集落支援員の孤軍奮闘の状況である。「支援員に住民との信頼関係ができてくると，しだいに住民の声から様々な課題やニーズが汲み取れるようになっていく。この段階になると，自分たちが現場で集めた課題をどこに相談すればよいかわからない，という声が多くの支援員から寄せられている」という。
　それに対応して，行政のバックアップや中間支援組織との連携が必要になるという図司論文の指摘は，集落支援員等のマネジャーの受け入れをする際に，関係者が肝に銘じるべきポイントであろう。
　その際に同時に考えるべきは，地域マネジャーの地域外部人材の登用か，市町村職員経験者等の地域内部人材の登用かの選択，ないし併用の問題である。その点では，実は皆田氏自身の実体験も含めた鋭角的な議論がある。表10-3にそれを整理・引用したが，例えば，外部人材は，いわゆる「よそ者」であるために，「新しい人間関係が容易に築ける」「既存の人間関係を知らないため積極的な行動がとれる」というメリットがあり，それに対して内部人材は，「地

表 10-3　地域外部・内部選出の人材の特徴

	外部人材		内部人材	
	長　所	短　所	長　所	短　所
住民との関係	○既存の人間関係を知らないため積極的な行動がとれる ○知られていない人材であるため住民から親切にされ受け入れられやすい ○新しい人間関係が容易に築ける	○地域の実情を把握したり、溶け込むまでに時間を要する ○関わるタイミングが掴みにくい ○住民の個性がつかめない	○地域を熟知している ○地域の活動団体や繋がりやすい人間関係を把握している ○活動内容に適した住民の協力者を速やかに選定できる	○人間関係がつきまとい活動内容次第で消極的になりかねない ○特定の住民に偏りがち ○集落によって力の注ぎ具合が異なる可能性がある
地域への働きかけ	○他地域の優良事例を持ち込むことが可能	○周囲の意見に惑わされやすい	○自分の地域をよくしたい気持ちが強い	○他地域の事例に疎い
心理的課題	○地域外に出て気分転換ができる	○孤立感に苛まれる	○家族や慣れ親しんだ仲間がいてストレスの発散がされやすい	○逃げ出せない

資料：皆田潔「九州ツーリズム大学受講を通じて外部人材による集落支援のあり方を考える」『JA総研レポート』2009年より整理・引用。

域を熟知している」ために,「活動内容に適した住民の協力者を速やかに選定できる」と指摘されている。

　こうした両者の特性を活かした集落の特性に応じた配置や，両者のメリットを相互に活かしたグループ担当制（特定の地域を複数のマネジャーがグループで担当する）もまた，地域の受け入れ者が積極的に考えるべきことであろう。

　いずれにしても，集落支援員をはじめとする地域マネジャーへの支援制度の登場は，このような新しい実践課題と研究課題の発生を示しているといえよう。

2) コミュニティベース支援策の評価と論点――橋口論文（第9章）

　第7章でも指摘したように，近年の地域振興策において，コミュニティ支援は1つの大きな潮流といえる。しかし，国レベルの政策では，補助金や交付金の対象（申請主体）としてコミュニティが含まれるという程度のものが多く,

コミュニティ自体に対する恒常的な支援策は，農林水産省による各種交付金制度に限定されている。

　それを先導した政策が，2000年度に導入された中山間地域等直接支払制度である。その後，02年度に森林整備地域活動支援交付金制度，そして05年度に離島漁業再生支援交付金制度が創設された。それらはいずれも地域単位での協定が実質的な支払い対象となっている[22]。つまり，地域を対象とする支援制度が農，林，水漁に順次導入されたのである。

　橋口論文で指摘されているように，それぞれの制度は，農業，林業，漁業の産業形態や集落形態と協同組合との関係なども関わり，制度の外形上の類似性にもかかわらず，その本質はかなり異なっているといえる。また，各制度内部での多様性（地域性等）も大きい。強いて特徴づければ，農業の中山間支払いが個人に対する支払いと集落等の地域に対する支払い，林業の森林支払いが森林所有者や森林組合がおこなう個別の行為に対する支払い，そして漁業の離島交付金が漁協単位での活動に対する支払いと整理できるように思われる。このように制度を横断的に比較することにより，相違点を明らかにした点に橋口論文のメリットがある。

　この比較により，コミュニティ単位への支援策を最も意識したのは，やはり中山間地域等直接支払制度であるといえよう。ただし，ここでも単純なコミュニティ支払いではない。先の整理でも示したように集落協定単位での自由度はあるが，交付金は協定単位から「個人分」（生産者）と「集落協定プール分」に分かれ，農林水産省によるガイドラインでは，後者への配分を5割以上にすることが「努力目標」とされている。

　一見複雑なこの制度であるが，実はこの点が，農山村再生を支援する政策に貴重な教訓を提供している。なぜならば，こうした交付金の配分が現実におこなわれ（個人分42.5％，集落協定プール分57.5％─2008年度実績），そして活用されることにより，本制度のこの仕組みが，「格差是正策と内発的発展促進策のパッケージ化」として実現しうることを示しているからである。

　地域振興策には，「格差是正」と「内発的発展促進」の両面があることは，

今までも論じられていたが，それはしばしば二者択一的であった。個別の政策とは次元が異なるが，例えば，国土政策をめぐり，あるときは「国土の均衡ある発展」のために「格差是正」がいわれ，またあるときには「地域の自立に向けた内発的発展促進」が強調され，「格差是正」的な発想はそれを歪めるものとされたこともある。

　しかし，農山村の現実が求めていたのは，むしろその両者の同時追求，つまり二兎を追うことであった。その点で，本制度は「個人配分」と「集落協定プール」の二重の助成の流れがつくられており，個人配分は，文字どおり耕作者個人が利用するものであるが，集落協定プール分は，地域の実情に応じた創意工夫による多様な活動に活用されている。

　この仕組みを解釈すれば，交付金の個人配分は「格差是正」に作用し，集落協定プール分は「内発的発展促進」に機能している。そして，両者のパーケージ化こそが，中山間地域等直接支払制度であるとみることも可能である。もちろん，「格差是正」といっても，交付金単価自体が平地と中山間地域の生産コスト格差の8割を埋めるものであり，さらに個人支払い分がその半分であれば，格差の是正のカバー率はわずかに4割にすぎず（「基礎単価」であればそのさらに8割―32％），その点で交付金の水準に問題があることも指摘できる。

　しかし，注目すべきは，この制度が，「格差是正」と「内発的発展促進」のパッケージ化の具体的イメージを提供している点である。その両者を追求する仕組みを，単なる抽象論ではなく示している重要性を看過してはならない。地域振興策のあるべきスタイルが実践的に示されたといえよう。

注
(1) 大江［8］p.ii
(2) ブルーノ・S・フライほか［1］
(3) 最近の指摘としては，筒井［16］を参照。
(4) ここでの強調点は，新政権が新機軸として強調する「居場所と出番づくり」「新しい公共」（鳩山総理大臣就任演説―2009年10月）の方向性と一致する。この限りでの，

第10章　農山村再生の展望と論点

新政権が目指す新しい社会のあり方は賛同できるものである。むしろ，そうした方向性が，困難に直面する農山村でこそ生まれている点に，政府は注目すべきであろう。
(5) 宝塚市における取組みについては，田中［15］が詳しい。また，宇部市では，行政が地域コミュニティ課（2010年度より市民活動課コミュニティ係）を設置し，ワークショップ活動や各種の補助金支援をおこなっている。
(6) 宮城［4］
(7) 本書第2章でも紹介されているように，沖縄大学地域研究所［11］（金城一雄報告）によれば，それは琉球王朝期の人口比例の地割制が関連とするという指摘がなされている。
(8) 沖縄大学地域研究所［12］（上地武昭報告）
(9) 小川ほか［9］を参照のこと。
(10) 今村［2］を参照。
(11) 金子ほか［3］p.97
(12) 金子ほか［3］p.97
(13) WHO［17］p.54
(14) 旧大鶴農協（「1戸1品運動」）の取組みについては髙橋［14］，また甘楽富岡農協（「チャレンジ21農業」）に関しては農文協文化部［5］を参照。いずれの取組みでも高齢者の体力や経済的環境に応じた，多様な農業への関わり方を保障する必要性が強調されている。とくに，後者の副題は「生涯現役の個性的農業で農都両棲の地域をつくる」である。
(15) 小田切［7］pp.35-36を参照のこと。
(16) 小田切［7］pp.33-34
(17) こうした検討として，例えば佐口［13］を参照のこと。
(18) 岡田［10］p.139
(19) 結城［18］p.2
(20) この「暮らしのものさしづくり」に関して，本書第5章で取り上げられた「交流産業」にもその機能がみられる。交流活動は，意識的に仕組めば，地元の人びとが地域の価値を都市住民の目を通じて見つめなおす効果をもっている。それを，都市住民が「鏡」となり，農山村の「宝」を写し出すことから，「都市農村交流の鏡機能（効果）」と呼ぶ。「おばあちゃん，この料理はおいしいね」「ほんとうに美しく，のどかな風景ですね」という来訪者の言葉が，地域再評価の契機となった例は枚挙にいとまがない。また，予断のない子どもたちの「鏡」は，とくに反射力が強いこともあり，同章で取り上げられた子どもの体験プログラムはこの機能を強く発揮する。
(21) 農文協［6］は，同年4月に過疎問題懇談会で提言され，同8月に交付税措置が確

定した集落支援員制度について，制度適用前の取組みをまとめたものである．本稿で
　　触れた「弥栄らぼ」の皆田氏の活動をはじめとして，多くのケースが紹介されており，
　　同書を通じて地域では現実が先発していたことがはっきりとわかる．
(22) 中山間地域等直接支払制度には，集落協定のみならず，個別協定の仕組みもある
　　が，その協定数の割合は1.6％にすぎず（2009年度実績），北海道を含めて圧倒的多数
　　は，集落協定による直接支払いである．

▶▶ 第11章

農山村再生とJAの可能性

1. はじめに

　今日の農山村再生に関わる議論は，農山村が直面する課題への政策対応として広がりをみせつつある。2000年代以降に議論が活発化し，「新たな公」や「新たな結い」といった議論がおこなわれる中で，活性化を担う人材確保に向けた「集落支援員」などの活用や取組みが進められている。さらに農山村の産業，とくに基幹産業である第1次産業についての活性化策では，農商工連携2法の制定など「連携」をキーワードとした取組みが進められている。こうした多様な政策的対応が広がる中で，その担い手や受け皿として「地域マネジメント法人」（ふるさと元気法人）等の活用が制度的に動き出そうとしている。
　だが，以上の政策・制度におけるJAなどの協同組合セクターの位置づけは不明瞭である。とくに農山村におけるJAグループの姿は明確ではない。むしろ，JAグループに代替する農山村再生の取組みとその受け皿づくりが進みつつある。
　こうした背景には，JAが大型合併をおこなう中で支所・支店の統廃合等もあり，地域から遠くなったことが指摘される。具体的には，本書第2章でみたAコープなど拠点型の生活経済事業の撤退や，支所・支店統廃合が契機となって，地域住民の主体的な「地域売店」の設立に結びついたという事例が典型である。このほか，組織再編に伴う営農指導員・生活指導員の削減，営農センター化などの拠点化は，本来JAがもっていた農山村地域社会の結合拠点としての機能を弱体化させたという指摘も多い。

他方で，JAでは，単協の草の根的な取組みをはじめとして多様な農山村再生への取組みも多くみられる。さらに，JAグループ全体も地域の課題への対応へ踏み出しつつある。具体的には，第24回JA全国大会決議に明示された「安心して暮らせる豊かな地域社会の実現と地域への貢献」である。この2006年10月の第24回JA全国大会決議を契機として，JAグループ内の議論も活発化してきた。さらに，09年10月に開催された第25回JA全国大会の決議では，「農業の復権」とともに，「地域の再生」をJAグループの行動計画の柱に据え，より積極的な取組みを模索している。
　そこで本稿では，第25回JA全国大会決議におけるJAグループの取組みの方向性について整理した上で，農山村再生におけるJAの役割と可能性について検討することを目的とする。なお，以下本稿では，第24回JA全国大会決議を「第24回決議」，第25回JA全国大会決議を「第25回決議」と略記する。

2. JA全国大会議案にみる「地域の再生」

(1) 第24回JA全国大会決議における「地域」

　第24回決議は，JAグループの全国大会決議で初めて「地域への貢献」が明示されたという特徴がある。そこで，第24回決議の「地域」の取扱いをみていこう。
　営農経済事業では，「担い手づくり・支援を軸とした地域農業振興と安全・安心な農畜産物の提供」として，農業振興の場として「地域」を明示している。地域農業振興の焦点は，おもに品目横断的政策をふまえた土地利用型農業の担い手づくりにある。集落営農を地域農業振興の担い手と位置づけ，集落担当の配置が明記された。また，農地・水・環境保全向上対策に対応して「農村地域の資源保全活動と環境にやさしい農業の推進」を掲げた。販売協同では「ファーマーズ・マーケット等を通じた地産地消」の取組みが掲げられた。
　次に，第24回決議の目玉である「安心して暮らせる豊かな地域社会の実現

と地域への貢献」(以下「地域への貢献」)についてみていこう。「地域への貢献」はJAグループの活動方針の1つの柱と位置づけられた。具体的には，①「食農教育」，②福祉事業などくらしの事業化，③地域活動の3本から構成される。

①「食農教育」は，生産者と消費者の連携の「JA食農教育プラン」を通じた体験・教育・交流を通じて，地場産学校給食・地産地消の推進を図る。②くらしの事業化では，ローン・共済・生活関連事業など組合員の暮らしに関わる既存事業から，医療・高齢者生活支援といった福祉事業領域，さらに資産管理事業などまで，JAグループの多様な総合事業を地域と暮らしの視点に立って拡充する。③その他，地域の取組みなどにボランティア活動，地域活動を通じて「貢献する」ことが明示された。こうした取組みの拡充に向けて，「くらしと地域を支える事業の仕組みづくりと担当者の育成」が目標とされた。

このほか，組合員の高齢化などに対応して，「組合員加入の促進と組合員組織の活性化など組織・事業基盤づくり」を掲げ，事例として，北信州みゆき農業協同組合における集落を基盤とした目的別組織づくりの取組みなどがあげられている。

(2) 第25回JA全国大会決議の構成と「地域の再生」

第25回決議の特徴は，第24回決議と比較して，より踏み込んだ点にある。第25回決議は，「大転換期における新たな協同の創造」と題して，「農業の復権」と「地域の再生」の2本柱を支える「JA経営の変革」という方針の構図が描かれている（図11-1）。

「地域の再生」をJAグループの取組みの柱として明確化し，「組合員・地域住民のくらしの総合的な支援」「『JAくらしの活動』の推進による新たな協同の創造」を掲げている。暮らしに関わる「地域への貢献」は，第24回決議を継承した上で，①組合員に限らず地域住民まで含めた総合的な地域への対応，②くらしの活動の推進から「新たな協同」を創造するといった踏み込みがみられる。ただし，「新たな協同」そのものの位置づけは，議案時点では不明瞭な点が多く，今後より一層の明確化が期待される。

```
┌─────────────────────────────────┐
│   大転換期における新たな協同の創造   │
│ ―食糧・農業・地域への貢献とJA経営の変革― │
└─────────────────────────────────┘
┌──────────────────┐  ┌──────────────────┐
│ 消費者との連携による農業の復権 │  │ 総合性発揮による地域の再生 │
│                  │  │   （くらし・地域）    │
│ 1. 農業生産額と農業所得の増大 │  │ 1. 組合員・地域住民のくらしの │
│ 2. 農地活用と担い手支援による │  │    総合的な支援       │
│    自給力の強化        │  │ 2. 「JAくらしの活動」の推進に │
│ 3. 国民の合意形成       │  │    よる新たな協同の創造   │
└──────────────────┘  └──────────────────┘
              ┌──────────────┐
              │ 協同を支える経営の変革 │
              │   （組織・経営）   │
              └──────────────┘
┌───────────────────────────────────┐
│        1. JAらしい経営スタイルの確立          │
├──────────┬──────────┬──────────┤
│2. 組織基盤の拡充と事業 │3. JAグループの事業伸 │4. 総合事業性を発揮す │
│  基盤の強化および組合 │  長と効率経営に向け │  るためのJAの健全経 │
│  員との関係強化    │  た対応       │  営の確立      │
├──────────┴──────────┴──────────┤
│        5. 活力ある職場づくり             │
└───────────────────────────────────┘
```

図11-1　第25回JA全国大会議案の全体像
資料：全国農業協同組合中央会「第25回JA全国大会議案」より抜粋，加工。

中身についてみていこう。第25回決議を構成する柱の1つである「農業の復権」では，「地域における安全・安心ネットワークと地産地消」として，「JAファーマーズ・マーケット事業の確立」や農商工連携等による地域農業の活性化を掲げている。さらに昨年の農地法改正に対応して「JAの農業経営に係る実施・運営原則（案）」を提示し，JAによる農地取得と農業経営のガイドラインの検討方向を明らかにした。ただし，あくまで農地法改正に対応したガイドラインの案であり，今後の地域の実態に即した議論が必要であろう。

このほか，「地域が一体となったJA食農教育の推進」が掲げられている。食農教育は第24回決議では「地域への貢献」に含まれたが，第25回決議では今日の食と農への多様な関心をふまえて，「農業の復権」に向けた国民的合意の必要性として営農経済事業の目標にも組み込まれた。

```
┌─────────────────────────────────────────────────────┐
│                    環境認識                          │
│           1. 少子高齢化の進展                        │
│           2. 過疎化・人口集中の進展                  │
│           3. 地域経済の疲弊・地方財政の逼迫          │
│           4. NPO 法人等の増加                        │
└─────────────────────────────────────────────────────┘
                         ▽
┌─────────────────────────────────────────────────────┐
│                 地域の生活者のニーズ                 │
│  ┌──────┬──────────┬─────────────────────────────┐  │
│  │組合員・│<地域づくり> │安心して暮らせる社会│地域の活性化│自然環境保護│
│  │域住民共│<安全・安心なくらし>│安定的な収入の確保│老後の豊かな生活│
│  │通のニーズ│           │健康と地域医療の確保│自然災害への備え│
│  │      │<豊かなくらし>│楽しいくらし,生きがい│文化的なくらし│
│  └──────┴──────────┴─────────────────────────────┘  │
│                        ＋                           │
│  ┌──────────────┬──────────────────────────────┐    │
│  │地域住民固有のニーズ│      自然，農とのふれあい      │    │
│  └──────────────┴──────────────────────────────┘    │
└─────────────────────────────────────────────────────┘
                         ▽
┌─────────────────────────────────────────────────────┐
│                    課題認識                          │
│           1. 総合性を発揮した事業対応の強化          │
│           2. 地域における協同活動の強化              │
│           3. 地域コミュニティの活性化                │
└─────────────────────────────────────────────────────┘
                         ▽
┌─────────────────────────────────────────────────────┐
│                    実践事項                          │
│   1. 組合員・地域住民のくらしの総合的な支援          │
│   2.「JAくらしの活動」の推進による新たな協同の創造   │
│     (1)「JAくらしの活動」の推進                      │
│     (2)「食と農」を基軸とした地域活性化              │
│     (3)「助けあい」を軸とした地域セーフティネット機能の発揮│
│     (4) 地域コミュニティ活性化の「場」の設定         │
│     (5) 地域における環境問題への取り組み             │
└─────────────────────────────────────────────────────┘
                         ▽
┌─────────────────────────────────────────────────────┐
│    JAの事業・活動を通じて組合員・地域住民のくらしを守る│
└─────────────────────────────────────────────────────┘
```

図 11-2　JA の総合性発揮による地域の再生「くらし・地域」
資料：全国農業協同組合中央会「第 25 回 JA 全国大会議案」より抜粋，加工。

次に，第25回決議のもう1つの柱である「地域の再生」＝「JAの総合性発揮による地域の再生」についてみていこう（図11-2）。

その筋道は，まず「環境認識」で，少子高齢化，過疎化と人口集中，地域経済の疲弊といった今日の地域社会をめぐる課題を概観した上で，地域住民のニーズに応える主体としてNPO法人などの登場を取り上げる。その上で，「地域の生活者のニーズ」を「地域づくり」「安全・安心なくらし」「豊かなくらし」と位置づけた。こうした「環境認識」と「ニーズ」に対応する「課題認識」を，①総合性を発揮した事業対応の強化，②地域における協同活動の強化，③地域コミュニティの活性化として整理している。

（3） JAグループにおける「地域の再生」の方向性

以上，第24回決議と第25回決議について概観した。第24回決議と第25回決議の異なる点は，「地域の再生」「くらし」の視点を，より発展的に位置づけている点である。内容的には第24回決議を継承した上で，第25回決議ではその位置づけの優先順位を格上げしたものといえるだろう。さらに，「農業の復権」を含めて，地域と暮らしの視点が，全体に根づいている点も注目される。第24回決議の営農経済事業における地域視点が政策対応的性格にすぎなかった点と比較して，第25回決議では地域を出発点とする農業のあり方，さらに都市と農村の交流と国民的合意形成の必要性にまで踏み込んで，地域視点が盛り込まれている。

他方で，具体的な取組みの方向性については，第24回決議から継続した第25回決議との違いはあまりない。第25回決議の具体的取組みの方向性は，①JAグループの総合事業を活かした「組合員・地域住民のくらしの総合的な支援」，②「組合員・地域住民の自主的な取り組みであるくらしの活動を支援することで（中略）新たな協同を創造する」といった事業と組合員活動の2本建てである。この事業と活動の複線化は，第24回決議から変化はない。言い換えれば，JAグループの事業利用の拡充と，組合員・地域住民の自主的な活動は，別建ての取組みであるといえる。既存の事業領域以上の取組みは自主的な活動

で賄い，こうした自主的な活動とその連携を「新たな協同」と位置づけているのである。役割分担として，「新たな協同」の主体は組合員・地域住民自らであり，JAグループは支援機能を果たすとしているのである。

3.「新たな協同」の潮流

(1) 世界的潮流としての「新たな協同」

　第25回決議に示された「新たな協同」に関して，少し踏み込んでみよう。「新たな協同」の先行する実践は，1990年代以降，世界的に広がりをみせつつある。具体的には，イタリアの社会的協同組合や，イギリスのコミュニティ協同組合など「新しい協同組合」である。「新しい協同組合」は，「新たな生きにくさ」を背景に形成された（田中夏子［10］）。
「新たな生きにくさ」は，市場のグローバル化の進展の中で，新自由主義的政策の浸透が自治体サービスを大幅に後退させ，地域社会やアソシエーションが変容・解体される過程で現れたと整理される。人びとが市場に包摂され，より個に「ばらされる」過程で生じる多様な暮らしの課題の発現である。農山村における「新たな生きにくさ」とは，過疎化・高齢化の進展のもとでの暮らしと地域の課題の発現である。具体的には，買物，子育て，医療福祉など暮らしの課題，農地や水利施設・山林資源などの地域資源管理とその担い手の課題，農業など第1次産業を基幹産業とする地域産業構造の衰退とそれに伴う農家経済・地域経済の弱体化，過疎化・高齢化によるコミュニティ機能の弱体化などである。

　以上の「新たな生きにくさ」に対応して，「新しい協同組合」が世界的に広がりつつある。「新しい協同組合」と位置づけられるイタリアの社会的協同組合や，イギリスのコミュニティ協同組合は，①幅広い活動領域と公益性，②小規模な組織構成，③マルチステークホルダー型組織，④内発的かつ独自のネットワークを活かして他の社会的諸主体と様々な関係を結ぶ（田中夏子［10］）

といった特徴がみられる。さらに整理すると「新しい協同組合」は，生活・福祉領域や地域づくりに関する領域における「コミュニティの質と生活の質」を高める「公益性の高い」協同組合である（中川［4］）。

(2) 国内で広がる「新たな協同」

こうした「新たな協同」の広がりは，地域社会・地域コミュニティの再生，地域づくりに伴って，国内でも多様な広がりをみせている。農山村では，地域の福祉を目的とした協同（福祉協同）であり，新たな販売を目的とした協同（販売協同）としての農産物直売市，生産を目的とした協同（生産協同）としての今日の集落営農組織である（田中秀樹［9］）。

地域の福祉協同では様々な助け合い組織が現れている。例えば，高齢化を背景とした農家の後継者（長男層）の嫁世代を中心とした福祉協同組織「いきいきいわみ」や，生協しまねの組合員自主組織であり日常の暮らしの相互支援組織「おたがいさまいずも」（岡村［8］）などが著名である。JAグループではあづみ農業協同組合の「くらしの助け合いネットワークあんしん」，その後の「生き活き塾」（根岸［5］）などの取組みが著名である。

新たな販売協同として注目される取組みが，全国的に広がる農産物直売市である。農産物直売市の初期の成立は，地域の農家の女性・高齢者を中心とした自主的な取組みである。自給的野菜の余剰を販売する場として，出荷者自らが持ち寄り，運営をおこなう農産物直売市は，販売協同のもう1つの姿かつ直接的な生産者間の協同であった。そこでは，販売スペースの競合や，出荷品目の重複などの課題における生産者間の競争が，話し合いと相互承認によって協同労働へと展開する過程がみられる。今日の販売戦略として位置づけられ競争関係が生じつつある農産物直売施設化と異なり，人的結合組織として協同組織の実態を伴った直接参加・直接運営型の販売協同の一形態である（野田［7］）。

生産協同では今日の集落営農組織に着目したい。集落営農は，一方で政策対応，とくに水田・畑作経営所得安定対策への対応として広がっているが，他方で地域農業・地域を維持する「むらの論理」に基づく地域づくりの拠点組織化

が進みつつある。こうした地域づくり的性格を有する集落営農組織では，地域住民個々の労働技術水準に応じた多様な労働参加形態と，そこでの相互承認に基づく協働労働を有した協同組織としての内実をみることができる（小林[2]）。

(3)「新たな協同」の主人公としての女性

　国内で多様な広がりをみせる「新たな協同」の取組みの特徴の1つとして，女性を中心としている点に着目したい。福祉協同では後継ぎ層である後継者（長男層）の嫁世代を中心に，いわゆる暮らしの「助け合い組織」化が図られている。販売協同の今日的一形態である農産物直売市の主要な担い手は女性と高齢者である。集落営農組織でも，とくに利用権設定で農地の利用権を集積し，地域資源としてとらえる地域ぐるみ的性格が強い集落型農業生産法人では，女性が所有権にとらわれずに個々の労働技術水準に応じて労働参加し，さらに主体的な加工・販売まで取り組む事例も多い。

　こうした地域における「新たな協同」の主人公の多くが女性であることは，今日の「新たな生きにくさ」が，地域での暮らしを直撃していることを背景にしていると考えられる。もとは家庭内労働であり，地域の相互扶助で支えられた福祉労働は，市場化の徹底のもとでサービス労働化・商品化された。また，農産物直売市を通じた販売協同は，女性を中心とした家庭内労働の一環としての自家消費野菜の少量多品目生産の商品化を出発点としている。こうした暮らしの課題である「新たな生きにくさ」に，最初に直面する女性が主体となっているのである。

　女性の多様な取組みは，新たな地域発展と地域産業の構築でも多くみられる。いわゆる「女性が地域資源を活かして主体的に取り組む経済活動」としての「女性起業」である。「女性起業」は，JAの女性部や，行政主導の生活改善グループを出発点として全国的に広がっている。2007年11月現在，9444件（うち法人401件）（農林水産省）で，生産から加工・販売，都市農山村交流まで幅広い取組みがみられる（根岸[6]）。

4.「新たな協同」と「小さな自治」

(1)「新たな協同」から「小さな自治」へ

　以上の国内で広がる「新たな協同」は，農山村で先行する事例が多い。本稿前段で取り上げた事例は，多少意識的ではあるが，農山村地域の事例である。農山村では，「人」「土地」「むら」の空洞化，そして深層で進む「誇りの空洞化」に抗する「地域の力」が「暮らしの視点」から進みつつある。こうした「地域の力」が，「新たな協同」として発現しているといえるであろう。

　すでにみた福祉協同，販売協同，生産協同の多くは，各々の課題に対応した実践である。また，地域を課題の範域としてとらえると，各々の課題に対応して範域となる地域にも違いが生じる。例えば，福祉協同では旧村から平成合併前の旧市町村，さらにはより広域の範域（平成合併市町村や，広域合併農協単位）で取り組まれる。販売協同はその主体となるグループの形成に応じて，集落単位から広域合併JAの範域まで様々である。他方で，生産協同の現場は農業集落から旧村，つまり自然条件に規定される自然村としての「むら」の範域が主体となる。このように各々の課題に対応した範域としての地域には，その広がりにおいて大きな差異が生じる。しかし，各々の取組みの基礎的単位は農業集落や旧村など，いわゆる「むら」の範域に設定される事例も多い。

　今日，こうした「むら」の範域では，すでに本書第1章でみたとおり，「新しい農山村コミュニティ」「小さな自治」の実践が先行している。そこで次に整理する必要がある点が「新たな協同」と「小さな自治」の関係性である。

(2)「新たな協同」と「小さな自治」の範域

　小田切は，本書第1章で，「小さな自治」の特徴として，①「役場」的な総合性，②自治組織かつ経済組織という二面性，③集落との補完関係，④個人単位での主体的な参加による革新性，以上4点であることを析出した。「小さな

表 11-1 「新たな協同」と「小さな自治」の比較

		範域	オルガナイザー	基礎組織	主体
新たな協同	福祉協同	広域 県域など 市町村行政区域	生協・農協・社協など＋自主組織	人的結合 (機能組織)	個
	販売協同	合併農協域 市町村行政区域	農協・行政など＋自主組織	出荷組織（集落・むら単位から広域まで）	個＋「いえ」
	生産協同	「むら」	「むら」のリーダー・規模拡大農家など	「むら」（集落）	「いえ」＋個
小さな自治		「むら」 市町村行政区域	「むら」のリーダー・行政・NPOなど	（集落）	個＋「いえ」

資料：聞き取り調査などより作成。

自治」の大きな機能の1つは，農山村活性化の拠点化である。多くの事例で析出されているように，「小さな自治」の取組みでは，すでにみた多くの「新たな協同」の各々の取組みを内包しうる多角化路線が盛り込まれているのである。

ところが，いわゆる「新たな協同」として注目される取組みと，「小さな自治」における総合的な取組みは，その範域の違いから複線化しつつある実態に注目したい（表11-1）。

「新たな協同」は，各々の課題の分野ごとに異なる範域を有する地域の実践である（「テーマ・コミュニティ」）。他方で，「小さな自治」は「むら」という一定の地理的な範域で，総合的に取り組む（「ローカル・コミュニティ」）（石田[1]）。つまり，「新たな協同」は課題を共有する地域住民の範囲でその協同の領域と事業領域の範囲を決定することに対して，「小さな自治」は「むら」やコミュニティの領域内で総合化しようとする範域の決定過程，つまり地域の範域の概念が大きく異なっているのである。

こうした範域の違いから生じる複線化は，農山村で先行する実践でも生じつつある。例えば，JA女性部の助け合い運動から発展した福祉活動の取組みと，「小さな自治」内部の福祉活動の複線化である。このほか，農産物直売市の広域化・拠点化の中で，その出荷会員が，広域拠点型農産物直売施設の会員でかつ地域の草の根的な農産物直売市の会員という複線化である。他方で，生産協

同，とくに集落営農においてはほぼ同一の範域であるため，集落営農から「小さな自治」への発展形態（広島県東広島市小田地区），「小さな自治」からの集落営農への展開（広島県安芸高田市川根地区）などがみられる。

　以上の「新たな協同」と「小さな自治」における複線化は，一方で，地域における多様な主体の確保と多様性による活性化の促進を促す。他方で，主体の奪い合い・競争関係が生じつつあることも注視しなければいけない。例えば，「小さな自治」における経済活動の取組みが，その主体のあり方に関わって「新たな協同」の取組みとの間で競合関係が生じる。具体的には，「むら」単位での小規模な農産物直売市が，行政やJA主導の拠点型農産物直売施設の建設で競争関係になり淘汰されていく過程などである。こうした複線化は，ネットワーク化など重層的な関係性の中で位置づけられていけば競合関係にならないが，単なる乱立となると競合関係となる恐れがある。「新たな協同」と「小さな自治」の間に，いかなる関連構造・関係性を築くべきかが問われるのである。

5. 農山村再生とJAグループの可能性

（1）「新たな協同」「小さな自治」と協同組合

「新たな協同」と「小さな自治」の関連構造・関係性が問われるが，既存の協同組合との関連性を含めての検討が必要である。「小さな自治」も，「新たな生きにくさ」を背景とした「新たな協同」の一形態である。「新たな協同」や「小さな自治」といった地域からの草の根的な協同の取組みを「小さな協同」と読み替えるならば，既存の「大きな協同」（伝統的協同組合）である農業協同組合，生活協同組合，森林組合，漁業協同組合との関連性が問われる。この関連性とその発展方向にこそ，農山村再生におけるJAグループの可能性が存在するのであろう。

　とくに，「小さな協同」が「大きな協同」の内部において出現しつつある点に注目したい。例えば，生協しまねの「おたがいさまいずも」であり，あづみ

農業協同組合の「くらしの助け合いネットワークあんしん」である。これらの取組みに共通する特徴は，「大きな協同」の内部に多様な「小さな協同」を生み出すことで，「大きな協同」を活性化させ，結果として地域社会を豊かにしている点にある。

　以上のような「小さな協同」と「大きな協同」の関連性に着目して，農協の「内部に営農面，生活面での多くの『専門農協』をつくるという組織イメージが求められる」「JA内小JA化」(増田 [3])，「大きな協同組合のなかに，小さな協同をつくる」「農協は包括的協同組合として，協同への入り口，協同組合の学校となり」(田中秀樹 [9]) など，「小さな協同」を内包化した「大きな協同」の姿が，その将来像として提起されている。こうした「小さな協同」を内包化した「大きな協同」が地域協同組合としての実質を育み，その到達点として位置づけられている姿が「農的地域協同組合」(田代 [11]) である。

　ここで注意しなければいけない点は，内包化の意味である。「大きな協同」が「小さな協同」を内包化するという表現は，地域の草の根的な取組みを，既存の協同組合が事業基盤として内部化するととらえられる恐れがある。「大きな協同」そのものの組織基盤の強化，具体的には組合員拡大と事業領域の拡大を目的とする内包化は，あくまで「大きな協同」自体の課題であって，地域社会の公共的な課題に応えうるものではない。むしろ農業協同組合，生活協同組合，森林組合，漁業協同組合など「大きな協同」同士の間での公共性の奪い合いにつながりうることに注意したい。

「大きな協同」が「小さな協同」に対して求められていることは，内包化，内部化というより，「小さな協同」といかに関係性を築くかという点であろう。その方策は，多様な「新たな生きにくさ」の声を聞き，草の根的な地域の「小さな協同」の萌芽に目を配り，「小さな協同」への事業を通じた関与と事業の創造である。さらに多様な「小さな協同」の自立化を支援しつつ，ネットワーク化することで運動の領域を地域に広げていくことにある[1]。とくに，地域の声を聞き，そこから新たな事業を創造する過程は，組合員の運動から事業を生み出す協同組合本来のあり方に関わる取組みである。こうした「小さな協同」

と豊かな関係性を築く取組みこそが求められており，「小さな協同」を支える取組みが「大きな協同」を活性化させることにも注目するべきである。

「大きな協同」同士の間での公共性の奪い合いについては，協同組合間協同・協同組合間連携の新たなステージが求められている点に着目したい。協同組合間協同・協同組合間連携では，おもに産直などの販売事業と購買事業における連携の歴史が深い。ところが，福祉事業などに対応した取組みはあまりみられない。他方で，JAグループからは新たな提言が生まれている点に注目したい。少し長くなるが，2009年7月22日付の農業協同組合新聞に掲載されたJA広島中央会会長・村上光雄の論稿を抜粋しよう。

「ある会合で女性組合員の80％が生協組合員であるということを耳にし唖然とした。ここまで来ると現場では事業面でかなり競合，摩擦が生じていることは想像できる。私の現状認識の甘さを反省すると共に，今こそJA，生協といった領域を超えた協同組合間連携，さらに事業共同について真剣に検討しなければならない段階に来ているように思える。協同組合セクターとしての共同行動に新たな協同の創造の糸口があるようにも思える」。

(2) 農山村再生に向けた協同の関連構造

　以上の検討に基づいて，農山村地域における協同の関連構造を整理してみよう。より「小さな自治」に引きつけて整理するならば，暮らしを直撃する「新たな生きにくさ」を協同で克服する「小さな自治」は，地域住民の声を共有する基礎的な拠点ではないだろうか。こうした「小さな自治」を基礎的な単位として，より広域の「新たな協同」と既存の「大きな協同」（伝統的協同組合）がその声を聞き，運動を事業化する，もしくは「小さな自治」の取組みを支えるといった重層的な関連構造が求められるであろう。さらに，「大きな協同」も事業領域による棲み分けを図るのではなく，地域の課題を出発点とする新たな協同組合間協同・協同組合間連携の可能性が模索される。いわば，農山村地域を出発点とする新しい地域協同の実践の可能性である。こうした地域社会と協同組合のあり方は，サードセクター，協同組合社会などの議論と接合点を求

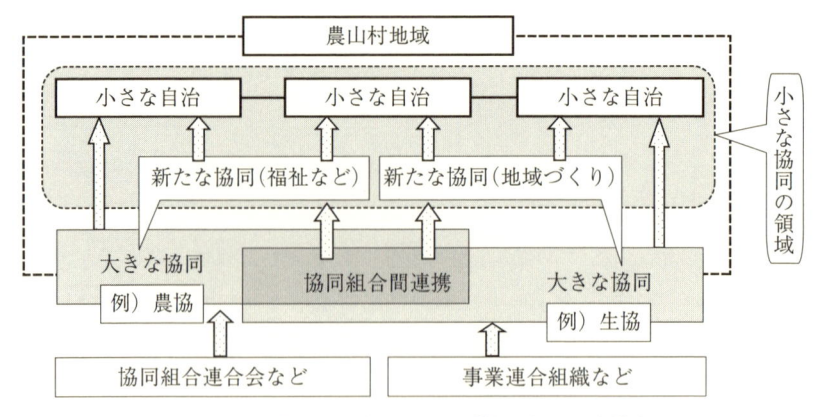

図11-3 農山村地域における「協同」の関連構造
資料：筆者作成。

めることで，新たな社会像を結びつつある（図11-3）。

　以上の農山村地域における協同の関連構造を前提とすると，JAグループの第25回決議の「JAの総合性発揮による地域の再生」における「実践事項」の取組みも具体化がみえてくる。改めて「実践事項」をみると，①組合員・地域住民のくらしの総合的な支援と②「JAくらしの活動」の推進による新たな協同の創造と整理されている。ここでとくに注目したい点は，②の中の「地域コミュニティ活性化の『場』の設定」である。ここでは，「多様化する組合員・地域住民のニーズに対応して，組合員・地域住民の主体的な活動を支援するため，JAは主体的に活動の『場』の設定を行い，地域コミュニティの活性化をはかります」と掲げられている。

　運動の主体を組合員・地域住民におき，その主体形成の「場」づくりをおこなうことは，JAグループによる農山村地域への関わり方の第一歩である。第25回決議で提示された「場」とは，農産物直売所や高齢福祉施設，市民農園，女性大学，生活文化教室など，施設と活動の「場」である。ここに地域で進みつつある「小さな自治」や，「新たな協同」も加えていくべきであろう。このとき，「場」を用意するだけではなく，組合員・地域住民の声を聞き，運動づ

くり（第25回決議では「助け合い活動」など）と事業化を支援する仕組みが重要であろう。こうした地域への関わり方が，結果としてJAグループの協同運動を豊富化し，JAグループ自体の活性化につながりうると考えられる。

6. おわりに

　ここまでJAグループの全国大会決議にみる地域への取組みを概観した上で，農山村再生における協同の関連構造をみてきた。今日，「新たな生きにくさ」を背景として草の根的に「新たな協同」「小さな自治」といった「小さな協同」が広がっている。こうした「小さな協同」に対して，既存の「大きな協同」（伝統的協同組合）のあり方と関連構造が問われているのである。
　他方で，こうした「小さな協同」の取組みが，JAグループなどの広域合併とそれに伴う支所・支店の統廃合等の中で進んだ点は注視しなければならない。このため，JAグループへの地域の声は厳しい側面もある。ところが，本来，非営利・非公益の（法制度上の）職能協同組合であるJAグループが，地域社会対応に全面的に寄与しうるかといえば，やはり難しい。何よりも国の政策対応がもたらした社会の変容とそこでの矛盾を，全面的にJAグループに押しつけられても限界は存在する。公共性の押しつけ合いに陥ることなく，改めて地域社会への関わりを模索していく第一歩が，第25回決議に記されていると解釈したい。
　こうしたJAグループの農山村地域社会への関わりを模索していく中で，まず実践すべき取組みは，自らの発信力と情報収集のアンテナであると考える。自らの発信力では，全国のJAの優れた取組みを共有することや，地域に対しておこなっている取組みを発信することが重要である。「助け合い組織」や「女性大学」，「市民農園」などのJAグループの取組みを，いかに地域社会に広げ，組合員・地域住民と共有しうるかが課題である。
　また情報収集のアンテナは，より広げるべきである。第1に組合員・地域住民の声を聞くことであり，第2に今日の農村地域政策の情報収集である。組合

員・地域住民の声を聞く取組みは，運動から事業を組み立てる協同組合本来の取組みである。また，農村地域政策の広がりを JA グループがつかんで，いかに地域に伝達していくかも問われるであろう。「場」づくりに加えて，こうした情報の発信と収集，共有といった取組みから JA グループの農山村地域への関わりが進むことを期待したい。

注
(1)「大きな協同」と「小さな協同」の関連構造については，上益城農業協同組合等の先行事例に学ぶところが大きい。詳しくは，根岸［6］pp.34-35 などを参照されたい。

あとがき

　本書は，JA総合研究所の特別研究会「近未来農業・農村戦略研究会」の研究成果を取りまとめたものである。

　この研究会が発足したのは，2008年7月であった。本書の第7章（農山村再生策の新展開）でも触れたように，2007年7月の参議院選挙における当時の政権与党・自民党の敗北を受けて，政治的な「地方再生」路線が2008年には本格化していた。そうした動きに直接影響され，小泉構造改革路線ではすっかり忘れ去られていた農山村をめぐる地域問題が，マスコミでは「限界集落」という言葉を多用しながら，改めて注目されたのがこの時期である。

　編者も含めた研究会に集まるメンバーにしてみれば，そうした状況は，一面では農山村再生の「追い風」と感じながらも，他方では戸惑いも禁じ得なかった。テレビや新聞が競って「限界集落」特集を組み，その深刻な問題を報道していたが，それが「（一時的）ブーム」である可能性が否定できなかったからである。「ブーム」であれば，その終わりが必ずある。むしろ，この研究会で「戦略」を論じるからには，「ブーム」を乗り越えた研究こそが必要ではないか。研究会の目的はそこに設定された。

　本書の構成とメンバーの役割分担は，当然のことながら，それを踏まえたものである。とくに，次の2点は共通して意識した。

　第1に，農山村再生を目指し，生まれ始めた事例の徹底的な実態調査による解明である。本書の第1部（地域コミュニティ），第2部（産業）はそうした事例調査に基づく論考により構成されている。地域の先発事例の分析は今までも繰り返しおこなわれてきたものであるが，本書では，こうした事例が成立している条件を，とくに意識して論じている点に特徴がある。

　第2に，たとえ「ブーム」であったとしても，そこで現れた政策に注目し，その評価やそれを安定化させるための位置づけを明らかにすることである。なぜなら，「地方再生」路線が登場する中で新たに登場し，また改めて重視された政策は，この段階で地域に真に必要なものだからこそ，そう位置づけられ

と考えられるからである．そのため，第3部では，例えば2008年度に導入されたばかりの「集落支援員」制度をはじめ，あえて政策を対象として，それが短期的に終わらぬ条件を意識的に論じている．

　要するに，農山村の現場で着実に生まれ始めた数々の取組み，あるいは政策当局の「現場」で重視され始めた様々な政策を分析し，それが持続する諸条件を結集して，全体として農山村再生の戦略的な実践方向を論じるのが，本書の役割である．

　こうしたやや野心的な研究の場を与えていただいたJA総合研究所，とくに，編者の恩師でもあり，研究会立ち上げから出版までの全過程をリードいただいた今村奈良臣研究所長，本研究会の企画・総務を全面的にサポートいただいた吉田成雄基礎研究部長と黒滝達夫常務理事，そして本書の執筆者でもある研究会事務局の小林元主任研究員に深く感謝したい．

　さらに本叢書の出版を担当する農文協・金成政博氏には，いつものように編集にあたって，有益なアドバイスをいただいたことに御礼を申し上げたい．

　また，編者を除く本書の執筆者は学界における気鋭の研究者である．いささか私的なことではあるが，いろいろな大学で彼らは編者と教室やゼミ室で向かい合ったメンバーである．その彼らと問題意識を共有しながら，一冊の本をまとめることができたことは，編者にとってなによりも嬉しい．

　いずれにしても，本書の役割はまさにこれから始まる．先に「ブーム」とした「地方再生」路線は，政治的にも確実に終焉した．TPP（環太平洋戦略的経済連携協定）交渉をめぐる総理大臣自らの前のめりの姿勢は，それを象徴する．あらためて，「ブーム」ではない状況での農山村再生の内的条件と政策的条件，すなわち再生戦略とその実践が，いまこそ問われているのである．

　本書が新たな局面に入った農山村における地域再生の実践と研究の新たな礎石となれば，編者として望外の喜びである．

　　2010年11月

編者　小田切徳美

引用・参考文献

序章

[1] 小宮山宏『「課題先進国」日本』中央公論社，2007年

〈第1部〉

第1章

[1] 国土交通省・新たな結研究会『「新たな結」による地域の活性化』2009年
[2] 名和田是彦「近年の日本におけるコミュニティの制度化とその諸類型」名和田是彦編『コミュニティの自治』日本評論社，2009年
[3] 小田切徳美『農山村再生―「限界集落」問題を超えて―』岩波ブックレットNo.768，岩波書店，2009年
[4] 辻山幸宣「新しい公共の今と『責任の体系』」『ガバナンス』2010年2月号
[5] 山崎丈夫『地域コミュニティ論（三訂版）』自治体研究社，2009年

第2章

[1] 朝日新聞（小西孝司）「住民出資の小売店―歩いていける店，守る―列島360°」2008年3月23日，朝刊34面
[2] 市村隆紀『「共計自和」に生きる―「奥共同店」100年から考える協同組合と地域の未来―』協同組合経営研究所，2007年，pp.1-45
[3] 岩間・田中・佐々木・駒木・齋藤「地方都市在住高齢者の「食」を巡る生活環境の悪化とフードデザート問題」『人文地理』第61巻第2号，2009年，pp.29-46
[4] 北川太一編著『農業・むら・くらしの再生をめざす集落型農業法人』全国農業会議所，2008年
[5] 小山厚子「開店4年，校区住民出資の店で地域が変わった，元気になった！」『増刊現代農業』2007年11月号，pp.166-175
[6] 宮城能彦『共同売店―ふるさとを守るための沖縄の知恵―』沖縄大学地域研究所ブックレット7（叢書第15巻），沖縄大学地域研究所，2009年2月
[7] 根岸久子「撤退したAコープを地域生活拠点に再生した女性たち」『農業と経済』第74巻13号，2008年11月，pp.66-70
[8] 小田切徳美「農村地域自治組織の性格と農協」生源寺眞一・農協共済総合研究所編『これからの農協』農林統計協会，2007年，pp.152-176

［9］沖縄大学地域研究所「戦後沖縄の共同店の変容」『地域研究所所報』第 29 号，2003 年 3 月
［10］坂本誠「農村交流施設『森の巣箱』にみる住民の協同と自治体の支援」『にじ』協同組合経営研究所，No625 号，2009 年，pp.153-162
［11］杉田聡『買物難民―もうひとつの高齢者問題―』大月書店，2008 年
［12］高橋陽子「みんなで支える，みんなを支える山のコンビニ『ノーソン』」『増刊現代農業』2006 年 5 月号，pp.144-155
［13］山浦陽一「農山村の A コープ代替店舗の実態と課題」『JA 総研レポート』JA 総合研究所，Special Issue Vol.6，2009 年 3 月，pp.33-46

〈第 2 部〉

第 3 章

［1］藤本髙志「地産地消の視点からの食料自給率の計測―地域産業連関分析によるアプローチ―」『農業経済研究』第 77 巻第 2 号，2005 年
［2］平松守彦『地方からの発想』岩波新書，1990 年
［3］金田憲和「地域経済複合化の経済効果―北海道地域産業連関表による分析―」『農村研究』第 92 号，2001 年
［4］香月敏孝・小林茂典・佐藤孝一・大橋めぐみ「農産物直売所の経済分析」『農林水産政策研究』第 16 号，2009 年，農林水産政策研究所
［5］小林元「農商工連携と農業の 6 次産業化を考える」『経営実務』2009 年 9 月号，全国協同出版株式会社
［6］槇平龍宏「今後の地方経済と福祉のあり方」松谷明彦編著『人口流動の地方再生学』日本経済新聞出版社，2009 年
［7］21 世紀むらづくり塾編『地域に活力を生む，農業の 6 次産業化―パワーアップする農業・農村―』1998 年
［8］霜浦森平・坂本央土・宮崎猛「都市農村交流による経済効果に関する産業連関分析―兵庫県八千代町を事例として―」『農林業問題研究』第 155 号，2004 年
［9］鈴木福松編著『地域食品のマーケティング―成立条件と流通システム―』農林統計協会，1988 年
［10］高橋正郎・板倉勝高監修『むらの挑戦―地域産業活性化戦略―』家の光協会，1985 年
［11］山﨑朗「広域的内発型産業振興としての産業クラスター―将来ビジョンを共有した地域産業の連鎖的革新を―」『月刊地域づくり』2005 年 8 月号，地域活性化

センター，2005 年

第 4 章

[1] 安藤裕「『まめで達者な村づくり』で自立の村を目指す（市町村訪問・福島県鮫川村）」『アカデミア』市町村アカデミー，第 78 号，2007 年，pp.42-48

[2] 日野原重明『「新老人」を生きる』光文社，2001 年

[3] 堀内隆治・小川全夫『高齢社会の地域政策　山口県からの提言』ミネルヴァ書房，2000 年

[4] 今村奈良臣「農業者大学校新入生への講義要録の紹介―私の 10 の提言―」『所長の部屋』（第 108 回）JA 総合研究所，2009 年 7 月 22 日（http://www.ja-soken.or.jp/head.html）

[5] 伊藤光・大澤啓志「地域振興における内発的特産品開発の契機と効果―福島県鮫川村を事例に―」『農村計画学会誌』日本農村計画学会 27 巻論文特集号，2009 年，pp.263-268

[6] 宮武剛「どうなる後期高齢者医療制度」『視点・論点』（NHK ブログ）2008 年 7 月 14 日（http://www.nhk.or.jp/kaisetsu-blog/）

[7] 守友裕一「農業・畜産の公共的役割と交流活動」『内発的発展の道』農山漁村文化協会，1991 年，pp.179-196

[8] 中田ヒロヤス「高齢者の技を活かした大豆つくりを支援したら，高齢医療費が 7％も減少」『21 世紀の日本を考える』第 43 号，2008 年，pp.8-14

[9] 小田切徳美『農山村再生―「限界集落」問題を超えて―』岩波ブックレット No.768，岩波書店，2009 年

[10] 岡田知弘『地域づくりの経済学入門　地域内再投資力論』自治体研究社，2005 年，pp.134-156

[11] 高木敏弘「小さいことはいいことだ―農村加工の強みとよさを生かし，地域農業を豊かにしよう」『農村文化運動』183 号，2007 年，pp.3-12

[12] 山形賢一「条件不利を活かした農業振興への取り組み　福島県鮫川村」『農業と経済』2007 年 1・2 月合併号，pp.63-69

第 5 章

[1] 姉崎洋一・鈴木敏正編著『公民館実践と「地域をつくる学び」』北樹出版，2002 年

[2] 飯山市誌編纂専門委員会編『飯山市誌　歴史編（下）』第一法規出版，1995 年

[3] 加藤一郎監修・農村開発企画委員会編『教育と農村―どう進めるか体験学習―』地球社，1986 年

[4] 桑田耕太郎・田尾雅夫『組織論』有斐閣，1998 年

[5] 村山研一・川喜多喬編著『地域産業の危機と再生』同文舘出版株式会社，1990 年

[6] 村山元展「自治体農政の地域システムづくり―飯田市と青森県における地域合意形成支援―」『地方分権と自治体農政』日本経済評論社，2006 年，pp.183-223

[7] 日本村落研究学会編『消費される農村―ポスト生産主義下の「新たな農村問題」―』農山漁村文化協会，2005 年

[8] 日本村落研究学会編『グリーン・ツーリズムの新展開―農村再生戦略としての都市・農村交流の課題―』農山漁村文化協会，2008 年

[9] 小田切徳美「農山漁村地域再生の課題」大森彌・山下茂・後藤春彦・小田切徳美・内海麻利・大杉覚『実践まちづくり読本』公職研，2008 年，pp.307-392

[10] 小田切徳美『農山村再生―「限界集落」問題を超えて―』岩波ブックレット No.768，岩波書店，2009 年

[11] 岡田知弘『地域づくりの経済学入門』自治体研究社，2006（2005）年

[12] 大内雅利「グローバルシステムに組み込まれる日本農村」『戦後日本農村の社会変動』農林統計協会，2005 年，pp.297-329

[13] 大内雅利「むら論の展開と展望」坪井伸広・大内雅利・小田切徳美編著『現代のむら―むら論と日本社会の展望―』農山漁村文化協会，2009 年，pp.98-108

[14] ロバート・D・パットナム著（柴内康文訳）『孤独なボウリング―米国コミュニティの崩壊と再生―』柏書房，2008（2006）年

[15] 佐藤真弓『都市農村交流と学校教育』農林統計出版，2010 年

[16] 七戸長生・永田恵十郎・陣内義人『農業の教育力』農山漁村文化協会，1990 年

[17] 竹歳一紀・柚原直哉「グリーンツーリズムによる経済活性化」宮崎猛編著『グリーンツーリズムと日本の農村』農林統計協会，1997 年，pp.28-43

第 6 章

[1] 北川太一「集落型農業法人の事業特性と展開プロセス」北川太一編著『農業・むら・くらしの再生をめざす集落型農業法人』全国農業会議所，2008 年，pp.24-31

[2] 小林元「集落型農業生産法人の組織的性格と課題」農政調査委員会，2007 年，pp.57-70

[3] 高飛「第三セクター方式による菌床椎茸生産と中山間地域農業振興―島根県仁多町と柿木村を事例に―」日本農業市場学会『農業市場研究』投稿受理済み，2010年度公刊予定

[4] 増田佳昭『規制改革時代のJA戦略』家の光協会，2006年，pp.142-144

[5] 守友裕一『内発的発展の道』農山漁村文化協会，1991年

[6] 根岸久子「生活・福祉を通じる協同の主体形成」田代洋一編著『日本農村の主体形成』筑波書房，2004年，pp.328-334

[7] 野田文子『女性の夢を実現した「からり」』ベネット，2004年，第2章

[8] 小田切徳美『農山村再生―「限界集落」問題を超えて―』岩波ブックレットNo.768，岩波書店，2009年，pp.36-37

[9] 岡村信秀『生協と地域コミュニティ』日本経済評論社，2008年

[10] 関口明男「コミュニティの再生をめざす福祉クラブ生協」研究誌『にじ』2008年秋号，No.623

[11] 高橋文男「行政・JAの密接な連携による元気な多品目総合産地づくり」『協同組合経営研究誌にじ』No.628，2009年冬号，(財)協同組合経営研究所，2009年

[12] 田中秀樹『地域づくりと協同組合運動』大月書店，2008年，pp.252-255

[13] 田代洋一「西日本における地域農業再編主体」田代洋一編著『日本農業の主体形成』筑波書房，2004年

[14] 安井孝「地産地消の学校教育に食育効果はあるのか」日本有機農業学会編『有機農業研究年報Vol.4』コモンズ，2004年

〈第3部〉

第7章

[1] 今村奈良臣『補助金と農業・農村』家の光協会，1978年

[2] 宮口侗廸『新・地域を活かす』原書房，2007年

[3] 小田切徳美「中山間直接支払い制度の検証と次期対策の課題―直接支払は何をもたらしたか―」梶井功・矢口芳生編『食料・農業・農村基本計画―変更の論点と方向―』農林統計協会，2004年

[4] 小田切徳美「農山漁村地域再生の課題」大森彌・山下茂・後藤春彦・小田切徳美・内海麻利・大杉覚『実践まちづくり読本』公職研，2008年

[5] 小田切徳美「新政権の農山村政策」『農業と経済』2010年1・2月合併号

[6] 小田切徳美「日本農政と中山間地域等直接支払制度」『生協研究』第411号，2010年

[7] 逢坂誠二「＜インタビュー＞『地域主権改革』が日本を再生する」『ガバナンス』2010 年 1 月号，p.17

第 8 章

[1] 川手督也「農業集落の動向と地域活性化」生源寺眞一編著『改革時代の農業政策―最近の政策研究レビュー―』農林統計出版，2009 年，pp.254-257
[2] 国土交通省『国土形成計画策定のための集落の状況に関する最終報告書』2007 年
[3] 小田切徳美「農山漁村地域再生の課題」大森彌・山下茂・後藤春彦・小田切徳美・内海麻利・大杉覚『実践まちづくり読本』公職研，2008 年，pp.317-319
[4] 総務省自治行政局過疎対策室資料「集落支援員の取組み状況（平成 20 年度）」
[5] 髙橋正郎『農業の経営と地域マネジメント』（「髙橋正郎論文集」Ⅰ），農林統計協会，2002 年，pp.80-86
[6] 結城登美雄「こんな若者たちこそ『集落支援員』に！」『増刊現代農業』2008 年 11 月号，2008 年，pp.70-78

第 9 章

[1] 橋口卓也『条件不利地域の農業と政策』農林統計協会，2008 年，pp.214-244
[2] 橋詰登「中山間地域等直接支払制度への取組状況から見た『集落間連携』の効果と課題」『農林水産政策研究所レビュー』No.33，2009 年
[3] 今村奈良臣『補助金と農業・農村』家の光協会，1978 年
[4] 日本水土総合研究所『平成 19 年度中山間地域等の評価に関する検討調査報告書』2008 年
[5] 小田切徳美「第 2 次コミュニティブーム」『町村週報』第 2605 号，2007 年
[6] 山本美穂「秋田県東成瀬村―入会林野を中心とした集落での活用―」佐藤宣子編著『日本型森林直接支払いに向けて―支援交付金制度の検証―』日本林業調査会，2010 年，pp.61-74

〈第 4 部〉

第 10 章

[1] ブルーノ・S・フライ，アロイス・スタッツァー著（佐和隆光監訳・沢崎冬日訳）『幸福の政治経済学』ダイヤモンド社，2005 年
[2] 今村奈良臣「農業の第 6 次産業をめざすひとづくり」21 世紀むらづくり塾編『農

業の第 6 次産業をめざす人づくり』1997 年
[3] 金子勝・武本俊彦『日本再生の国家戦略を急げ』小学館, 2010 年
[4] 宮城能彦『共同売店—ふるさとを守るための沖縄の知恵—』沖縄大学地域研究所, 2009 年
[5] 農文協文化部「JA 甘楽富岡の IT 革命」『農村文化運動』157 号, 2000 年
[6] 農文協「集落支援ハンドブック」『増刊現代農業』2008 年 11 月号
[7] 小田切徳美『農山村再生—「限界集落」問題を超えて—』岩波ブックレット No.768, 岩波書店, 2009 年
[8] 大江正章『地域の力』岩波書店, 2008 年
[9] 小川全夫・後藤みゆき・田中マキ子・森口覚「中山間地域再生に向けた健康福祉コンビニ構想の有効性の検討(第 2 報)」『山口県立大学大学院論集』第 9 号, 2008 年
[10] 岡田知弘『地域づくりの経済学入門』自治体研究社, 2005 年
[11] 沖縄大学地域研究所「戦後沖縄の共同店の変容」(金城一雄報告)『地域研究所所報』第 29 号, 2003 年
[12] 沖縄大学地域研究所「戦後沖縄の共同店の変容」(上地武昭報告)『地域研究所所報』第 29 号, 2003 年
[13] 佐口和郎編著『事例に学ぶ地域雇用再生』ぎょうせい, 2010 年
[14] 髙橋巌『高齢者と地域農業』家の光協会, 2002 年
[15] 田中義岳『市民自治のコミュニティをつくろう—宝塚市・市民の 10 年の取組みと未来—』ぎょうせい, 2003 年
[16] 筒井義郎「幸福の経済学は福音をもたらすのか?」『行動経済学』第 2 巻 1 号, 2009 年 8 月
[17] WHO (日本生活協同組合連合会医療部会翻訳)『「アクティブエイジング」の提唱』萌文社, 2007 年
[18] 結城登美雄『地元学からの出発』(「シリーズ地域の再生」第 1 巻)農山漁村文化協会, 2009 年

第 11 章

[1] 石田正昭「地域の活力をかたちにする仕掛け人:(中間支援組織)としての JA への期待」JA 総合研究所『JA 総研レポート』2008 年夏号, Vol.8
[2] 小林元「集落型農業生産法人の組織的性格と課題」農政調査委員会, 2007 年
[3] 増田佳昭『規制改革時代の JA 戦略』家の光協会, 2006 年

- [4] 中川雄一郎「グローバリゼーションとコミュニティ協同組合」農林中金総合研究所編『協同で再生する地域と暮らし』日本経済評論社，2002年
- [5] 根岸久子「生活・福祉を通じる協同の主体形成」田代洋一編著『日本農村の主体形成』筑波書房，2004年，pp.328-334
- [6] 根岸久子「新たな協同の創造に向けて女性たちの活動から何を学ぶか」JA総合研究所『JA総研レポート』2009年秋号，Vol.11
- [7] 野田文子『女性の夢を実現した「からり」』ベネット，2004年，第2章
- [8] 岡村信秀『生協と地域コミュニティ』日本経済評論社，2008年
- [9] 田中秀樹『地域づくりと協同組合運動』大月書店，2008年
- [10] 田中夏子『イタリアの社会的経済の地域的展開』日本経済評論社，2005年
- [11] 田代洋一『この国のかたちと農業』筑波書房，2007年，pp.215-218

編著者，執筆分担（執筆順）

〈編著者〉

小田切　徳美（おだぎり　とくみ）　担当：序章，1章，7章，10章，あとがき

　1959年，神奈川県生まれ。1988年，東京大学大学院博士課程単位取得退学。明治大学農学部教授。明治大学農山村政策研究所代表。農学博士。

　　関心分野：農政学，農村政策論，地域ガバナンス論。

　　代表的な著書，論文：『これで納得・集落再生』（共著）2011年，ぎょうせい。「ＴＰＰ論議と農業・農山村―前原外相発言を批判する」『ＴＰＰ反対の大義』（農文協ブックレット），2010年，農山漁村文化協会。『農山村再生』2009年，岩波書店。『現代のむら』（共編著）2009年，農山漁村文化協会。『改革時代の農業政策―最近の政策研究レビュー』（共著）2009年，農林統計出版。『実践・まちづくり読本』（共著）2008年，公職研。『日本農業―2005年農業センサス分析―』（編著）2008年，農林統計協会。『これからの農協』（共著）2007年，農林統計協会。『中山間地域の共生農業システム』（共著）2006年，農林統計協会。『新基本計画の総点検―食料・農業・農村政策の行方―』（編著）2005年，農林統計協会。

〈著者〉

山浦　陽一（やまうら　よういち）　担当：2章

　1979年，東京都生まれ。2007年，東京大学大学院博士課程修了。大分大学経済学部准教授。

　　関心分野：中山間地域問題。

　　代表的な著書，論文：「中山間地域での入作者との連携による農地管理」『農業問題研究』第64号，2009年，農業問題研究学会。「中山間地域における広域的農地管理」『日本の農業』241号，2007年，（財）農政調査委員会。「中山間地域における出入作の性格と動態」『歴史と経済』第196号，2007年，政治経済学・経済史学会。「中山間地域における水田減少の要因に関する一考察」『日本地域政策研究』第4号，2006年，日本地域政策学会。

槙平　龍宏（まきだいら　たつひろ）　担当：3章

　1970年，埼玉県生まれ。2000年，東京大学大学院博士課程単位取得。財団法人農政調査委員会主任研究員。

　　関心分野：農村及び都市の空間経済学的検討，農山漁村地域経済振興。

　　代表的な著書，論文：『「周辺地域」における農産加工販売事業の展開』（『日

本の農業』第 230 集）2004 年，農政調査委員会。『人口流動の地方再生学』松谷明彦編による共著，2009 年，日本経済新聞出版社。「都市・農村格差拡大の進行と農村地域経済振興」生源寺眞一編著『改革時代の農業政策—最近の政策研究レビュー』2009 年，農林統計出版。
「Challenges in Local Industrial Development Faced by Industries Associated with Agriculture and Security of Local Leaders in "Peripheral Areas"」(『共生社会システム研究』Vol.3, No.1, 2009 年)。

神代　英昭（じんだい ひであき）　担当：4 章
　1977 年，富山県生まれ。2006 年，東京大学大学院農学生命科学研究科博士課程修了。宇都宮大学農学部准教授。
　関心分野：フードシステム論，農業市場論，農業政策学。
　代表的な著書，論文：『こんにゃくのフードシステム』2006 年，農林統計協会。「コンニャクイモの主産地における生産構造の現段階」『日本農業経済学会論文集』，2006 年。「どこへ行く日本の食と農（13）こんにゃく輸入の変化とその影響について」『農村と都市をむすぶ』，11・12 月合併号，2009 年。「農産物の加工・流通を通じた地域活性化の可能性」『にじ』628 号，2009 年，協同組合経営研究所。「国内産糖および甘味資源作物の産業構造分析—産業組織論および多面的機能論の観点から—」（中嶋康博・木寺司と共著）『砂糖類情報』130 号，2007 年。

佐藤　真弓（さとう まゆみ）　担当：5 章
　1980 年，東京都生まれ。2009 年，明治大学大学院農学研究科博士後期課程修了。明治大学研究推進員（ポストドクター）。
　関心分野：都市農村交流，農の教育力，農山村における地域産業問題。
　代表的な著書，論文：『都市農村交流と学校教育』2010 年，農林統計出版。「都市と農村の交流に関する研究動向」生源寺眞一編著『改革時代の農業政策—最近の政策研究レビュー』2009 年，農林統計出版。「グリーン・ツーリズム農政の展開と農家民宿」，『農業経済研究別冊』2009 年度日本農業経済学会論文集，2009 年。「学校教育における農業・農村体験の展開と課題—東京都武蔵野市セカンドスクール事業を事例として—」『農業経済研究別冊』2008 年度日本農業経済学会論文集，2008 年。「農業・農村体験交流の 2 つの型—長野県における類型差の要因と展望—」『日本地域政策研究』2008 年。「教育課程として行われる農業・農村体験の教育的効果についての分析—東京都武蔵野市セカンドスクールを事例に—」『農村生活研究』2010 年。

小林　元（こばやし はじめ）担当：6章，11章
　1972年，静岡県生まれ。2004年，広島大学大学院生物圏科学研究科修了，博士（農学）。(社)ＪＣ総研主任研究員。
　関心分野：協同組合，集落営農，地域づくり。
　代表的な著書，論文：『集落型農業生産法人の組織的性格と課題』（『日本の農業』第240集），2007年，(財)農政調査委員会。「集落型農業生産法人の協同組織的性格と役割―東広島市重兼地区農事組合法人Ｓ農場の事例―」『協同組合研究』，第23巻第2号，2004年，日本協同組合学会。

図司　直也（ずし なおや）担当：8章
　1975年，愛媛県生まれ。2005年，東京大学大学院農学生命科学研究科博士課程修了，博士（農学）。法政大学現代福祉学部准教授。
　関心分野：農業経済，地域資源管理，農山村政策。
　代表的な著書，論文：「ヨソモノ・ワカモノを送り出すにあたって」黍嶋久好と共著，宮口侗廸・木下勇・佐久間康富・筒井一伸編『若者と地域をつくる　地域づくりインターンに学ぶ学生と農山村の協働』2010年，原書房。「入会牧野とむら」坪井信広・大内雅利・小田切徳美編『現代のむら―むら論と日本社会の展望』2009年，農山漁村文化協会。「農村地域資源における管理主体問題―その研究動向と今日的課題」生源寺眞一編『改革時代の農業政策―最近の政策研究レビュー』2009年，農林統計出版。「阿蘇グリーンストックにみる資源保全の主体形成と役割分担」『農村と都市をむすぶ』第672号，2007年。「入会牧野の縮小・潰廃過程と再編の可能性―阿蘇地域における牧野組合を事例として―」『歴史と経済』第182号，2004年。

橋口　卓也（はしぐち たくや）担当：9章
　1968年，鹿児島県生まれ。1996年，東京大学大学院農学生命科学研究科博士課程中途退学，明治大学農学部専任講師。
　関心分野：農政学，農業政策論，条件不利地域農業論。
　代表的な著書，論文：『条件不利地域の農業と政策』2008年，農林統計協会。「農業集落の構造と動向」小田切徳美編著『日本の農業―2005年農業センサス分析―』2008年，農林統計協会。『中山間地域の共生農業システム』（共著）2006年，農林統計協会。「農地・水・環境保全向上対策の実施背景に関する考察と展望」『農業と経済』第75巻7号，2009年。「限界集落」をめぐる実態と課題『協同組合経営研究誌　にじ』第627号，2009年。「農業・農村政策の動向と地域対応―わが国の条件不利地域を主に―」『歴史と経済』第199号，2008年。

JA総研 研究叢書 4
農山村再生の実践
2011年3月5日　第1刷発行

編著者　　小田切　徳美

発行所　　社団法人　農山漁村文化協会
郵便番号　107-8668　東京都港区赤坂7丁目6-1
電話 03(3585)1141(営業) 03(3585)1145(編集)
FAX 03(3585)3668　　振替 00120-3-144478
URL http://www.ruralnet.or.jp/

製作／森編集室
印刷・製本／凸版印刷(株)

ISBN978-4-540-10162-5
〈検印廃止〉
ⓒ小田切徳美他 2011
Printed in Japan
乱丁・落丁本はお取り替えいたします。

定価はカバーに表示

「JA総研 研究叢書」刊行のことば

　日本の食料はどうなるのか，その基盤にある農業・農村はどうなるのか，またそれを支えるはずの農協（JA）はどうなるのか。地球温暖化の危機が叫ばれ，世界の飢餓人口がさらなる拡大をみせ，国際的穀物価格の高騰と変動，加えて世界的不況の深化のなかで，わが国の国民，消費者から熱い視線が注がれている。こうした切実な国民の要望，さらにはそれを支える農民の疑問にどう答えるべきか。

　JA総合研究所（JA総研）は2006年4月1日に発足した若い研究所ではあるが，こうした課題に研究陣の総力をあげて応えるべく「JA総研 研究叢書」の刊行を企画した。そして本叢書全体を貫く基本スタンスとして，時間軸と空間軸を踏まえること，現場の先進的な実態分析に立脚すること，という二つの柱を設定した。

　「農業は生命総合産業であり，農村はその創造の場である」。かねてより我々はこのような基本理念を広く社会に提示してきた。わが国の土地と水を活かし，安心・安全な農畜産物を安定的に国民に供給するのみではなく，国民に豊かな保養・保健空間を提供し，次代を担う子どもたちを農と食の教育力で豊かに育み，先人の伝統文化や智恵の結晶を次世代に伝承するのが農業であり，農村である。その姿と展望を広く国民に知っていただくのが本叢書の意図するところである。

　その場合，「競・共・協」の望ましい基本路線を提示し，その実現のための方向づけを本叢書において行う。「競」とはいうまでもなく現代の社会経済を規定している市場原理である。「共」とは農地，水，森林などの，市場原理のみでは規定できない，あるいは管理すべきではない地域諸資源を維持管理し，文化や技能などの伝統遺産を維持・保全する地域社会であり，「協」とはこれらを基盤にし前提としつつ展開する多様な協同組織とその活動である。その中核に農業協同組合（JA）を位置づけつつ，そのイノベーション（自己革新）を通じて新たな展望を提示しようと考えている。

　読者諸氏の忌憚のないご意見，ご批判を賜れば幸いである。

2010年1月

　　　　　　　　　　　社団法人JA総合研究所　研究所長　今村奈良臣

＊社団法人JA総合研究所は，2011年1月1日付けで財団法人協同組合経営研究所を吸収合併し，法人名称を「社団法人JC総研」に変更しました。しかしながら当叢書の名称については継続性・一体性を保持するため，引き続き「JA総研 研究叢書」として刊行いたします。